Der Rhein – von den Alpen bis zur Nordsee

Bruno P. Kremer

Der Rhein

Von den Alpen bis zur Nordsee

2. Auflage

Mercator

Autor: Bruno P. Kremer
Titelfoto: Thomas Merz
Layout: Sabine Ernat, Dorsten
Lektorat: Susanne Schulten
Korrektorat: Susanne Nagels

2., überarbeitete und erweiterte Auflage

Autor und Verlag danken allen Fotografen und Institutionen, die für dieses Buch Bildmaterial zur Verfügung gestellt haben.

Bibliografische Information der Deutschen Bibliothek:
Die Deutsche Bibliothek verzeichnet diese Publikation in der Deutschen Nationalbibliografie; detaillierte bibliografische Daten sind im Internet über http://dnb.dnb.de abrufbar.

Verlagshaus Wohlfarth GmbH, Duisburg
www.mercator-verlag.de

Druck: Druckhaus Cramer, Greven
ISBN: 978-3-87463-549-3

Inhalt

Dr. Bruno P. Kremer wurde am 14. Oktober 1946 in Linz am Rhein geboren. Von 1967 bis 1973 studierte er Biologie, Chemie und Geologie an der Universität Bonn. Nach Diplom und Staatsexamen (1971) sowie Promotion (1973) war er zunächst längere Zeit in der Labor- und Feldforschung sowie journalistisch tätig. Bis 2015 lehrte er am Institut für Biologie und ihre Didaktik im Zentrum für Mathematische und Naturwissenschaftliche Bildung der Universität zu Köln.

Er veröffentlichte neben zahlreichen Originalarbeiten eine größere Anzahl Fachaufsätze in Wissenschaftsmagazinen und populärwissenschaftlichen Zeitschriften. Außerdem edierte, übersetzte und schrieb er mehrere Dutzend Bücher. In den letzten Jahren befasste er sich besonders eingehend mit der (natur)wissenschaftlichen Landeskunde des Rheinlands. Das vorliegende Buch ist das Ergebnis dieser Umschau.

Alles Wissenswerte über einen großen Strom

Der Rhein ist der bedeutendste und interessanteste Fluss Westeuropas. Infolgedessen gibt es zum Thema Rhein viele Buchveröffentlichungen, wobei jedoch oft Kunsthistorie, Denkmalpflege und Literaturgeschichte im Vordergrund stehen – vor allem zum touristisch besonders bekannten Abschnitt zwischen Mainz und Köln.

Der Rhein als Naturerscheinung und einzigartiges Lebensraumgefüge wurde zumeist nur unzureichend beschrieben. Seit dem monumentalen Werk des Heidelberger Hydrobiologen Robert Lauterborn (publiziert kurz nach dem Ersten Weltkrieg) ist bis zur ersten Ausgabe des vorliegenden Buches keines mehr erschienen, das sich mit den naturkundlichen Facetten des Stromsystems befasst, und es gab keine aktuelle Gesamtschau des Flusses von seinen Quellbereichen in den Schweizer Alpen bis zur Mündungsregion in den Niederlanden.

In der vorliegenden, komplett überarbeiteten und erweiterten Ausgabe werden auf unterhaltsame und instruktive Weise aus vorwiegend naturkundlicher Perspektive wieder interessante Basisphänomene, Faszinierendes, Überraschendes und Unvermutetes zum Thema Rhein dargestellt, ohne dem Leser einen kompletten Durchgang durch die Hydrologie von Vater Rhein zuzumuten – eine abwechslungsreiche Freizeitlektüre, die zugleich vielfältige Informationen bietet.

Der Verlag

Uferparalleler Wanderweg am Mittelrhein
Foto: BPK

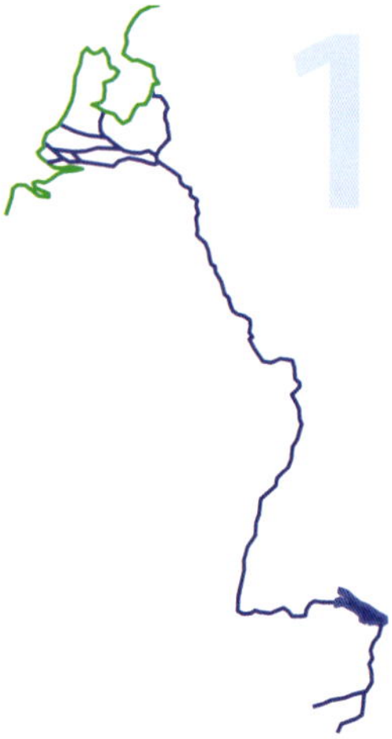

1 Der Rhein – ein Thema mit vielen Facetten

Fast jede per Internet mit dem Stichwort „Rhein" in Gang gesetzte Suchmaschine liefert in weniger als einer Sekunde weit über 90 Mio. Treffer – eine in diesem Umfang zweifellos ungesunde Informationslawine, die beim besten Willen nicht mehr überschau- und schon gar nicht beherrschbar ist.

Für das Stichwort „Donau" werden dagegen etwas mehr als 42 Mio. Websites angeboten, für den Suchbegriff „Elbe" immerhin noch über 28 Mio. Was aber in unserem Zusammenhang wichtiger ist: Die Trefferquoten belegen unzweifelhaft, wer unter den Flüssen Europas der erstplatzierte ist. Setzen wir die maschinelle Suche nach lieferbaren Druckwerken fort, die irgendwie mit dem Rhein zu tun haben, so deckt auch dieses Ergebnis den Suchenden überreichlich mit Informationen ein. Die Auflistung benennt gleichsam im Handumdrehen ca. 21.000 Titel. Das zeigt zweierlei: Der Rhein ist offensichtlich ein äußerst ergiebiges, vielfältiges und ziemlich vielschichtiges Thema. Andererseits muss man angesichts der geradezu gigantischen Datenlage den Eindruck gewinnen, über diesen bedeutsamen Fluss sei bereits sehr viel – wenn nicht sogar alles – gedacht, gesagt, geschrieben und gedruckt worden, und zudem weitaus mehr, als man bei durchschnittlichem Lesekonsumverhalten überhaupt verkraften könnte. Warum also jetzt mutwilligerweise noch ein weiteres Rheinbuch?

Die Motive dafür ergeben sich ganz einfach aus der genaueren Sichtung der zugegebenermaßen breit gefächerten Rheinliteratur, die aber erstaunlicherweise bestimmte Aspekte fast gänzlich ausblendet. Der weitaus größte Teil aller Buchtitel und sonstiger Druckschriften zum Thema „Rhein" befasst sich vor allem mit dem touristisch besonders bekannten Abschnitt zwischen den ehemaligen kurfürstlichen Residenzen Mainz und Köln und hier sogar überwiegend – also noch eingegrenzter – mit dem romantisch verklärten Mittelrheintal zwischen Bingen und Bonn. Über die jeweils anderen Flussteile kann man zwar aus diversen Spezialabhandlungen die eine oder andere interessante Information gewinnen, aber es gibt überraschenderweise kaum eine aktuelle und komplette Gesamtschau des Flusses von seinen Quellbereichen in den Schweizer Alpen bis zur Mündungsregion in den Niederlanden.

1.1 Verworrene Geschichte

Die zweite und zunächst überraschende Einschränkung betrifft die Themenwahl der bisherigen Rheinliteratur, die ebenfalls nur bestimmte Schwerpunkte aufgreift. Viele Darstellungen behandeln die überaus verworrene Territorialgeschichte in den Rheinanliegerstaaten, die sich jahrhundertelang heftig befehdeten und wegen ihrer jeweiligen Besitzansprüche am Rheinlauf sogar meinten, Kriege führen zu müssen. Selbstverständlich ist dieser alte historisch-politische Zwist ein wichtiges und äußerst inhaltsreiches Themenfeld, weil sich ohne ungefähre Kenntnis dieser geschichtlichen Hintergründe das heutige Bild von Grenzverläufen, Verwaltungshoheiten und sonstigen Zuständigkeiten nicht verstehen lässt. Daran hängt beispielsweise auch der häufig verwendete Begriff „Rheinland", der keineswegs mit dem geografisch vom Rhein durchflossenen Gebiet identisch ist.

Nach rund 500 Jahren Römerherrschaft, die mit der Eroberung Kölns durch die Franken 475 n. Chr. zu Ende ging, und vielen Jahrhunderten Zugehörigkeit zu diversen Kaiserreichen hatte sich bis zum Ende des 18. Jahrhunderts entlang des Rheins durch Erbteilungen, Eroberungen, Gebietsabtretungen und sonstige Zwistigkeiten ein unübersichtlicher Flickenteppich aus rund 150 reichsunmittelbaren Kleinstaaten entwickelt. Zumindest auf der linken Rheinseite war damit 1794 Schluss, denn das westliche Rheinufer fiel zu diesem Zeitpunkt in die Hand der französischen Revolutionsarmee – der Rhein war jetzt 20 Jahre lang und mit Nachwir-

Romantisches Eltville im Rheingau: Weder Bahnlinie noch Schnellstraße schneiden den Ort vom Rheinufer ab. Foto: BPK

kungen bis heute die Grenze zu Frankreich, militärisch ganz genau bis zur Neujahrsnacht 1814, als die preußischen Truppen unter Feldmarschall Blücher bei Kaub über den Rhein setzten. Blüchers Denkmal befindet sich direkt am Rheinufer am historischen Ort des Geschehens.

Politisch ordnete erst der Wiener Kongress 1815 die Verhältnisse gänzlich neu. Ab jetzt gehörte (auch) der größte Teil der linksrheinischen Gebiete zu Preußen. Aus diesem Zusammenschluss ehemals zahlreicher eigenständiger Kleinstaaten ging die preußische Rheinprovinz mit Verwaltungssitz (Oberpräsidium) in Koblenz hervor. Das so geschaffene Land Preußen hatte im Prinzip bis 1945 Bestand.

1.2 Der Rhein als Kunstobjekt

Neben seiner landesgeschichtlich-politischen Dimensionen hat der Rhein auch einen äußerst klangvollen Namen in der Architekturgeschichte, deren gedruckter Niederschlag ebenfalls ganze Bibliotheken füllt. Außer den ungefähr 40 berühmten Höhenburgen des Mittelrheintals reihen sich an den Rheinufern zahlreiche Residenzen und Schlösser auf – überwiegend immer noch sichtbarer Ausdruck der bereits erwähnten territorialen Zersplitterung. Der Rhein berührt außerdem Dome, Kathedralen, Kirchen, Kapellen und eine große Anzahl von Klöstern – nicht zu vergessen die kleineren oder größeren Städtchen mit ihren verwinkelten Gassen und anmutigen Fachwerkensembles, die natürlich kein ernsthaft bemühter Rheinreiseführer auslässt. Kunsthistorisch Interessierte und Baudenkmalbegeisterte finden hier ein ungewöhnlich dicht besetztes Betätigungsfeld vor, das lückenlos alle Epochen und Stilrichtungen der europäischen Baugeschichte umfasst.

Nun können natürlich auch andere Flüsse wie Donau und Elbe eine ansehnliche Aufreihung bedeutender Baudenkmale für sich reklamieren, denn Flussläufe waren schon immer Hauptachsen und Stationen der kulturellen Entwicklung. Einzigartig für den Rhein ist jedoch eine weitere Besonderheit, die man so für andere europäische Flussgebiete sicherlich kaum oder gar nicht bemühen kann: Seit ungefähr drei Jahrhunderten und damit mehrere Epochen bzw. viele Stilrichtungen überspannend ist dieser Strom – und davon wiederum vor allem der Mittelrhein – ein zentrales und bemerkenswert oft

Das Rheinland regionalpolitisch

Mit der staatlichen Neuordnung nach dem Zweiten Weltkrieg bilden die aus den Preußischen Rheinlanden hervorgegangenen (heute so nicht mehr benannten)

Regierungsbezirke Koblenz und Trier als ehemals französische Besatzungszone ab 1946 den rheinischen Teil des neuen Bundeslandes Rheinland-Pfalz. Die 1945 zunächst unter britische Hoheit geratenen Regierungsbezirke Köln, Düsseldorf und Aachen stellen dagegen seit 1946 den Rheinlandteil des Bundeslandes Nordrhein-Westfalen. An diesen geografischen Sachverhalt erinnert sogar das nordrhein-westfälische Landeswappen: Auf seiner linken Hälfte trägt es – allerdings in peinlicherweise falsch dargestellter Abflussrichtung von Südwest nach Nordost – einen stilisierten, weißen Rhein mit geschlängelten Uferlinien auf grünem Feld. Im Wappen des Landschaftsverbandes Rheinland (LVR), übernommen von der ehemaligen preußischen Rheinprovinz, stimmt dagegen die Richtung.

Wenzel Hollar (1606 – 1677): Ansicht des Rheins unterhalb Andernach (1636), Britisches Museum London. Die leicht aquarellierte Federzeichnung gehört zu den frühesten Landschaftsdarstellungen vom Mittelrhein.
Foto: Privatarchiv

aufgegriffenes Thema in allen Bereichen der Kunst. Kein anderer Fluss hat in vergleichbarem Umfang und nahezu ununterbrochen so viele Maler und Zeichner, Dichter und andere Literaten in seinen Bann gezogen. Die literarische Verarbeitung des individuellen Landschaftserlebens und seine Umsetzung in Malerei und Grafik beherrscht die Beschäftigung mit dem Phänomen Rhein sogar bis heute, wie zahlreiche in den letzten Jahren veranstaltete Ausstellungen zu dieser Thematik zeigen.

Die bildenden Künstler und die Vertreter der schreibenden Zünfte begeisterten und beeinflussten sich wechselseitig. Unter den Malern und Zeichnern, die die Schönheit der Flusslandschaft entdeckten und hier das Land ihrer Sehnsucht fanden, waren die Niederländer die ersten, darunter Rembrandt (sein voller Name lautet bezeichnenderweise Harmensz van Rijn) als einer ihrer berühmtesten. Engländer wie das Malergenie William Turner (1775 – 1851) kamen nur wenig später. Schon 1829 gründete man an der rheinischen Kunstakademie in Düsseldorf eigens eine Malklasse, die sich ausschließlich der Landschaftsmalerei widmete und ihre Motive überwiegend aus der Rheinlandschaft südlich von Bonn bezog. Als „Düsseldorfer Schule“ ist sie seither in Fachkreisen berühmt und in vielen Kunstsammlungen vertreten. Ihre Werke fehlen in keinem Bildband, der sich mit der Malerei zwischen Romantik und Biedermeier auseinandersetzt.

Ungefähr gleichzeitig mit den Malern erschienen auch die Dichter, Historiker, Essayisten, Reiseschriftsteller und andere Vertreter der schreibenden Berufe, die den Rhein in bewegenden Szenen schilderten. Anfangs hielt sich deren Begeisterung durchaus noch in Grenzen. So schrieb der als Begleiter des Weltumseglers James Cook damals schon berühmte Georg Forster (1754 – 1794), der übrigens als Begründer der wissenschaftlich-künstlerischen Reisebeschreibung gilt, in seinem berühmten Fahrtenbericht „Ansichten vom Niederrhein“ (1791) über das enge Mittelrheintal aus der Erinnerung eher abwertend bis verächtlich: „Einige Stellen sind wild genug, um eine schaurige Phantasie mit Orkusbildern zu nähren, und selbst die Lage der Städtchen, die eingeengt sind zwischen den senkrechten Wänden des Schiefergebirges und dem Bette des furchtbaren Flusses … ist melancholisch und schauderhaft.“ Er konnte der Flusslandschaft des späten 18. Jahrhunderts offenbar nichts

Christian Eduard Boettcher (1818 – 1889): Sommernacht am Rhein (1862), Kölnisches Stadtmuseum. Das Bild vereinigt alle Elemente der seinerzeit so empfundenen Rheinromantik. Der Blick geht über Oberwesel rheinaufwärts. Unter dieser Voraussetzung steht der Mond astronomisch korrekt.

Foto: Kölnisches Stadtmuseum / RBA

Positives abgewinnen, vielleicht erklärbar daraus, dass seine Rheinfahrt 1787 bei heftigem Regenwetter stattfand. Außerdem hatte er auf seinen Weltreisen natürlich gänzlich andere Landschaften kennengelernt, die er als starkes Kontrasterlebnis wohl noch vor Augen hatte.

Doch schon bald wandelte sich die Wahrnehmung grundlegend, und in den Darstellungen des Rheinlandes fallen ganz neue Töne auf. So nahm statt der kritisch-distanzierten und vielleicht noch etwas nörgelnden Sicht allmählich eine betont gefühlvolle Rheinbegeisterung deutlichere Konturen an. Der erste fassbare Autor dieser Darstellungsqualität war Friedrich (von) Schlegel (1772–1829), anfangs Kaufmann, dann Jurist, schließlich Schriftsteller und Philosoph, mit dem man üblicherweise den Beginn der literarischen Rheinromantik ansetzt. In seinem Werk „Briefe auf einer Reise durch die Niederlande, Rheingegenden, die Schweiz und einen Teil von Frankreich" hält er schwärmerisch und in bewegten Worten die Eindrücke seiner ersten Rheinfahrt (1802) fest und zeigt sich tief beeindruckt von den „kühnen Burgen auf wilden Felsen". Ab 1804 lebte er eine Zeit lang in Köln. Schlegel sah zwar dieselbe Rheinlandschaft wie wenige Jahre zuvor der herummäkelnde Georg Forster, verklärte die Wirklichkeit, die frühere Reisende noch eher abgeschreckt oder zumindest verängstigt hatte, jedoch zu romantischen Gefühls- und Traumgebilden. Seine Schilderungen blieben beim gebildeten Publikum dieser Zeit nicht ohne Wirkung. Von der neuen Landschaftswahrnehmung angeregt schwärmte auch Heinrich von Kleist (1777–1811) in einem Brief aus dem Jahre 1803: „Der schönste Landstrich von Deutschland, an welchem unser großer Gärtner sichtbar con amore gearbeitet hat […] sind die Ufer des Rheins." Ferdinand Freiligrath (1810–1876), gelernter Kaufmann, begeisterter Dichter und revolutionsfreudiger Journalist, war völlig „vom Zauber des Rheins ergriffen". Der aus (Koblenz-)Ehrenbreitstein stammende Clemens Brentano (1778–1842), der zusammen mit seinem Schwager Achim von Arnim (1780–1831) im Jahre 1802 eine gemeinsame Rheinreise unternahm, schuf mit seiner Romanfigur Lore Lay eine der heute weltweit bekanntesten Frauengestalten, die tatsächlich nie existiert haben. Erst in einem 1824 niedergeschriebenen Gedicht von Heinrich Heine wird sie zum verführerischen und heftig bis fatal blonden Supermodel, das den Hormonhaushalt der Rheinschiffer offenbar in heftige Wallungen versetzte und ihre Fahrzeuge an den Stromriffen des wilden Engtals zerschellen ließ.

Parallel zu den Werken romantischer Dichter, die Erzählungen und Romane am Rhein spielen ließen oder in Gedichten ihre Landschaftseindrücke und Sehnsüchte verarbeiteten, entwickelte sich bald eine weitere Literaturgattung, die einen offenen Blick für die Landschaft kultivierte, natürlich nicht ohne Schwärmerei auskam, die gesellschaftlichen und politischen Verhältnisse schilderte und vor allem an den geschichtlichen Kuriositäten entlang des Rheins interessiert war: Die zunehmend zahlreicheren Rheinreisenden, die trotz verworrener politischer Verhältnisse in den Jahrzehnten zwischen dem 18. und 19. Jahrhundert auf dem Rhein oder in seinem Tal unterwegs waren, benötigten eben zuverlässige Gebietsbeschreibungen: Die ersten gedruckten Reiseführer tauchten auf. Joseph Gregor Lang (1755–1834), katholischer Geistlicher und Lehrer in Koblenz, gehört zu den frühesten Autoren, denn er „ward von der schönen Mannigfaltigkeit so bezaubert“, dass er schon 1789 sein zweibändiges Werk „Reise auf dem Rhein“ sogar auf eigene Kosten drucken ließ – nach zeitgenössischem Urteil die „erste genießbare Rheinreise“ unter den frühen Versuchen, eine für das Publikum brauchbare Beschreibung der Rheinlandschaft zu bieten. Ein italienischer Amtsbruder und Professor der Universität Pavia, der später berühmte Aurelio de‘ Giorgio Bertòla (1753–1798), war einer der ersten Rheinbegeisterten aus den Gebieten südlich der Alpen und veröffentlichte 1787 eine enthusiastische Schilderung seiner „Viaggio sul Reno“.

Der imposante, 122 m hoch aufragende Loreleyfelsen ist der Brennpunkt der Rheinromantik.
Foto: BPK

Auch William Tombleson (1795 – ca. 1846) betont in seinem Stahlstich von 1832 die romantische Sicht des Mittelrheins, jedoch ohne verklärende Übertreibung.
Foto: Siebengebirgsmuseum Königswinter

Karl Baedeker, seinerzeit Buchhändler in Koblenz, veröffentlichte 1828 den ersten Band seiner bald schon in vielen Auflagen verbreiteten und später sprichwörtlich zuverlässigen Reisehandbücher. In der (übrigens in seinem eigens dafür gegründeten Verlag erschienenen) „Rheinreise von Basel bis Düsseldorf mit Ausflügen in das Elsass und die Rheinpfalz" beschreibt er die Rheinlandschaft weniger romantisierend, sondern eher distanziert und informativ, ohne indessen deren besonderen Charme zu verkennen. Baedeker bediente mit seinen Schilderungen ein durchaus aufgeschlossenes und vor allem von der reichhaltigen Kunstszene motiviertes Publikum. Spätestens seit dem frühen 19. Jahrhundert gehörte eine Rheinreise einfach zum bildungstouristischen Standardprogramm.

Noch eine bemerkenswerte literarische Entwicklung ist kurz festzuhalten. Vor allem während der französischen Besatzungszeit (1794–1814), dann aber auch in der Zeit des Vormärz und fortdauernd bis zur Gründung des Deutschen Reiches (1871) wird der Rhein gleichsam zum deutschen Nationalemblem und zum Gegenstand patriotischer Ideen, festgehalten in allerhand Schriften voller waffenklirrender und eindeutig militaristischer Sprüche. Diese Entwicklung ging – ähnlich wie in der romantischen Rheindichtung – mehrheitlich von Autoren aus, die allesamt keine Rheinländer waren.

Kein anderer Fluss hat in vergleichbarem Umfang und nahezu ununterbrochen so viele Maler und Zeichner, Dichter und andere Literaten in seinen Bann gezogen.

Von der anderen Seite warf jedoch Frankreich immer wieder begehrliche Blicke auf den Rhein, denn man hatte die Beschlüsse des Wiener Kongresses, der die Grenzen neu gesetzt und große Gebietsverluste für die westlichen Nachbarn festgeschrieben hatte, durchaus noch nicht verschmerzt. Der französische Dichter Victor Hugo

(1802–1885) schrieb in einem zweibändigen, dickleibigen Rheinwerk unter anderem, dieser Fluss „vereinige einfach alles, sei reißend wie die Rhône, geschichtlich wie der Tiber, königlich wie die Donau, geheimnisvoll wie der Nil". In ihm verkörpere sich die Geschichte Europas. Dass dieser Strom nicht mehr zu Frankreich gehörte, erfüllte ihn mit Schmerz und Wehmut. In Gedanken versunken stand Victor Hugo am Grabmal des französischen Generals Hoch in Weißenthurm und vermeinte nach eigener Schilderung, dessen Stimme zu hören: „Frankreich muss sich den Rhein wiederholen."

Einer der Gründungsprofessoren der Universität Bonn, der berühmte und wortgewaltige Patriot Ernst Moritz Arndt (1769–1860), stammte zwar von der Insel Rügen, war aber ungemein rheinbegeistert und ließ in seinem umfangreichen Werk keine Gelegenheit aus, beim Stichwort „Rhein" neben reichlich romantischen auch deutlich nationale Töne anklingen zu lassen. Davon geradezu elektrisiert verfasste der aus Norddeutschland stammende Max Schneckenburger (1819–1849) im Jahre 1814 sein flammendes „Lied vom Rhein". Mindestens so handfest wurden der aus Franken stammende Dichter August von Platen (1796–1835) in seinen Versen „Am Ufer des Rheins" und sein Landsmann Friedrich Rückert (1788–1866) in seinen „Geharnischten Sonetten". Ab 1814 erschien in Koblenz die einflussreiche Zeitung „Rheinischer Merkur", herausgegeben von Joseph (von) Görres (1776–1848). An Deutlichkeit nichts zu wünschen übrig ließ das „Rheinlied" des Bonners Nikolaus Becker (1809–1845), 1840 zuerst erschienen in der Trierischen Zeitung mit den markigen Versen „Sie sollen ihn nicht haben, den deutschen Rhein". Heinrich Heine ließ in seiner Schrift „Deutschland. Ein Wintermärchen" (1844) den Vater Rhein selbst dieses Gedicht kommentieren: „In Biberich habe ich Steine verschluckt, wahrhaftig, die schmeckten nicht lecker. Doch schwerer im Magen liegen mir die

Patriotische bis martialische Sprüche zieren das 1883 errichtete Niederwalddenkmal bei Rüdesheim. Im Sockelrelief übergibt Vater Rhein das Alarmhorn der Wacht am Rhein an die dürftig bekleidete Mosel. Foto: BPK

Verse von Niklas Becker." Die Krönung der in Wort und Schrift festgehaltenen vaterländischen Empfindungen war die ebenfalls 1840 erschienene „Wacht am Rhein" von Max Schneckenburger. Dieses mehrstrophige Gedicht traf die patriotisch empfindsame Seele so sehr, dass man es, in Bronzetafeln gegossen, sogar auf dem 1883 errichteten Niederwalddenkmal oberhalb von Rüdesheim anbringen ließ. Mittelrheinische Landschaft, kunstsinniges Empfinden, Reiseromantik und Nationalstolz sind somit seit langer Zeit fest zusammengehörende Begriffe. Ob es nun die Buchstaben- bzw. Wortreihung „Rhein", „Rebe", „Romantik" und „Reiselust" ist, die den Ohren so sehr schmeichelt, oder zusätzlich der sich passend auf den Flussnamen reimende „Wein"?

1.3 Und die wahre Natur?

Während also der Rhein in kulturgeschichtlichen Ereignisfeldern ein offenbar sehr gern und überraschend häufig aufgegriffenes Thema ist und im Vergleich zu allen anderen europäischen Flussregionen eine beispiellose Karriere in Literatur oder bildender Kunst aufzuweisen hat, wurde er dagegen als einzigartige Naturerscheinung lange Zeit völlig übersehen oder sogar schlicht vergessen. Selbst auf dem Höhepunkt der Rheinreiseromantik stand die Rheinlandschaft ganz überwiegend nur als Kulisse oder Staffage, als Bühne für Märchen und Mythen im Vordergrund des Sehens und Erlebens.

Für die eigentliche Natur, den ungewöhnlichen erdgeschichtlichen Werdegang des Talzugs, seine ausgefallenen hydrografischen Eigenheiten, die beeindruckende Geologie seiner Talflanken, die vielgestaltigen Lebensräume und Lebensraumprofile zwischen Strombett und Auensaum oder die zugehörige Pflanzen- und Tierwelt – kurz für die gesamte spannende Flussnatur – hatten die Autoren des 18. und 19. Jahrhunderts offenbar überhaupt keinen Blick. Dennoch verwundert es beim Nachblättern in den vielen früheren Werken über den Rhein, dass zwar seine Natur ein wichtiges Thema ist, sie aber eben nur vordergründig literarisch-künstlerisch verarbeitet wird. An eine naturkundliche oder gar naturwissenschaftliche Darstellung des Rheins in Ausschnitten oder Überblicken dachte niemand. Warum der Rhein zwischen Basel und Mainz in einem rund 40 km breiten Grabental fließt, zwischen Bingen und Bonn aber in einen engen Canyon eingezwängt ist, hat die künstlerisch sensiblen Gemüter des 17. bis 19. Jahrhunderts schlichtweg nicht interessiert – sie reisten und betrachteten das

Erleben auf vielen Ebenen: Außer dem Fluss sind auch die Naturräume der Talhänge außergewöhnlich interessant. Fotos: BPK

Ganze also nicht unbedingt „wissenden Auges“.
Erst um die vorletzte Jahrhundertwende begann der zunächst in Heidelberg und später in Freiburg tätige Hydrobiologe Robert Lauterborn (1869–1952) mit einer systematischen Erfassung der gesamten Pflanzen- und Tierwelt des Rheins und ihrer Lebensräume von der Quelle bis zur Mündung. Er krönte seine umfangreiche Lebensarbeit mit einem mehrbändigen, 1916–1919 erschienenen und bis heute lesenswerten Grundlagenwerk zur Naturgeschichte des Stroms. Nur wenige spätere Werke haben einen vergleichbaren Sichtwechsel in der Rheinliteratur angestrebt, darunter die als mehrbändiges Handbuch angelegte, aber nie komplett erschienene Monografie „Der Rhein“ (Berlin 1928).

Der Rhein wurde als einzigartige Naturerscheinung lange Zeit völlig übersehen oder sogar schlicht vergessen.

Natur mit Kultur: Zum Gesamterlebnis Rhein gehört selbstverständlich auch das natürliche Umfeld.

Warum es am Rhein (immer noch) so schön ist, hat sicherlich nicht mit Mythen, Sagen oder historischem Geplänkel zu tun, sondern vor allem mit seiner Talnatur. Weil jedoch die Vielzahl der heute verfügbaren Tourenbücher für Radler, Biker oder Autofahrer und ferner eine Unmenge Wanderführer für Tal- und Höhenwege die Rheinnatur immer noch weithin übergehen, übersehen oder nur sehr vordergründig darstellen, schien es aussichtsreich und angebracht, das ungemein interessante Naturereignis Rhein vor allem aus naturkundlich-naturwissenschaftlicher Perspektive in den Blick zu nehmen.
Daher geht es in diesem Buch erklärtermaßen nicht in erster Linie um eine punktuelle Beschreibung einzelner herausragender Denkmalobjekte, sondern um das gesamte naturlandschaftliche Umfeld im Zusammenhang und in der Zusammenschau. Dieses Buch ist deshalb kein üblicher Routen- oder Reiseführer und enthält auch keine touristischen Detailbeschreibungen einzelner Anlaufpunkte. Es möchte andererseits die üblichen Tourenbücher auch nicht ersetzen. Vielmehr versucht es, die Blicke zu bündeln und für die beeindruckende Vielfalt des Erlebbaren eine klare Übersicht und breite Verständnisbasis anzubieten.
Für Naturfreunde ist der Rhein auch ganz ohne Burgenromantik oder sonstige kulturelle Überfrachtung ein besonderes Erlebnis.
Und deswegen ist auch dieses Buch völlig anders.

Im unteren Engtal
Foto: BPK

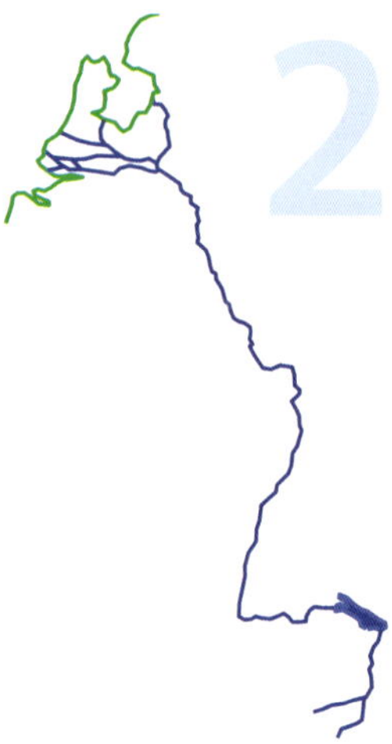

2 Ein Fluss, der „Fluss" heißt

Nach der gigantischen Wolga (ca. 3.658 km Länge) ist der Rhein mit seinen deutlich über 1.000 km Lauflänge (vgl. S. 56) ab Bodensee der zwölftgrößte Fluss in Europa, nach der Flächengröße seines Einzugsgebietes sogar der sechstgrößte (Tabelle 1). Obwohl er damit unter den 25 größten Flüssen Europas eine gute Mittelposition einnimmt, rangiert er in der Weltrangliste nur auf Platz 72, doch gehört er nach einhelligem Urteil zu den wichtigsten und interessantesten Flüssen überhaupt.

Wen interessieren im Vergleich dazu schon die wesentlich längeren Nebenflüsse von Dnjepr oder Wolga? Obwohl der Rhein fast 866 km durch heutiges deutsches Staatsgebiet fließt und über 1.000 km weit durch deutsche Sprachregionen, ist er in historischer, kultureller und wirtschaftlicher Hinsicht dennoch ein Fluss von wahrhaft europäischen Dimensionen.

Das gesamte Flusseinzugsgebiet ist von Süden nach Norden ungefähr 750 km lang. Auf seinem Weg von den alpinen Quellregionen bis zur Mündung in die Nordsee bewegt

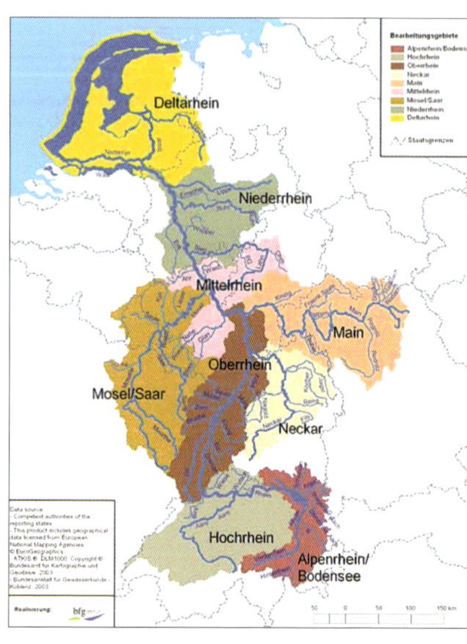

Das rund 185.000 km² große Rheineinzugsgebiet hat eine recht ungleichförmige Gestalt. Grafik: IKSR

sich der Rhein mit seinen Zuflüssen innerhalb eines Gebietes zwischen ungefähr 4° und 10° östlicher Länge und schneidet damit also fünf Längenkreise. In süd-nördlicher Ausdehnung befindet sich das Einzugsgebiet zwischen etwa 46° und 52° nördlicher Breite – der Rhein quert somit auch fünf Breitenkreise (Tabelle 2).

Das Rhein-Einzugsgebiet umfasst von den Quellregionen bis zur Mündung neun europäische Staaten, außer Deutschland nämlich Schweiz, Italien, Liechtenstein, Österreich, Frankreich, Belgien, Luxemburg und die Niederlande. Sogar Italien ist überraschenderweise mit einer vergleichsweise kleinen Fläche von etwa 51 km^2 am Oberlauf des Quellastes Ragn da Ferrera (Einzugsgebiet des Hinterrheins) direkt beteiligt. Luxemburg steuert lediglich über seine kleinen Zuläufe zum Grenzfluss Mosel ein wenig Wasser zum Rheingebiet bei. Belgien

Viele Kleingewässer sammeln sich zum großen Strom: Hydrologische Karte des Rheins.

Grafik: Bundesanstalt für Gewässerkunde

erwähnen die meisten hydro-/geografischen Darstellungen des Rheins erstaunlicherweise gar nicht. Der doch recht ansehnliche deutsch-luxemburgische Grenzfluss Our, der in die Sauer mündet und auf diesem Weg südwestlich von Trier in die Mosel fließt, entspringt aber unstrittig auf belgischem Staatsgebiet. Somit ist auch dieses Benelux-Land mit einem kleinen, aber keineswegs vernachlässigbaren Flächenanteil am großen Rheineinzugsgebiet beteiligt. Alle anderen aufgezählten Länder durchfließt der Rhein sozusagen persönlich.

Die heute international übliche Einteilung des gesamten Rheinstroms in Alpen-, See- und Hochrhein (Tabelle 3) geht auf den erwähnten Rheinhydrobiologen Robert Lauterborn (1869 – 1932) zurück. Er gliederte danach seine in den Jahren 1916 – 1918

Tabelle 1: Die 25 größten Flüsse Europas

	Fluss/ Nebenfluss	*Mündungsgewässer*	*Länge (km)*	*Einzugsgebiet (km^2)*
1.	*Wolga*	*Kaspisches Meer*	3.658	1.360.000
2.	*Donau*	*Schwarzes Meer*	2.850	816.000
3.	*Djnepr*	*Schwarzes Meer*	2.201	504.000
4.	*Kama*	*Wolga*	2.030	522.000
5.	*Don*	*Asow'sches Meer*	1.870	422.000
6.	*Petschora*	*Barentssee*	1.809	327.000
7.	*Oka*	*Wolga*	1.480	221.000
8.	*Belaja*	*Kama (Wolga)*	1.430	142.000
9.	*Dnjestr*	*Schwarzes Meer*	1.352	69.000
10.	*Wjatka*	*Kama (Wolga)*	1.314	129.000
11.	*Dwina*	*Weißes Meer*	1.302	384.000
12.	*Rhein*	*Nordsee*	1.234	185.000
13.	*Elbe*	*Nordsee*	1.160	145.000
14.	*Wytschegda*	*Nördliche Dwina*	1.130	122.000
15.	*Weichsel*	*Ostsee*	1.200	197.000
16.	*Desna*	*Dnjepr*	1.130	97.000
17.	*Donez*	*Don*	1.053	99.000
18.	*Loire*	*Atlantik*	1.020	115.000
19.	*Düna*	*Ostsee*	1.018	88.000
20.	*Tajo (Tejo)*	*Atlantik*	1.008	82.000
21.	*Theiss*	*Donau*	977	153.000
22.	*Oder*	*Ostsee*	950	126.000
23.	*Maas*	*Nordsee*	925	41.000
24.	*Ebro*	*Mittelmeer*	910	84.000
25.	*Memel*	*Ostsee*	879	98.000

sowie in erweiterter Form 1930–1938 jeweils mehrbändige Flussmonografie. Die weitere Abgrenzung von Ober-, Mittel- und Niederrhein wurde dagegen erst 1912 von dem Koblenzer Oberlehrer Carl Mordziol (1886–1940) eingeführt. Frühere und fallweise auch einige neuere Werke über die Naturgeschichte des Rheins verwenden eine davon abweichende Einteilung. In seinem lesenswerten Werk „Ansichten vom Niederrhein“ (1790) schildert der berühmte Weltreisende Georg Forster auf weiten Strecken den Oberrhein unterhalb von Mainz und den heutigen Mittelrhein. Der heute als Oberrhein bezeichnete Rheinabschnitt erscheint in manchen Darstellungen tatsächlich noch als Mittelrhein. Die Mehrzahl der aktuellen wissenschaftlichen Werke über den Rhein und auch alle damit befassten Ämter oder Behörden legen die hier vorgenommene Einteilung zugrunde.

2.1 Der Name ist Programm

Während beispielsweise Donau, Elbe oder Weser zwar vorgermanische, aber in ihrem Begriffsinhalt nicht weiter erklärbare Namen tragen, verkündet die Bezeichnung „Rhein“ sofort, was sich dahinter verbirgt, nämlich ein – Fluss. Diese Benennung lässt sich unzweifelhaft vom indogermanischen Wort „reinos“ bzw. „rinos“ ableiten, mit dem das altgriechische „ρειν“ [rheïn] = „fließen“ in direkter Verbindung steht. Dazu passt eine der berühmtesten Sentenzen der vor-

östliche Länge (° O)	*nördliche Breite (° N)*	*Rhein-km (circa)*	*Lage*
9		12,8	*Spitze Halbinsel Höri am Untersee*
8		126,0	*westlich Murg am Hochrhein*
	48	224,1	*südlich von Breisach am Oberrhein*
	49	356,1	*südlich von Karlsruhe am Oberrhein*
8		321,0	*nördlich von Lichtenau am Oberhein*
	50	497,7	*Mainz am Oberrhein*
8	50	520,0	*Oestrich-Winkel am Inselrhein*
	50	533,4	*Aßmannshausen am Mittelrhein*
7		668,5	*Wesseling am Niederrhein*
		673,0	*Sürth am Niederrhein*
		682,8	*Rodenkirchen am Niederrhein*
		693,0	*Köln-Mülheim*
	51	636,9	*Köln-Niehl*
6		670,4	*Doornenburg am Deltarhein*
5		963,0	*Werkendamam Deltarhein*
		Mündung	
4°5'36"	51°58'31"		*Hoek van Holland*
31U 66350 E	31U 444750 N		

Tabelle 2: Der Rhein quert Längen- und Breitenkreise

Tabelle 3: Gliederung des Rheineinzugsgebietes

Grenze (Rhein-km)	Flussgebiet	Teileinzugsgebiet (km^2)	Gesamteinzugsgebiet (km^2)
	Vorderrhein	1.503	
	Hinterrhein	1.703	
	übrige Zuflüsse Alpenrhein	3.796	
	Bodenseezuflüsse	3.996	
0,0	Rhein in Konstanz		10.598
	Aare	17.780	
	übrige Hochrheinzuflüsse	18.149	
166,7	Rhein in Basel		35.929
	Neckar	13.966	
	übrige Oberrheinzuflüsse bis Mannheim	10.251	
	Main	27.395	
	Nahe	4.043	
	übrige Oberrheinzuflüsse bis Bingen	10.947	
529,2	Rhein in Bingen		102.531
	Lahn	5.946	
	Mosel	28.156	
	Ahr	930	
	übrige Mittelrheinzuflüsse	1.598	
644,0	Mittelrhein bei Bonn		139.161
	Sieg	2.875	
	Wupper	920	
	Erft	2.040	
	Ruhr	4.485	
	Emscher	847	
	Lippe	4.891	
	übrige Niederrheinzuflüsse	4.789	
867,4	Rhein bis zum Delta		160.023

sokratischen Naturphilospophie, der Ausspruch „παν τα ρει“ [pan ta rhei] = „alles fließt“, den man dem antiken Denker Heraklit (ca. 544–480 v. Chr.) zuschreibt. Mit dem griechischen Wort „rheïn“ = „fließen“ sind auch das neuhochdeutsche „rinnen“, in den iberischen Sprachen das Wort „rio“ oder im Englischen die Vokabel „river“ für „Fluss“ sprachverwandt. Schon bei den Kelten findet sich für den heutigen Rhein die Bezeichnung „rhenos“, was die Römer offensichtlich als „rhenus“ übernahmen. Eventuell wurde dieser alte Flussname zuerst von der vorrömisch-rätischen Bevölkerung in den Quellgebieten des Rheins benutzt und dann von den Kelten bzw. Römern weiterverwendet. In den heutigen keltischen Sprachen kennt man immerhin den Begriff „ro-ean" für „fließendes Wasser" (vgl. Rhône). Vom lateinisch-römischen „rhenus" ist es bis zur modernen Bezeichnung „Rhein" erkennbar nicht allzu weit.

In lautlich sehr ähnlichen Formen tritt der Name des Rheins in allen Sprachen und Dialekten seines Einzugsgebietes auf: Rätoromanisch heißt er „Rein" bzw. „Ragn", schweizerdeutsch „Rhy", italienisch „Reno", französisch „Rhin", luxemburgisch (letzeburgisch) „Rhäin" und niederländisch „Rijn". Die Engländer verwenden für den Fluss, dessen Nebenfluss einst die Themse war, die Vokabel „Rhine". In den Kernbereichen des Rheinlandes, im ripuarisch geprägten Dialekt- bzw. Regiolektgebiet des Großraumes Köln, heißt der Rhein ganz einfach „Rhing". Die ripuarische Mundart könnte somit gar nicht enger mit dem Rhein zusammenhängen. Die Benennung leitet sich ab vom lateinischen „ripa" = „Ufer" und bezieht sich auf das Sprachgebiet im direkten und weiteren Uferbereich des Stroms.

Im Namensvergleich auffallen muss allerdings, dass man von der Donau, Elbe, Maas, Mosel, Oder bzw. Weser spricht, aber von dem Rhein. Ob die maskuline Bezeichnung mit dem schon antik vorgeprägten Bild vom Vater Rhein zusammenhängt? Darüber haben sich die Namensforscher und Kulturhistoriker bisher noch erstaunlich wenige Gedanken gemacht.

Schon dieser kurzen Rundschau ist zu entnehmen, dass der bedeutendste Fluss Mittel- und Westeuropas nicht nur eine bemerkenswerte naturräumliche Erscheinung ist, sondern auch ein einzigartiges kulturgeschichtliches Phänomen darstellt. „Rhein" ist eben nicht einfach nur ein Name, sondern ein Begriff.

„Einer der edelsten, führnehmsten und wichtigsten Ströme in Europa" vermerkt bereits das 1742 in Leipzig erschienene „Grosse vollständige Universal-Lexicon aller Wissenschafften und Künste" unter dem Stichwort „Rhein". Dem ist auch aus heutiger Sicht nichts hinzuzufügen.

2.2 Quer durch den Kontinent

Seit dem spätesten Tertiär und damit seit etwas mehr als 2 Mio. Jahren ist der Rhein der einzige zur Nordsee entwässernde Alpenfluss. Während die anderen großen alpenbegleitenden Flüsse Donau, Rhône und Po zwar alpine Quelläste aufweisen, fließen sie im Wesentlichen durch die den Alpen vorgelagerten Molassebecken ab, die

Die in Bonn aufgefundene römerzeitliche Flussgottmaske aus dem 2. Jahrhundert – wahrscheinlich ein Grabaufsatz – zeigt den aus der antiken Literatur bekannten „gehörnten Rhein" (Rhenus bicornis).

Foto: BPK

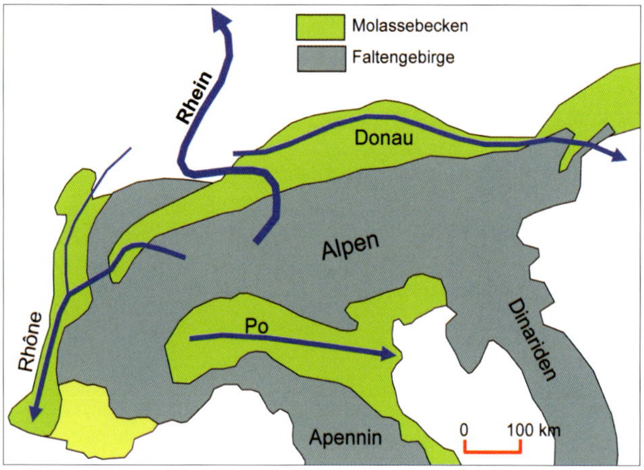

Entwässerungsrichtung der großen Alpenflüsse. Nur der Rhein fließt radial ab, alle übrigen parallel zu den Faltengebirgsachsen bzw. in den Molassebecken (verändert nach Schirmer 2003).

man nach ihren charakteristischen, während der Tertiärzeit wechselweise als Meeres- und als Binnenseeböden abgesetzten Gesteinen benannt hat. Der Rhein entwässert die Alpen dagegen radial – geradewegs fließt er von den Zentralalpen nach Norden und überquert damit das nördliche Molassebecken (nördliches Alpenvorland) auf sehr kurzem Wege. Aus der Kartenskizze (vgl. Abb.) könnte man auch folgern, dass der alpine Rhein eigentlich zu den alpenparallelen Flüssen Donau oder Rhône umbiegen müsste. In der jüngeren Erdgeschichte war dies tatsächlich der Fall: Ehe der südlichste Oberrhein den Alpenrhein angezapft hatte und diesem damit die Rolle eines neuen Oberlaufes zuwies, gelangte das nordalpine Schmelz- und Niederschlagswasser für längere Zeit in die Donau. Einige Details dieser spannenden flussgeschichtlichen Entwicklung werden später noch vorgestellt.

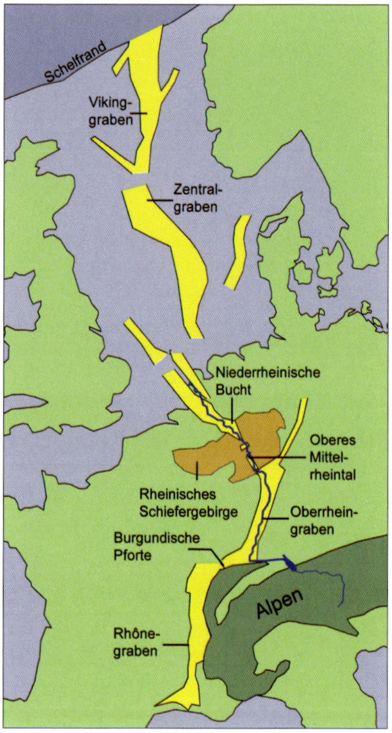

Der Rheinverlauf ist Bestandteil des ausgedehnten europäischen Riftsystems (verändert nach Schirmer 2003).

Rhein-Kennzahl

Für den Dienstgebrauch der Bundeswasserstraßen- und Schifffahrtsverwaltung bzw. der Länderarbeitsgemeinschaft Wasser (LAWA) tragen alle deutschen Flüsse seit 1970 eine Fließgewässerkennziffer (FGKZ), die man fallweise auch Gewässerkennzahl (GKZ) nennt. Deren erste Ziffer benennt jeweils das Stromgebiet. Die Kennzahlen für den Rhein beginnen alle mit der Ziffer 2 (Donau 1, Ems 3, Weser 4, Elbe 5, Oder 6). Die folgenden Ziffern stehen für das Flussgebiet der Nebenflüsse. Die Sieg trägt die Kennziffer 272, die Wupper die 273, ihr Zufluss Morsbach eine zusätzlich 6 usw. Auf diese Weise ergeben sich für die kleineren Bäche im großen Rheineinzugsgebiet meist 12- bis 15-stellige Zahlenfolgen.

Auf seiner gesamten Fließstrecke leistet der Rhein sozusagen grundlegende Arbeit am Relief: Hochrhein bei Küssaberg. Foto: Vera Riemann

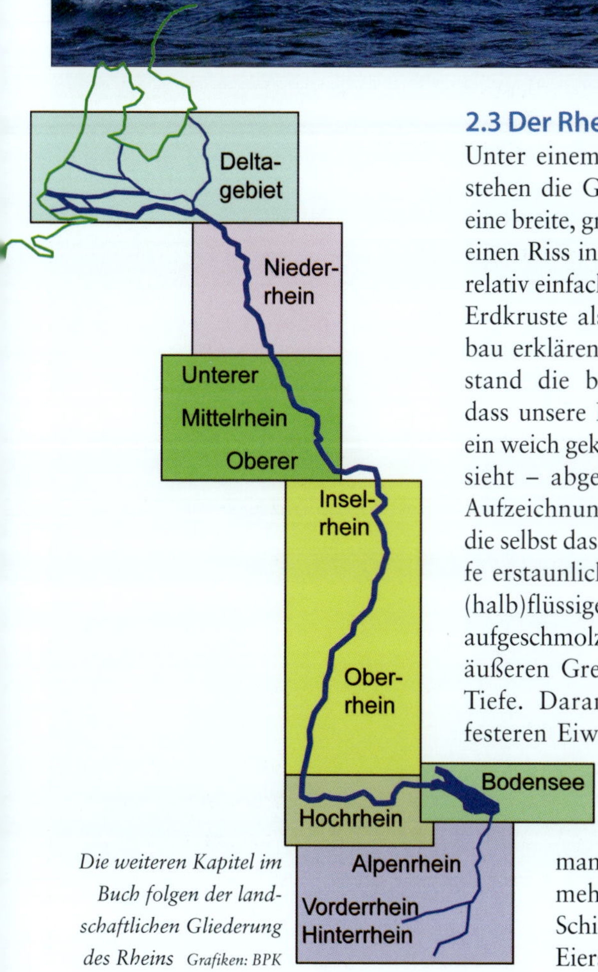

Die weiteren Kapitel im Buch folgen der landschaftlichen Gliederung des Rheins Grafiken: BPK

2.3 Der Rhein und sein Rift

Unter einem tektonischen Rift verstehen die Geowissenschaftler heute eine breite, grabenförmige Spalte bzw. einen Riss in der Erdkruste, was sich relativ einfach mit dem neuen Bild der Erdkruste als dynamischem Plattenbau erklären lässt. Schon länger bestand die begründete Vorstellung, dass unsere Erde im Schnittbild wie ein weich gekochtes Frühstücksei aussieht – abgeleitet aus der genauen Aufzeichnung von Erdbebenwellen, die selbst das Erdinnere in großer Tiefe erstaunlich genau sondieren. Das (halb)flüssige Eigelb entspricht dem aufgeschmolzenen Erdkern mit einer äußeren Grenze in etwa 2.900 km Tiefe. Daran schließt sich – dem festeren Eiweiß entsprechend – der etwas kompaktere, aber noch plastisch verformbare Erdmantel an, der seinerseits aus mehreren unterscheidbaren Schichten besteht. Die dünne Eierschale steht nun modell-

Der schiffbare Rhein ist in Mitteleuropa die wichtigste Verkehrsader. Fotos: BPK

Der Rhein verbindet Wohn- bzw. Wirtschaftszentren und führt unter anderem zu Deutschlands viertgrößter Stadt: Altstadt von Köln.

haft für die Erdkruste. Während die Schale beim Frühstücksei erst unmittelbar vor dem Auslöffeln in Einzelteile zerlegt wird, besteht die Erdkruste gleichsam von selbst aus verschiedenen Bruchstücken. Damit endet das Modell. Im Unterschied zum Ei, das sich mit einer einheitlichen Schale umgibt, besteht die irdische Kruste aus zwei recht verschiedenen Schalensorten: Die ozeanische (marine) Kruste, meist etwa fünf bis acht km mächtig, bildet weltweit die Meeresböden, während die 30 bis 40 km mächtige, aber ungleich leichtere kontinentale Kruste die Kontinente einschließlich der Schelfgebiete aufbaut. Jede der zehn großen und wenigen kleinen Platten besteht aus ozeanischen und/ oder kontinentalen Krustenteilen, die gemeinsam wie ein Floß auf der äußeren Erdmantelschicht (Lithosphäre) schwimmen und in erdgeschichtlich langen Zeiträumen ihre relative Position geradezu dramatisch verändern: Noch vor etwa 400 Mio. Jahren lag das Gebiet des heutigen

Seit dem spätesten Tertiär und damit seit etwas mehr als 2 Mio. Jahren ist der Rhein der einzige zur Nordsee entwässernde Alpenfluss.

Mitteleuropas südlich des Äquators! Die einzelnen Platten der Erdkruste sind unaufhörlich in Bewegung. Die moderne Theorie der Plattentektonik mit seitlich abfließenden Tiefseeböden und anderenorts kollidierenden Krustenteilen bestätigt glänzend die erstmals von Alfred Wegener (1880–1930) seit 1912 entwickelte Theorie von der Kontinent(al)verschiebung. Zu seiner Zeit fand Wegener dafür nur wenig Verständnis, weil seine Ideen jegliche konventionelle Vorstellung sprengten. Heute ist sein geniales Konzept in wesentlichen Teilen bestätigt. Kontinentale Platten oder Plattenteile zerbersten nun auch ihrerseits und lösen sich mit tiefreichenden Rissen oder Spalten voneinander. Auf diese Weise entstehen entweder Ketten von Vulkanbergen durch glutflüssiges, aufgeschmolzenes Gestein, das als Magma aus größerer Tiefe aufsteigt, und/oder tiefe Furchen bzw. Gräben, die das Festland als Risse und Sprünge durchziehen.
Nördlich von Reykjavik/Island kann man den hier ziemlich schmalen Zen-

tralgraben zwischen zwei auseinanderdriftenden Großplatten direkt im Gelände sehen. Er wird sogar von einer Straßenbrücke überquert, die tatsächlich die Nordamerikanische und die Eurasische Platte miteinander verbindet. Bei jeder Rheinbrücke nördlich von Basel ist das im Grunde genommen sehr ähnlich: Sie überspannen einen Grabenbruch, an dem sich Westeuropa vom restlichen Europa zu trennen begonnen hat und in fernerer erdgeschichtlicher Zukunft womöglich einmal einen selbständigen Kontinent bildet, weil sich die Spalte zum Ozean weiten wird.

Der Rhein ist nun insofern ein recht ungewöhnlicher Fluss, als er für den größten Teil seines Laufes ein Riftsystem benutzt – das sich vom Mittelmeer quer durch Mitteleuropa bis zum Schelfrand am nördlichen Ende der Nordsee zieht (vgl. Abb. S. 24). Das Rheintal ist also auf weiten Strecken durch Risse in der Erdkruste vorbereitet und somit als tektonische Spalte vorgeformt. Der Rhein hat sie durch die ausformende Kraft seiner Fließwassermassen während der letzten beiden Jahrmillionen zu einer eindrucksvollen Tallandschaft ausgeformt. Riftcharakter und Erdspaltenkulisse kann man besonders klar am Oberrheingraben, am Mittelrheinischen Becken und an der Niederrheinischen Bucht sehen. So erweist sich der Rhein also als Rift- bzw. als Rift-Folgefluss und damit als ein ganz be-

So erweist sich der Rhein also als Rift- bzw. als Rift-Folgefluss und damit als ein ganz besonderer Flusstyp, für den es nicht viele Beispiele auf der Erde gibt.

Landschaft in Serie

In seinem Rift durchquert der Rhein als einziger bedeutender Fluss alle großen west-östlich verlaufenden Landschaftsgürtel Mitteleuropas. Die Serie beginnt mit dem Hochgebirge Alpen, das der Alpenrhein mit seinen Quellästen durchmisst, und setzt sich mit dem hügeligen oder sogar weitgehend ebenen Voralpenland fort. Ober- und Mittelrhein durchschneiden den in seiner Süd-Nord-Ausdehnung rund 400 km messenden Mittelgebirgsgürtel, der anschließende Niederrhein das flache, nordwesteuropäische Tiefland mit dem ausgedehnten Mündungsdelta. Die Einzugsgebiete der großen Flüsse tragen in ihren Bezeichnungen jeweils den Namen des betreffenden Fließwassersystems. Das Einzugsgebiet des Rheins heißt deswegen in der Hydrologie einfach nur Rheingebiet. Auf einer Strecke von rund 540 km trennt die alpine Hauptwasserscheide das Rheingebiet vom Einzugsgebiet der Rhône. Im Westen weist das Rheingebiet eine ungefähr 670 lange Grenze zum Gebiet der Maas auf. Beim Stellahorn an der Südwestecke des Rheingebietes schließt sich südöstlich eine 140 km lange Grenze zum Po-System an, nordöstlich dagegen eine 1.180 km lange zum Donaugebiet. Mit der Elbe bildet das Rheinsystem eine knapp 100 km lange Grenze. Zur Weser ist die Wasserscheidenlinie 490 km lang.

sonderer Flusstyp, für den es nicht viele Beispiele auf der Erde gibt.

2.4 Historischer Raum

Wegen seiner unstrittig zentralen Lage in Mitteleuropa gehört der Rhein zu den am stärksten von der Geschichte geprägten Strömen. Er formte mit seiner ständigen Erosionsarbeit nicht nur die jeweils durchflossenen Landschaften, sondern umgekehrt prägte ihn auch sein Umland sehr stark. So wurde das Rheintal in Folge – und zum Teil auch in ursächlicher Verknüpfung mit – der historischen Entwicklung Westeuropas schon recht früh zu einem bedeutenden Verkehrsweg zwischen Nord und Süd, mit wichtigen Knotenpunkten auch zwischen West und Ost.

Schon in vorgeschichtlicher Ferne waren entlang des Rheins die ältesten in Mitteleuropa nachweisbaren Urmenschen unterwegs, darunter vor etwa 600.000 Jahren der berühmte Heidelberger Mensch, von dem man einen Unterkiefer rheinnah in den Neckarsanden fand, oder vor rund 60.000 Jahren der Neandertaler im Tal der Düssel. Eine weltweit einzigartige Fundplatzkonzentration, die mehr als eine halbe Million Jahre Menschheitsgeschichte umfasst, zeichnet das Mittelrheinische Becken im Großraum Koblenz-Neuwied aus. Mit dem Verschwinden der letzten eiszeitlichen Jäger aus diesem Raum vor etwa 7.500 Jahren war die rheinische Vorgeschichte aber noch lange nicht beendet. Die Archäologen können anhand von Fundstücken belegen, dass bis hierher auch die Pfahlbauleute aus dem voralpinen Raum vordrangen und dass später etruskische Kaufleute ihr Handelsgut auf dem Rhein transportierten. Zur Römerzeit verkehrte auf dem Rhein zwischen den einzelnen Legionslagern und sonstigen militärischen Stützpunkten eine ansehnliche Flotte. Bis zum Ende des vorletzten Jahrhunderts hat sich der Rhein immer mehr zur wichtigsten europäischen Binnenschifffahrtsstraße entwickelt (vgl. Kapitel 11). Auf weiten Strecken begleiten ihn seit der Mitte des 19. Jahrhunderts stark befahrene Streckenbänder im Schienennetz der Bahn. Außerdem flankieren ihn nahezu lückenlos Land- und Fernstraßen sowie fast überall auch Autobahnen. Schließlich kommt dem Talzug auch eine nicht zu unterschätzende Bedeutung für den (glücklicherweise unsichtbaren) Rohrleitungsfernverkehr zu, über den weit auseinanderliegende Industriezentren – wie die Verdichtungs- und Ballungsräume Rhein-Neckar, Rhein-Main, Rhein-Ruhr und Rhein-Main-Neckar – mit Rohstoffen ebenso wie mit Fertigprodukten versorgt werden. Schon allein die verkehrsgeografische Bedeutung des Rheins, in Bezug auf seine Eigenschaft als Wirtschaftsraum oft einfach nur als „Rheinschiene" bezeichnet, beleuchtet die vielfältigen Nutzungsansprüche an diese Flusslandschaft. Kein europäischer Fluss berührt mehr Großstädte als der Rhein. In seinem Flussgebiet wohnen heute mehr als 50 Mio. Menschen.

2.5 Vom Naturraum zur Problemzone

Auf die gesamte landschaftliche Eigenart des Rheintals blieb die Nutzung als Verkehrs-, Siedlungs- und Wirtschaftsraum nicht ohne nachhaltigen Einfluss. Vielerorts sind der Landschaft durch technische Flächennutzung herbe Wunden geschlagen worden. Der größte Teil der Weltchemieproduktion ist entlang der Rheinufer oder seiner größeren Nebenflüsse angesiedelt. Der weitaus größte Teil dieser Giftküchen liegt am Oberrhein. Ihre Visitenkarte sind rund 150.000 verschiedene chemische Verbindungen, die von Natur aus nicht im Rhein vorkämen. Der Strom selbst führt(e) also eine nicht unerhebliche Abwasserfracht, weist eine bedenkliche Chronologie von Chemieunfällen, Tankerhavarien oder sonstigen Umweltkatastrophen auf und galt lange Zeit geradezu als Symbol einer – sogar im europäischen Maßstab – ebenso riesigen wie unbewältigten Umweltbelastung.

Immerhin hat sogar die Poltik die Notwendigkeit eines ökologisch gesunden Rheins erkannt, nachdem jahrzehntelang nur Ökonomie und Wirtschaftswachstum im Vordergrund standen. Vom Rheinwasser zum Reinwasser ist es zwar immer noch ein weiter Weg, aber die aktuellen Grenzkonzentrationen beispielsweise für hochgiftige Schwermetalle wie Quecksilber, Blei und Cadmium nähern sich den Zielvorgaben der Internationalen Kommission für den Schutz des Rheins (IKSR). Zu bedenken ist immerhin, dass zahlreiche Städte am Rhein (unter anderem Mainz und Köln) einen großen Teil ihres Trinkwassers für etliche Millionen Menschen aus Uferfiltrat gewinnen. Aber dennoch: Trotz der unverkennbaren Problembündel, die in ihrer Gesamtwirkung sicherlich nur wenig zur Landschaftsästhetik beitragen, hat sich die rheinische Landschaft viele erlebniswerte Züge bewahren können. Das gilt vor allem, aber sicherlich nicht ausschließlich für den romantischen, rebenbekränzten Rhein, dem der frühere Bundespräsident Richard von Weizsäcker immer-

Der Anblick von Rheinwasser hat – nicht nur für den erklärten Rheinländer – etwas Erhabenes, denn es streichelt die Seele.

Foto: BPK

Amtliches: Rheinverwaltung

Für alle schiffbaren Flüsse und sonstigen Gewässer Deutschlands ist die Wasser- und Schifffahrtsverwaltung des Bundes (www.wsv.de) die zuständige Behörde. Die Verwaltungsaufgaben übernehmen die nachgeordneten Dienststellen der Generaldirektion Wasserstraßen und Schifffahrt (GDWS, Bonn).

Die Außenstelle Südwest (Mainz) verwaltet vom Rhein die 470 km lange Fließstrecke von der deutsch-schweizerischen Grenze bei Basel bis Rolandseck / Bad Honnef an der Nordgrenze von Rheinland-Pfalz. Zuständig sind hier

- *WSA Freiburg für Rhein-km 170,00–352,07*
- *WSA Mannheim für Rhein-km 352,07–493,50*
- *WSA Bingen für Rhein-km 493,50–642,20 (linkes Ufer)*

In die Zuständigkeit der Außenstelle West (Münster) fällt der gesamte nordrhein-westfälische Rhein mit allen zugehörigen Kanälen bis zur Landesgrenze zu den Niederlanden, und zwar

- *WSA Köln für Rhein-km 642,20–759,70 (Stadtgrenze Düsseldorf / Duisburg)*
- *WSA Duisburg-Rhein für Rhein-km 759,70–865,515 (Grenze NL am linken Ufer)*

hin eine „heitere Würde" bestätigte. Gemeint hat er damit den Mittelrhein zwischen Bingen und Bonn.

„Der berühmteste und am meisten bewunderte Teil des Flusses, der reichste für den Geologen, der interessanteste für den Historiker, der wichtigste für die Politik, der schönste für den Dichter", notierte Victor Hugo 1842 in seiner dickleibigen zweibändigen Darstellung speziell über den Rhein. Tatsächlich hat hier die Tallandschaft noch am ehesten Züge ihres ursprünglichen Gesichtes bewahren können, denn für ausufernde Siedlungen war in den steilhängigen Engtalabschnitten kein Raum. Hier konnte der Strom auch nicht einfach in ein stark verkürztes Bett gezwängt werden, wie bei der 1817 unter dem badischen Strombaudirektor Oberst Johann Gottfried Tulla (1770–1828) im Oberrheingraben begonnenen Rheinkorrektion. Als heute stark fre-

Den Rhein erleben auf hohem Niveau – das ist nicht nur auf talnahen Wanderwegen möglich.
Foto: BPK

quentierter Verkehrs- und Transportweg zwischen den Ballungsräumen kann der gesamte Rhein jedoch auf keinem seiner Abschnitte mehr einfach nur natürlich sein, aber doch zumindest erlebniswerte und sympathische Naturnähe entwickeln – und dies im Kontext einer selbst im europäischen Maßstab geradezu einzigartigen kulturlandschaftlichen Dichte, die bereits in zahlreichen Buchveröffentlichungen dargestellt wurde.

Vor diesem Hintergrund war es zweifellos eine konsequente Entwicklung, dass zumindest das Obere Mittelrheintal zwischen Bingen und Koblenz durch die Bemühungen des Rheinischen Vereins für Denkmalpflege und Landschaftsschutz seit 2002 UNESCO-Welterbe ist – nicht allein Weltkultur- oder alternativ ein Weltnaturerbe, sondern aus guten Gründen beides zusammen als Welterbe-Landschaft mit – wie es in den UNESCO-Statuten heißt – „outstan-

Wie alt ist der Rhein?

Der jüngste spektakuläre Kenntniszuwachs zur Naturgeschichte des Rheins betrifft sein geologisches Alter. Eine Arbeitsgruppe an der Universität Tübingen kam kürzlich zu dem erstaunlichen Ergebnis, dass der Rhein rund 5 Mio. Jahre älter ist, als die Fachliteratur bislang angibt.

„Steine des Anstoßes“ zur neuen Einschätzung der Altersstellung des frühesten nachweisbaren Rheins waren die Untersuchungen von Fossilfunden, die bereits in den 1980er Jahren aus einer Sandgrube nahe Sprendlingen am Westrand des Mainzer Beckens geborgen wurden. Der fossilführende Aufschluss ist heute eine Mülldeponie und daher nicht mehr zugänglich. Die Lagerstätte befindet sich in den berühmten, schon im 18. Jahrhundert Aufsehen erregenden Dinotheriensanden (= Eppelsheim-Formation), die zahlreiche Großsäugerfossilien freigaben. Zum Fundgut von Sprendlingen 2 gehören neben einem hornlosen Nashorn mehrere Vertreter der Elefantenartigen („Rheinelefanten“) und der Hirsche, die mit Geweihfragmenten dokumentiert sind. Die Funde aus den Dinotheriensanden umfassen eine bemerkenswert artenreiche (und in dieser Zusammensetzung einzigartig überlieferte) Großsäugerfauna mit laubäsenden Waldtierarten, die sich so an keiner anderen Stelle in Europa findet.

Von Belang für die Einordnung der Fundschicht sind Funde von verkieseltem Holz aus der Verwandtschaft der Zypressengewächse. In deren Erhaltungszustand zeigt sich ein bedeutsamer Wechsel im Sedimentationsgeschehen, der im Mittel-Miozän (vor etwa 15 Mio. Jahren) anzusetzen ist. Zuvor wurden im Mainzer Becken nur karbonatische Sedimente (Seesedimente des Kalktertiärs) abgelagert. Die Basis der Dinotheriensande (Eppelsheim-Formation) repräsentiert damit die ersten bekannten Flussablagerungen und somit die ältesten Rheinsedimente. Wegen deren Altersstellung muss der Beginn des Proto-Rheins, der das Fließwassersystem des Oberrheingrabens erstmals mit der Niederrheinischen Bucht verknüpfte, um rund 5 Mio. Jahre auf einen Zeithorizont um 15 Mio. Jahre vor der Gegenwart vorverlegt werden. Bislang ging man davon aus, dass die früheste durchgängige Flussrinne eher für das obere Miozän bzw. frühe Pliozän anzunehmen ist.

ding universal value". Die Post widmete dieser besonderen Auszeichnung im Mai 2006 eine Sonderbriefmarke (vgl. Abb.). Zuvor fand im November 1997 in Mainz eine internationale Konferenz statt, die das Verfahren für die Welterbe-Anerkennung einleitete. In der bei dieser Gelegenheit verabschiedeten Rheintal-Charta heißt es: „Das Rheintal zwischen Mainz und Bonn ist eine Landschaft von herausragender Bedeutung und in seiner Einzigartigkeit von universellem Rang." So ist es. Auch für das Untere Mittelrheintal wird zur Zeit die Umsetzbarkeit eines künftigen Welterbe-Status von der deutschen UNESCO-Kommission diskutiert.

Es scheint, als sei die Attraktivität gerade des Rheins als eine der kulturhistorisch faszinierendsten Flusslandschaften auch weiterhin ungebrochen. Vor allem die mittelrheinische Landschaft mit ihren zahlreichen Zeugnissen einer stationen- und ereignisreichen kulturellen Tradition ist immer noch ein viel besuchtes Reise-, Urlaubs- und Wandergebiet, direkt ablesbar unter anderem am Erfolg des 2005 zwischen Wiesbaden und Bonn auf der rechten Rheinseite eröffneten Premiumwanderwegs Rheinsteig oder vergleichbarer Fernwanderwege.

Seit 2002 ist das Obere Mittelrheintal UNESCO-Welterbe. Die Post ehrte diese Landschaft 2006 mit einer Sonderbriefmarke. Das Motiv ist eine Farblithografie nach einem Aquarell von Carl Philipp Koehler (1827 – 1890). *Entwurf: Dieter Ziegenfeuter (AKG-Images)*

Oberes Engtal in der UNESCO-Welterbelandschaft Foto: BPK

Eisige Welt des Rheinursprungs
Foto: BPK

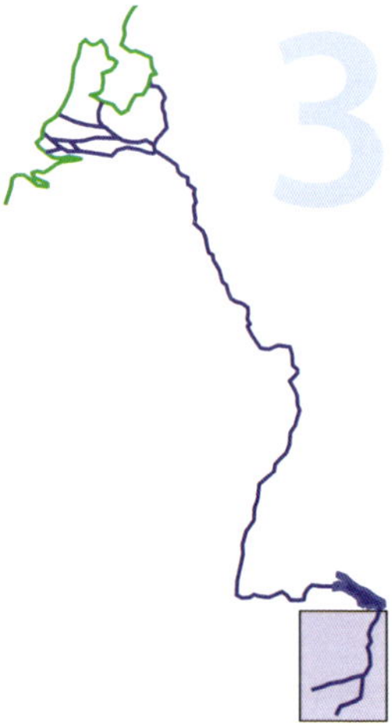

3 Der Rhein – vom Anfang bis zum ersten Delta

Bei den wenigsten größeren Flüssen kann man punktgenau eine munter sprudelnde Quelle als geografisch exakten Ursprung angeben. Oft vereinigen sich zunächst wenige bis mehrere Rinnsale oder Bäche als Quelläste zu einem etwas auffälligeren Fließgewässer und werden dann an irgendeiner markanteren Stelle mehr oder weniger willkürlich als topografischer Beginn eines Flusses festgelegt.

So ist es beispielsweise bei dem rechtsseitigen Rheinnebenfluss Lahn. Mehrere kleine Quelläste durchrieseln eine Feuchtwiese zwischen Lahnkopf (624 m) und Stiegelburg (628 m) im Naturpark Rothaargebirge und fließen beim eigens so benannten Forsthaus Lahnquelle (nahe Netphen-Lahnhof) in 610 m Höhe in einem Quellteich zusammen. Erst nach der Aufnahme zweier weiterer Zuläufe wird aus diesem kleinen Fließgewässer ein richtiger Bach mit dem Namen Lahn.

Ähnlich ist es auch bei der Donau, der größeren Konkurrentin des Rheins, die aber dennoch in seinem Schatten bleibt. Im Fürstenberg'schen Schlosspark in Donaueschingen hat man eine dort schüttende Karstquelle in einem großen runden Brunnenbecken als angebliche Donauquelle gefasst, aus dem seit 1820 der Donaubach unterirdisch durch den Park abgleitet wird. Hydrografisch korrekter ist es aber, die 48 km lange, bei der Martinskapelle am Kolmenhof nördlich von Furtwangen / Schwarzwald entspringende Breg als Donau-Ursprung aufzufassen. Östlich von Donaueschingen vereinigt sie sich mit der 42 km langen Brigach und dem Donaubach. Erst ab diesem Zusammenfluss spricht man von der jungen Donau.

3.1 Viele Quellen, viele Bäche

Beim Rhein ist das nun völlig anders. Bei diesem großen und bedeutenden europäischen Fließgewässer lässt sich naturgemäß eine genau festlegbare Quelle beim besten Willen nicht ausmachen, weil er nämlich eine vom Relief her äußerst zerklüftete und vielgestaltige Hochgebirgsregion entwässert und sich daher aus zahlreichen Quellästen zusammensetzt. Daher kann es keine eindeutige Rheinquelle geben. Stattdessen lassen sich relativ ausgedehnte Quellregionen mit jeweils zahlreichen Gletscher- und Moränenrinnsalen umschreiben. Sie fließen allesamt aus der landschaftlich eindrucksvollen Hochregion der Zentralalpen im westlichsten Zipfel des Schweizer Kantons Graubünden in enger Grenzlage zu den Nachbarkantonen Uri und Tessin ab. Die Kantonsgrenzen fallen hier übrigens mit der europäischen Hauptwasserscheide zusammen: Die aus dem Tessin abfließenden Bäche gelangen über den Ticino (Tessinfluss) in den Po und damit in die Adria. Die aus dem benachbarten Wallis stammenden Bergbäche gehören mehrheitlich dem Flusssystem der Rhône an und gelangen irgendwann einmal in das westliche Mittelmeer. Die am weitesten westlich gelegenen Hochmulden Graubündens sind dagegen unstrittiges und alleiniges Rheineinzugsgebiet und leiten ihr Niederschlagswasser der Nordsee zu. Am gemeinsamen Grenzwinkel der Kantone Uri, Wallis und Tessin entscheidet sich tatsächlich auf wenigen Quadratmetern eines Berggrates, ob ein niedergehender Regentropfen bzw. eine Schneeflocke über die Reuß zur Aare und dann zum Rhein beisteuert oder den Weg über Rhône bzw. Ticino zum Mittelmeer nimmt. Mit Ausnahme des zur Rhône entwässernden Oberwallis fließt alles auf die deutschsprachige Schweiz und damit den größten Landesteil treffende Niederschlagswasser direkt oder indirekt dem Rhein zu.

Die Rheinursprünge liegen wie die Ursprungsgebiete von Reuß/Limmat/Aare, Rhône und Ticino etliche Kilometer weiter östlich. Hier lassen sich zwei räumlich klar getrennte Quellgebiete unterscheiden. Aus dem westlichsten dieser Hochtalabflüsse speist sich der Vorderrhein, aus einem weiter südöstlich davon gelegenen Hochtalsystem der Hinterrhein. So manches Schul- bzw. Erdkundebuch verkündet dennoch recht vollmundig, der Rhein entspringe am Sankt Gotthard. Das ist gleich in mehrfacher Hinsicht falsch. Denn erstens gibt es keinen einzelnen Berg mit dem Namen Sankt Gotthard, sondern ein

Die Ursprünge des Rheins liegen in den eisigen Welten der Gletschergebiete im östlichen St. Gotthard-Massiv. Fotos: BPK

Vorder- und Hinterrhein speisen sich jeweils aus zahlreichen aus der Gletscherflur ablaufenden Schmelzbächen: Sturzbach im Grünerlengebüsch nahe beim Oberalppass. Fotos: BPK

Dem Gebirgswiesenbach sieht man es noch nicht an, dass er den bedeutendsten Fluss Europas speist.

größeres und dazu ziemlich ausgedehntes Gotthardmassiv mit elf Gipfeln zwischen 3.100 und 3.200 m Höhe, 31 Gipfeln von 3.000 bis 3.100 m, 47 bei 2.900 bis 3.000 m und 55, die mindestens 2.800 m hoch sind. Benannt ist dieser mächtige Gebirgsstock nach dem Sankt-Gotthard-Pass (2.108 m). Mit dem Dammastock (3.630 m), dem Pizzo Rotondo (3.192 m) und den Oberalpstock (3.328 m) weist er sogar einige himmelstürmende Gipfel jenseits der 3.200-m-Marke auf. Zweitens ist die Rheinquellregion mindestens so vielästig wie eine Baumkrone, und ihre Ursprünge liegen alle am Rande des Gotthardmassivs.

Aus der Satellitenperspektive zeichnet sich der Alpenrhein als westliche Längs- und mittlere Querfurche durch die Alpen ab. Foto: NASA

Der Rhein und die Erdgeschichte

In der Wissenschaft von der Erde und ihrem Gesteinsaufbau (Geologie) wurden im Laufe der Zeit immer bessere Verfahren entwickelt, um das Alter von Gesteinsfolgen und einzelnen Schichtgliedern oder von wichtigen Ereignissen wie Vulkanausbrüchen und Meerwasserüberflutungen zeitlich genauer einzugrenzen. So entstand ein zunehmend komplexeres Bild der Erdgeschichte, in dem die Zeitmaßstäbe allerdings sehr groß und deswegen zunächst unanschaulich sind. Wer kann sich schon einen Zeitraum von einigen Millionen Jahren vorstellen, wo doch mitunter schon Rückblicke in die Spätantike oder das hohe Mittelalter schwierig sind.

Als Orientierungsraster verwenden die Geologen sogenannte stratigrafische (die Schichtenfolge beschreibende) Tabellen, in denen die Gesteinsfolgen von unten (älter) nach oben (jünger) angegeben und bezeichnet werden. Die Tabelle (4) bietet aus der heute äußerst detailliert bekannten Stratigrafie Mitteleuropas nur eine vergröbernde Übersicht. Für einzelne Regionen lassen sich die darin angegebenen Stufen noch sehr viel feiner untergliedern.

Natürlich hat auch der Rhein seine eigene Erdgeschichte, die sich nach etlichen Jahrhunderttausenden bemisst. Als Fließwassersystem sind seine verschiedenen Flussabschnitte zwar erst seit der Erdneuzeit fassbar, aber seine bisherige Geschichte umfasst mindestens 3 Mio. Jahre. Auf seinem langen Weg durch Mitteleuropa schneidet der Fluss in den Talflanken seiner Gebirgsstrecken höchst unterschiedliche Gesteine an, die nicht nur eine beeindruckende Landschaftskulisse bilden, sondern in ihrer Abfolge selbstverständlich faszinierende Erscheinungen sind und deshalb auch in eine naturkundliche Beschreibung des Rheinverlaufs mit ihrer Spurensuche im Begleitgestein gehören. Vom Alpen- bis zum Niederrhein treten die Gesteine allerdings in buntem Wechsel und keineswegs genau nach ihrer Entstehungszeit auf. Wo sie genauer in den Blick zu nehmen und anzusprechen sind, mag diese Tabelle eine erste Orientierungshilfe sein. Genauere Hinweise auf die beteiligten Schichten und ihre Feingliederung sind entsprechenden Spezialwerken zu entnehmen, die auch für Nichtfachleute verständlich und buchstäblich aufschlussreich sind (z. B. Rothe 2000).

Nur für die alpine Fließstrecke des jungen Rheins und seiner Quelläste bleiben die flankierenden Gesteine weitgehend unerwähnt. Auch die regionale Geologie der Alpen ist eine so komplizierte und unübersichtliche Thematik, dass die Erläuterung ihrer jeweils vom Rhein berührten oder durchsägten Baueinheiten zu viel Raum einnehmen würde. Wer es dennoch genauer wissen möchte, findet in einer neuen Gesamtdarstellung (Pfiffner 2009) hervorragend aufbereitete Antworten.

	System		Stufe	Mittelrhein
Erdaltertum (Paläozoikum)	Perm	Unterdevon	Eifel	Im Gebiet nicht vertreten
	Karbon		Ems	Kieselgallen-Schiefer Flaser-Schichten Laubach-Schichten Hohenrhein-Schichten Ems-Quarzit Nellenköpfchen-Schichten Rittersturz-Schichten Singhofen-Schichten
	Devon			Taunus-Quarzit
	Silur		Siegen	Hunsrück-Schiefer
	Ordovicium			Hermeskeil-Schichten
	Kambrium		Gedinne	Bunte Schiefer (Phyllite)
				?

Tabelle 4

3.2 Der Vorderrhein bildet den längeren Ast

Vom naturkundigen Benediktinermönch Placidus Spescha (1752–1833) aus der großartigen Abtei Disentis vielleicht abgesehen, haben sich bisher erstaunlich wenige Forscherpersönlichkeiten für die Quellregionen des Rheins interessiert. Immerhin widmete der rheinische Schriftsteller Wilhelm Schäfer (1868–1952), geboren in Hessen, aufgewachsen in Düsseldorf, später Lehrer in Wuppertal und zuletzt ansässig am Bodensee, dem geografischen Problem der Rheinquellen im Jahre 1936 ein kleines Buch. Viele seiner Bemerkungen sind nach wie vor lesenswert.

Der „Vorderrhein“ genannte Quellfluss entsteht nahe beim Oberalppass (2.044 m) aus einem halben Dutzend kleinerer Rinnsale, die von der Passhöhe in östlicher Richtung abfließen und schon bald eine gemeinsame Fließrinne einnehmen. Bereits wenige Kilometer weiter östlich treten von Süden vier weitere größere Quellbäche hinzu, die erstmals die Bezeichnung „Rhein“ (bzw. in der rätoromanischen Landessprache Graubündens, einer Art lateinischem Dialekt, „Rein“ genannt) tragen: Es sind der Toma-, der Maighels- und der Curnera-Rhein sowie etwas weiter östlich der Nalpser Rhein. Insgesamt belegten die frommen Bewohner der Talschlussregionen in den Quellgebieten entsprechend der Anzahl der biblischen Apostel zwölf Bäche mit dem Namen „R(h)ein“.

Der Toma-Rhein läuft aus dem kleinen, knapp 300 m langen, auf 2.435 m Höhe liegenden Tomasee (rätoromanisch „Lai da Tuma“) ab, der rund sieben Monate im Jahr zugefroren ist. Gespeist wird er von einem ungefähr 1 km langen Bergbach, der von der Ostflanke des fast messerscharfen Alpelligrates zwischen dem 2.886 m hohen Rossbodenstock und dem 2.928 m hohen Badus abläuft.

Der Hinweis täuscht: Die Messingtafel am Auslauf des Tomasees ist nicht die Rheinquelle.

Der Tomasee (Lai da Tuma) im westlichsten Graubünden gilt offiziell als Vorderrheinursprung. Rechts: Abfluss des Tomasees in den Vorderrhein

Fotos: Eric Sprokkereef/CHR

Bis zur kleinen bäuerlichen Ortschaft Tschamut, die bereits auf 1.667 m Höhe liegt, ist der „Rein da Tuma“ insgesamt nur 5,7 km lang. Diese Zahl halten wir einmal ausdrücklich fest. Im östlich anschließenden Nachbartal hat der Maighels-Rhein („Rein da Maighels“) seinen Ursprung, ebenfalls ein Gletscherbach mit Abfluss unterhalb des 3.007 m hohen Piz Ravetsch am Rande des Maighels-Gletschers. Nach nur rund 6 km Fließstrecke mündet er seitlich in den 2 km langen künstlichen Stausee Lai da Curnera. Der dritte bemerkenswertere Quellbach ist der Curnera-Rhein, der ebenfalls in den Curnera-See mündet und daraus durch die enge Klamm der Cavradischlucht auch wieder abfließt. Er läuft von der Ostflanke des 3.019 m hohen Piz Blas ab und bringt es von der Quellregion bis Tschamut auf eine Lauflänge von 11,2 km – und das ist fast doppelt so viel wie der Rein da Tuma. Etwa 5 km weiter östlich tritt bei Sedrun der vierte wichtige Quellbach, der Nalpser Rhein („Rein da Nalps“), aus einer bemerkenswert engen Rinne hinzu. Erst ab der Einmündung des Nalpser Rheins in die bis hierher versammelten Quellbäche spricht man vom Quellfluss Vorderrhein (rätoromanisch „Rein Anteriur“). So ist es auch auf den amtlichen topografischen Karten der Schweiz eingetragen.

Am Auslauf des Tomasees ist eine Bronzetafel angebracht mit der be-

Links: Der Medelser Rhein ist abschnittweise ein echter Wildbach.

Rechts: Eindrucksvolle Szenerie: Flimser Bergsturzgebiet Ruinaulta Fotos: Graubünden Ferien/Chur

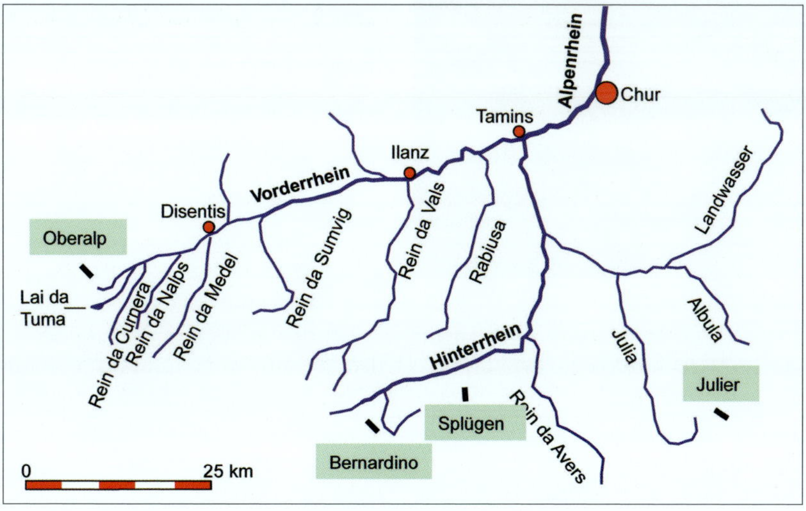

Zahlreich sind die Quelläste des Alpenrheins. Grafik: BPK

Beklemmende Klamm: Wasserfall in der Rofflaschlucht Foto: Hotel Rofflaschlucht

Blick über das obere Hinterrheintal zum Rheinwaldhorn mit Läntagletscher Foto: Graubünden-Ferien/Chur

merkenswerten Aufschrift „Rheinquelle.1320 km bis zur Mündung“. Diese Ansage fordert eine genauere Nachprüfung heraus. Tatsächlich ist der Toma-Rhein nur wenig mehr als 5 km lang. Der eindeutig längste Quellbach des Vorderrheins im westlichsten Graubünden ist mit etwas mehr als 11 km der Rein da Curnera – die Bronzetafel setzt also eine klare Fehlinformation in die Welt. Vermutlich hat man die erwiesenermaßen unrichtige „Rheinquelle“ am Ostende des Tomasees vor allem gewählt, um eine auffälligere Landmarke als eigentlichen Rheinursprung angeben zu können – sozusagen ein gelungener Gag der Tourismusbranche. Gewässertopografisch ist diese Festlegung jedenfalls nicht zu vertreten (vgl. Tabelle 5 und S. 38).

Bis zum Graubündener Ort Tamins folgt der nun schon deutlich imposantere Vorderrhein für etwa 50 km einem größeren, ungefähr west-östlich verlaufenden Längstal, das sich weiter westlich und schon jenseits vom Oberalp- und vom Furka-Pass in gleicher Ausrichtung in das obere Rhône-Tal fortsetzt. Beide Täler bilden in den Westalpen die mit Abstand auffälligste inneralpine Längsfurche. Sie trennt die Hauptkette der Berner und der Glarner Alpen von den südlich davon aufgereihten Walliser Alpen, dem Sankt-Gotthard-Massiv und der Adula-Gruppe. Die Tallandschaft des Vorderrheins in diesem Abschnitt nennt man bis Disentis auch „Tujetsch“ oder „Tavetsch“. Auf seinem weiteren Lauf nimmt der junge Vorderrhein bei diesem bedeutenden Klosterort den 17 km langen Medelser Rhein („Rein da Medels“) auf, der aus dem 2.451 m hoch gelegenen Alpensee Lago Scuro abfließt und nach der Passage des langen Stausees Lai da Sontga Maria vom Lukmanier-Pass (1.984 m) herunterkommt. Zwischen dem natürlichen Lago Scuro und dem künstlich angelegten Lai da Sontga Maria durchläuft er das Val Cadlimo und entwässert damit das einzige südlich des Hauptalpenkammes gelegene Hochtal. Er überrascht mit einer weiteren hydrografischen Besonderheit: Aus wasserbaulichen Gründen wird hier nämlich ein Teil des Medelser Rheins quer durch den Gebirgskamm des Piz Taneda (2.667 m) in den auf 1.850 m Höhe liegenden Lago Ritón abgeleitet, dessen Abfluss in den Ticino (Tessin) mündet und somit dem Po zufließt. Weil hier eine künstliche Verlagerung der europäischen Hauptwasserscheide vorgenommen wurde, gelangt Wasser aus dem natürlichen Rheineinzugsgebiet in das Mittelmeer. Östlich von Disentis bis Tavansase heißt die Vorderrhein-Tallandschaft auch „Pardella“, noch weiter vorderrheinabwärts bis Ilanz dann „Surselva“. Bei Ilanz, der ersten „richtigen“ Stadt am Rhein, mündet als bedeutender Zufluss die Glenner (rätoromanisch „Glogn“) in den Vorderrhein, die ihrerseits zuvor den rauschenden Valser Rhein aufgenommen hat. Dieser Zufluss läuft aus

Die Albula ist als Rheinzufluss bedeutender als der Hinterrhein. Foto: BPK

Aufgestauter Hinterrhein: Sufnersee bei Splügen
Foto: Graubünden-Ferien/Chur

Klirrend kaltes Kunstwerk: Vereisung in der Rofflaschlucht Foto: Hotel Rofflaschlucht

Steter Tropfen höhlt den (härtesten) Stein: Strudelloch in der Via mala.

dem Länta-Gletscher unterhalb des 3.402 m hohen Rheinwaldhorns ab. Der Glogn-Ursprung liegt in der Luftlinie übrigens nur etwa 2 km von der Quellregion des Hinterrheins entfernt und ist davon nur durch den Grat des 2.984 m hohen Salahorns getrennt.

Nur wenige Kilometer vor dem berühmten Planta-Schloss Reichenau, in dem sich schaurige Szenen der Schweizer Geschichte abgespielt haben, überrascht der Vorderrhein bei Tamins mit einem europaweit einzigartigen landschaftlichen Schaustück, der ungefähr 5 km langen Talschlucht Ruinaulta (Rheinschlucht). Hier ereignete sich vor rund 10.000 Jahren das größte Bergsturzereignis der Alpen und die weltweit zweitgrößte Katastrophe dieses Typs überhaupt – der bei Geowissenschaftlern berühmte Flimser Bergsturz. Unter einem Bergsturz versteht man das lawinenartige und plötzliche Abgleiten größerer Fels- und Schuttmassen von einer Bergflanke. Im Gebiet der heutigen Ruinaulta glitten damals mindestens 12 km³ Schuttmasse in Richtung Vorderrheintal. Der ursprüngliche Talgrund des Vorderrheins wurde um bis zu 750 m aufgefüllt. Die niedergegangenen Schuttmassen bedecken eine Fläche von rund 40 km². Unmittelbar nach dem Bergsturz staute sich der damalige Vorderrhein zum Ilanzer See auf, der etwa 2.000 Jahre lang Bestand hatte. Während des letzten Jahrzehntausends schuf sich aber die Erosionskraft des stellenweise ziemlich reißenden Vorderrheins in den Bergsturzmassen ein neues Bett.

Insgesamt ist der Quellfluss Vorderrhein von der Ablaufmulde seines längsten Astes Curnera-Rhein bis Tamins ziemlich genau 75 km lang. Hydrologisch hervorhebenswert ist, dass das Einzugsgebiet des Vorderrheins wasserbaulich stark umgestaltet wurde. Insgesamt sechs große, zwischen 1949 und 1968 gebaute Speicherseen (Talsperren) mit zusammen 253.140 m³ Fassungsvermögen sammeln in den Zuflüssen zunächst einmal das eingetragene Niederschlags- bzw. Schmelzwasser, bevor es in den Vorderrhein gelangt.

3.3 Hinterrhein – Quellarm oder Nebenfluss?

Östlich vom Rheinwaldhorn, dessen scharfer Grat die Grenze zwischen Graubünden und Tessin bildet, dehnt sich eine Hochtalmulde aus, von der zahlreiche kleinere Bergrinnsale abfließen. Die längsten stammen aus dem Gebiet des Paradiesgletschers westlich des Rheinquellhorns (3.200 m) sowie aus dem Zapportgletscher östlich davon. Schon bald vereinigen sie sich zu einem anfangs noch in einer engen Schlucht verlaufenden Bach, der nach knapp 6 km Fließstrecke in eine breitere Schotteraue übergeht. Ab hier trägt das nicht mehr ganz so wild dahinrauschende Gewässer den Namen Hinterrhein (rätoromanisch „Rein Posteriur").

Von der Ortschaft Hinterrhein über Nufenen und Sufers durchfließt der nunmehr schon recht breite Gebirgsbach „Rein Posteriur" ein relativ geradliniges und ziemlich geräumiges, immer noch auf rund 1.500 m Höhe liegendes Längstal in ungefähr östlicher Richtung. Dieser rund 25 km lange Talabschnitt ist das Rheinwald, eine durch Umformung aus der rätoromanischen Bezeichnung „Valrein" (= Rheintal) entstandene Bezeichnung – daher auch „das" und nicht „der" Rheinwald. Unmittelbar südlich von Sufers ist der Hinterrhein zum rund 2 km langen Sufnersee aufgestaut. Diese Talsperre ist das – glücklicherweise – einzige umgesetzte Projekt eines in den 1940er Jahren entwickelten weitaus größeren Stauseevorhabens für die Stromgewinnung, das große Teile des Rheinwaldes einbeziehen sollte.

Unterhalb des Stauwehres des Sufnersees wird es für den Hinterrhein ganz besonders eng: Er tritt hier aus der durchschnittlich etwa 1.400 m hohen Rheinwald-Talebene in die steilwandige, tief eingeschnittene und insgesamt etwa 5 km lange Rofla-Schlucht ein (in der Region oft auch „Roffla-Schlucht" geschrieben) und überwindet in dieser Enge bis zur nachfolgenden, auf ungefähr 1.000 m Höhe liegenden Talstufe Schams (rätoromanisch „Sassam") einen Höhenunterschied von rund 300 m. Am Ende der Schlucht stürzt der Hinterrhein über den imposanten Rof(f)la-Wasserfall eine 8 m hohe Steilstufe im anstehenden hellgrauen Quarzporphyr hinun-

Schon vor über 500 Jahren hat man der engen Via mala einen Pfad abgetrotzt.

Fotos: Viamala Tourismus

Blick auf den Diepoldsauer Durchstich: Kanal und Altrhein bilden eine Insel. Fotos: Rainer Nowack

ter. Dieser Wasserfall ist im Wortsinn tatsächlich ein berauschendes Erlebnis – man kann ihn nämlich durch eine Felsgalerie von der Rückseite passieren. Christian Pitschen-Melchior hatte sich anlässlich einer Nordamerika-Reise beim Besuch der berühmten Niagarafälle dazu anregen lassen, in seiner Heimatregion ebenfalls einen der schönsten und eindrucksvollsten Wasserfälle touristisch nutzbar zu machen. In den Wintermonaten der Jahre 1907 bis 1914 legte er mit rund 8.000 meist recht waghalsigen Sprengungen und viel schweißtreibender Handarbeit die als Halbröhre geformte Felsgalerie an.

Mit der Rof(f)la-Schlucht ändert der Hinterrhein seine Fließrichtung – er biegt in weitem Bogen in eine Süd-Nord-Abflussrichtung um, die bereits von seinem nächsten größeren Zufluss vorgezeichnet wird: Auch der von Süden herbeieilende Ragn da Ferrera verläuft in einem bereits stärker aufgeweiteten, süd-nördlich orientierten Alpenquertal. Der Ragn da Ferrera vereinigt die beiden Bäche Averser und Madrischer Rhein (im Val Madris), die sich ihrerseits an einem der nördlichsten Zipfel Italiens mit dem Reno di Lei vereinigen. Der Averser Rhein ist der mit Abstand wildeste Quellbach des Rheinsystems – auf nur etwa 10 km Fließstrecke lässt er rund 600 Höhenmeter hinter sich und stürzt in seiner engen Rinne über haushohe Granitblöcke, die irgendwann einmal von den angrenzenden Hängen hinabgestürzt sind. Die so unterschiedlichen Gewässernamen zeigen unmissverständlich, dass dieses Bachsystem verschiedene Sprachgebiete berührt: In den von den Walsern (= Walliser, möglicherweise von den Burgundern abstammende Germanen) besiedelten Talbereichen verwendet man die deutsche Schreibung „Rhein“, weiter unterhalb wieder die rätoromanische Variante „Ragn“, während der Reno di Lei nun ganz eindeutig italienisch klingt. Der Ragn da Ferrera ist in manchen Karten bis zur Einmündung in den Hinterrhein auch einheitlich als „Averser Rhein“ eingetragen.

Auf mehr als der Hälfte seiner Länge ist der Reno di Lei zum rund 8 km langen und relativ schmalen Lago di Lei aufgestaut. Sein Wassereinzugsgebiet zwischen zwei parallel gescharten Graten und Gipfeln oberhalb der 2.700-m-Marke sind exakt die bereits erwähnten (vgl. S. 19) rund 51 km^2 Hang- und Hochtalgelände, die Ita-

lien zum gesamten Wasseregime des Rheines beisteuert.
Bis Thusis bewahrt der Hinterrhein weitgehend den Charakter eines etwas ungebärdigen alpinen Flusses. Gleich hinter Zillis zwängt er sich durch eine der wildesten Felsschluchten des gesamten Alpenraumes, die rund 6 km lange Via mala, ein wahrhaftig „schlechter Weg". Stellenweise ist die gleichermaßen beeindruckende wie bedrückende Klamm nur etwa 3 m breit und bis zu 90 m tief. Obwohl die Klamm für eine Passage denkbar ungeeignet ist, hat man ihr schon 1473 einen auf ihrer Westflanke verlaufenden schmalen Pfad abgetrotzt, der tatsächlich ohne Brücke auskommt. In den Jahren 1737 bis 1739 wurde er verbreitert und gleichzeitig über zwei für damalige Verhältnisse äußerst mutig angebrachte Steinbogenbrücken geführt. Die moderne Straßenführung quert die Schlucht nur einmal, passiert dafür jedoch sechs Tunnel. An einer Stelle kann man seit 1913 über 269 Stufen in die Klamm absteigen und selbst bei mäßiger Wasserführung das lautstarke Tosen des eingezwängten Hinterrheins ebenso bewundern wie die gewaltigen Strudeltöpfe, die von der Strömung im Kreis geführte Felsblöcke in den Untergrund gefräst haben. In der Via mala überwindet der Hinterrhein einen Höhenunterschied von ungefähr 300 m. Unterhalb der Enge ändert die Landschaft ihren Charakter radikal, denn der Fluss tritt jetzt wiederum in eine weite, ebene Hochtallandschaft ein, das Domleschg. Zuvor mündet bei Fürstenaubrück knapp 2 km unterhalb von Thusis von Osten kommend die wasserreiche Albula („Alvra") in den Hinterrhein, bevor sich die vereinten Wasser durch den Domleschg schieben.
Der rund 10 km lange Talabschnitt Domleschg nördlich von Thusis nach der Albula-Einmündung liegt auf etwa 700 m Höhe. Er hat die Gestalt einer breiten Wanne mit eher sanft geneigten Talhängen und zeigt sich heute als recht anmutige, fast idyl-

Das breit ausgeräumte Alpenrheintal geht auf den mächtigen Rheintalgletscher zurück.
Foto: Rainer Nowack

Im Alpenrheintal: Der Fluss ist zwischen Dämmen gezähmt.

lische, von Obstgärten und Feldfluren geprägte Talaue. An der Basis des imposanten Stätzerhorns (2.575 m) auf der rechten Talseite klebt das alte Bauerndorf Tomils-Tomegl, von dem die rätoromanisch „Domliaschga“ genannte Talschaft durch eindeutschendes Verschleifen der rätoromanischen Bezeichnungen ihren Namen ableitet. Beim Blick auf das Besiedlungsbild mit seinen ungewöhnlich zahlreichen Burgen und Schlössern fällt sofort auf, dass die kleinen Ortschaften fast ausnahmslos in Hanglage angelegt wurden. Die Gründe sind leicht zu verstehen: In früheren Jahrhunderten, als die Wassermassen des Hinterrheins noch nicht durch so viele Stauseen in seinem Oberlauf gebändigt wurden, galt der Talboden des Domleschg als extrem hochwassergefährdet. Nicht einmal Brücken oder Stege wagte man in der breiten Flussaue anzulegen. Von der einen zur anderen Talseite konnte man lange Zeit nur über größere Umwege gelangen. Heute ist der Hinterrhein im Domleschg weitgehend gezähmt und seit 1832 in ein schnurgerades, kanalartiges Bett mit hohen Schutzdämmen gelegt.

Nach insgesamt knapp 64 km Lauflänge endet die Flussgeschichte des Hinterrheins südlich von Tamins (600 m) beim Planta-Schloss Reichenau, wo er sich mit dem rund 15 km längeren Vorderrhein verbindet – die Mündung trifft den anderen Zufluss in Form eines großen T, und beide vermischen sich gänzlich undramatisch. Angesichts der ungleichen Län-

Das Rheindelta am Bodensee gilt als hochrangiges Naturschutzgebiet: Mistelbüsche in Baumweiden.

Unscheinbar, aber selten und schützenswert: Strandling, ein direkter Uferbewohner am Bodensee.

Fotos: Rainer Nowack

ge mag man die Frage stellen, ob der Hinterrhein tatsächlich den gleichen Rang hat wie der Vorderrhein oder nur als dessen besonders großer Zulauf zu betrachten ist. Im Kartenbild sieht es tatsächlich so aus, dass der Vorderrhein mit seinem ungleich markanteren Talzug den etwas kleineren Hinterrhein mit seinem deutlich engeren Tal aufnimmt, obwohl er mit 1.610 km² (gegenüber 1.510 km² beim Vorderrhein) das etwas größere Einzugsgebiet aufweist. Die geografische Konvention bewertet beide Teile jedoch einfach als gleichberechtigt. Nach dem Zusammenfluss vermerken die amtlichen Kartenwerke der Schweiz übrigens nur noch die Eintragung „Rhein".

Den nun folgenden Abschnitt bis zur Mündung in den Bodensee nennt man in der internationalen Rheinhydrografie jedoch übereinstimmend Alpenrhein. Er behält die längst eingeschlagene süd-nördliche Fließrichtung als Alpenquerfluss bis zum Bodensee bei. Übrigens ist er die landschaftlich markante Trennlinie zwischen den auch geologisch klar unterscheidbaren Westalpen und den Ostalpen.

3.4 Bis zur ersten Rheinmündung – der Alpenrhein

Vom Zusammenfluss der beiden Quellarme Vorder- und Hinterrhein schwenkt der jetzt einfach nur noch „Rhein" oder etwas einschränkender „Alpenrhein" genannte Alpenquerfluss in seine Süd-Nord-Abflussrichtung ein und folgt nördlich der Stadt Chur dem mit Abstand bedeutendsten Alpenquertal ziemlich geradlinig bis zum Bodensee. Der letzte Abschnitt quer durch die nördlichen Ketten der Alpengipfel hat eine erdgeschichtlich durchaus eigenwillige Geschichte. Lange Zeit nahm der Rhein seinen Lauf nämlich nicht direkt zum heutigen Bodenseebecken, sondern zweigte bei Sargans über das Talsystem der Seez zum heutigen Walensee, dem Flüsschen Linth, dem Zürichsee und dessen Abfluss Limmat ab, um erst weiter nördlich im Schweizer Mittelland in das Tal der Aare zu münden und dem jetzigen Hochrheintal Richtung Basel zu folgen. Eine tatsächlich nur wenige Meter hohe Schwelle nahe dem westlichen Rheinufer bei Sargans verhindert jedoch, dass der Alpenrhein auch weiterhin oder schon wieder diese Abkürzung nimmt.

Ungereimtes

Beim genaueren Blick auf die topografische Karte fällt eine geografische Ungereimtheit auf: Von der Quellregion bis zum Zusammengehen mit der Albula ist die Landwasser zusammen mit ihrem längsten Quellast Dischmabach 38 km lang. Bis zur Einmündungsstelle ist die Albula einschließlich ihres längsten Quellbaches Ava da Ravaisch aber nur etwa 21 km weit geflossen. Die Namensgebung verstößt demnach klar gegen die allgemeine Regel, wonach ein Fluss nach seinem längsten Quellast zu benennen ist. Und noch etwas fällt auf: Von der Quelle des Fließwassersystems Dischmabach – Landwasser – Albula sind es bis Tamins etwa 71 km – und damit deutlich mehr als bis zum Ursprungsgebiet des Hinterrheins (von Tamins nur 64 km) sowie nur ein paar Steinwürfe weniger weit als bis zum Ursprung des Curnera-Rheins im Oberlauf des Vorderrheins. Hydrografisch müsste man also, was die objektiven Fließstreckenverhältnisse angeht, den Hinterrhein entgegen der verbreiteten Praxis tatsächlich als Zufluss der Albula (Alvra) auffassen und nicht umgekehrt. Die oft nur in einem Nebensatz erwähnte Albula ist somit zweifelsfrei bedeutsamer als der üblicherweise als zweitwichtigster Quellfluss zitierte obere Hinterrhein.

Das Sanddelta an der Fußacher Bucht gilt als wertvolles Vogelbiotop.
Foto: Christoph Moning

Gegenüber von Sargans bis etwa zur Einmündung der aus dem Vorarlberg (Montafon) kommenden Ill gehört das rechte Rheinufer für etwa 25 km zum Fürstentum Liechtenstein, während das linke Ufer zum Kanton St. Gallen gehört. Die wichtigeren Zuflüsse kommen in diesem Fließstreckenabschnitt allesamt von Osten – so die bei Klosters von der Nordflanke der Silvretta abfließende, 38 km lange Landquart. Nördlich von Feldkirch mündet die Ill, deren oberen Talabschnitt südöstlich von Bludenz man „Montafon" nennt, während der untere bis zur Mündung „Walgau" heißt.

Ähnlich wie im Domleschg lief der Alpenrhein auch in seinem unteren Abschnitt ursprünglich noch nicht so geradlinig ab wie heute. Verheerende Hochwasser im 18. Jahrhundert, sicherlich mit ausgelöst durch großflächige Hangentwaldungen im Bereich der Quelläste und Zuflüsse, waren der Ausgangspunkt für eine erste umfangreiche Flusskorrektion im breiten Alpenrheintal. Um einen rascheren Abfluss zu erreichen, zwängte man den Alpenrhein nach 1854 etwa ab Lanquart bis zum Bodensee in ein 110 m breites und ziemlich gerades Kanalbett, das den ursprünglich mäandrierenden Lauf um etwa 10 km verkürzte. Nach weitereren zerstörerischen Hochwassern entschlossen sich die Anliegerstaaten auch zur Schaffung einer neuen Rheinmündung in den Bodensee (1894 bis 1900). Exakt zur vorletzten Jahrhundertwende war der ziemlich genau 5 km lange Durchstich von Fußach (nur in der Schweiz „Fussach" geschrieben) mit seinen Schutzdammanlagen fertig. Im Jahre 1923 wurde wenige Kilometer weiter südlich der Diepoldsauer Durchstich geschaffen, durch den sich der Ort Diepoldsau nunmehr in Insellage befindet. Beide Durchstiche verkürzten den ursprünglichen Alpenrhein um etwa 10 km.

Bis zu seinem Mündungsbereich hat der heute etwa 85 km lange Alpenrhein die Schmelzwasser von rund 150 Alpengletschern eingesammelt. Im Kartenbild und in der landschaftlichen Wirkung ist sein Talzug der bedeutendste süd-nördliche Einschnitt der Alpen quer zum Gebirgsstreichen. Das alpine Rheintal trennt die West- und die Ostalpen. Obwohl beide Teile einen gewaltigen Gebirgsriegel bilden, entsteht vor Ort fast der Eindruck, als gehörten die rechts und links aufragenden Höhengebiete zwei verschiedenen Hochgebirgen an.

Vor seiner technischen Überformung, die ihm viel, wenn nicht sogar das meiste, von seiner ursprünglichen landschaftlichen Wirkung genommen hat, bildete der bedeutendste Queralpenfluss zwischen Staad im Westen und Bregenz im Osten zusammen mit der Dornbirner Ach und der Bregenzer Ach ein gemeinsames und recht ausgedehntes, nämlich fast 15 km breites Delta auf dem Seeboden des nacheiszeitlich noch wesentlich weiter nach Süden ausgedehnten Bodensees. Während die Bregenzer Ach weitgehend natürlich belassen wurde, hat man die Dornbirner Ach auf ihren letzten Kilometern Fließstrecke ebenfalls reißbrettmäßig begradigt und führt sie nun parallel zum neuen Rheinkanal dem Bodensee zu. Der jetzt als „Alter Rhein" bezeichnete Mündungsarm besteht allerdings immer noch in seiner ursprünglichen Form und erreicht den Bodensee etwa 8 km weiter westlich beim mittelalterlichen Städtchen Rheineck bzw. nördlich der Ortschaft Altenrhein, nachdem er bei St. Margrethen noch einmal schwungvoll zu zwei engen Mäanderbögen ausgeholt hat. Das linke Ufer des Alten Rheins bildet traditionell die Grenze zwischen der Schweiz und Österreich – die Rheinmündung liegt also ebenso wie der weitaus größere Teil des Rheindeltas auf österreichischem Territorium. Trotz aller technischen Verbauung ist das Gebiet zwischen dem Alten Rhein und der neuen Mündung der Dornbirner Ach mit seinen rund 2.000 ha Fläche ein großartiges und überaus bedeutendes Naturschutzgebiet mit Schilfröhrichten, Nasswiesen und Auengehölzen. Wegen seiner herausragenden Bedeutung als Feuchtgebiet und als Rast- bzw. Brutbiotop für zahlreiche Vogelarten steht es seit 1982 zusätzlich unter dem Schutz der internationalen Ramsar-Konvention, die alle überregional bedeutsamen und ökologisch hochrangigen Feuchtgebiete vor einer weiteren ökologischer Entwertung zu bewahren versucht.

Bis zu seinem Mündungsbereich hat der Alpenrhein die Schmelzwasser von rund 150 Alpengletschern eingesammelt.

Der begradigte, kanalisierte Alpenrhein setzt die wasserbaulich so gewollte Sedimentschüttung in den Bodensee unentwegt fort. Um rund 23 m wächst die neue Rheinmündung jedes Jahr in den See hinein, wobei eine jährliche Flächenabnahme von etwa 3 ha zu verzeichnen ist.

Und schiebt sich immer weiter vor: Abgedämmte Mündung des Rheins in den Bodensee.

Foto: Rainer Nowack

Der Bodensee bei Wasserburg
Foto: Rainer Nowack

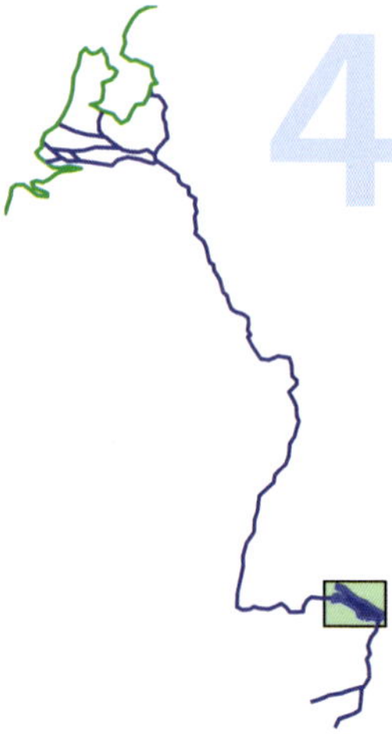

4 Der Rhein auf dem Seeweg – Bodensee

Neben der Rhône, die den Genfer See durchfließt, ist der Rhein einer der wenigen Flüsse Europas mit zwei Mündungen: Als Alpenrhein mündet er am österreichischen Ufer in den Bodensee, um sich dann rund 1.000 km weiter nördlich mit einem deutlich größeren Mündungsdelta endgültig in die Nordsee zu ergießen.

Der Blick aus dem erdnahen Weltraum zeigt den gesamten Bodensee (Ober- und Untersee) klar wie ein Kartenbild.
(Satellitenbild, Wikipedia)

Geografisch gesehen gehört der natur- und kulturlandschaftlich großartige Bodensee zur Kette der großen Alpenrandseen, die vor dem Westalpenbogen mit dem Genfer See beginnt und mit dem Neusiedler See am Ostalpenrand auf der österreichisch-ungarischen Grenze endet. Auf der Südalpenseite entspricht dieser Seenkette die ähnliche Aufreihung der berühmten oberitalienischen Seen vom Comer See im Westen bis zum Gardasee im Osten. Geologisch betrachtet sind alle diese Seebecken ein unmittelbares Erbe der Eiszeit. Aus massiv vereisten Hochgebieten abfließende Gletscher hobelten im Vorland Jahrtausende lang breite Rinnen und Wannen aus, nachdem sie sich zwischen den randlichen Gebirgsstöcken geräumige Öffnungen, die sogenannten Alpentore, geschaffen hatten. Das quer zu den alpinen Hauptketten verlaufende Tal des Alpenrheins ist im Wesentlichen das Werk des Rheingletschers und stammt aus der letzten

Eiszeit (Würm-Eiszeit), die vor etwa 12.000 Jahren endete. Das Bodenseebecken gilt als großartigstes Beispiel gletscherbedingter Landschaftsformung (Glazialerosion) im gesamten Voralpengebiet. Der bei Bregenz-Lindau nach Westen abzweigende Teil des Rheingletschers hat mit seiner Eisschurfleistung die gesamte und an ihrem Westende sogar gegabelte Wanne des Bodensees eingegraben – rund 60 km lang und bis 400 m tief. Die tiefste Stelle des ursprünglichen Sees – sozusagen der Boden des Bodensees – erreicht damit tatsächlich Meeresspiegelniveau. Geologisch ist das gesamte Bodenseebecken in der breiten nördlichen Vorlandsenke der Alpen angelegt, die man als Molassebecken bezeichnet (vgl. Abb. S. 24). Dieses erstreckt sich über rund 1.000 km Länge entlang des Alpennordrandes und entstand während der Auffaltung der Alpen im Tertiär. In der Nacheiszeit mit ihren wieder deutlich höheren Durchschnittstemperaturen füllten sich die Gletscherzungenbecken mit dem Schmelzwasser von der Haupteismasse abgetrennter Gletscherteile (= Toteisblöcke) sowie von Bächen, Flüssen und Strömen. Das heutige Bodenseebecken ist also durch die gemeinsame Aktion von Gletscherschub und Fließwasser geformt worden – es entstand, wie man fachmännisch sagt, glaziofluviatil. Das Südostufer des Zungenbeckensees Bodensee reichte vor etwa 10.000 Jahren noch ungefähr 40 km weiter südlich in den Alpenraum bis etwa zum heutigen schweizerischen Buchs hinein –. der ursprüngliche Bodensee war also ähnlich verwinkelt wie heute noch der Vierwaldstätter See. Die rund 10 km breite, heute dicht besiedelte Alpenrheinebene zwischen Bregenz, Dornbirn und Lustnau mit ihren zahlreichen Industriestandorten ist neben der Schürfarbeit des Rheingletschers also auch das Ergebnis aufgeschütteter Lockermassen, die der Alpenrhein in den zurückliegenden Jahrtausenden herangeschleppt und auf dem ehemaligen Schmelzwasserseeboden abgesetzt hat.

Von geeigneten Aussichtspunkten, beispielsweise von St. Antönien ob Altstätten, kann man große Anteile

Mündungsgebiet der unverbauten Bregenzer Ach – ein hochrangiger Naturraum am südlichen Bodensee

Foto: Rainer Nowack

Die Flachmoorwiesen am Bodensee schmücken sich im Frühsommer mit der Sibirischen Schwertlilie. Fotos: Rainer Nowack

des auffallend breiten Rheintals überblicken und sich dann durchaus vorstellen, wie sich hier in der Niederung einst die südliche Fortsetzung des Bodensees ausbreitete. Selbst in historischer Zeit war der Bodensee noch größer: Der römische Hafen von Bregenz liegt heute etwa 300 m vom derzeitigen Seeufer entfernt landeinwärts. Seine Sedimentschüttung setzt der Alpenrhein natürlich auch heute noch fort. Im Bereich der neuen Rheinmündung wird die jährlich eingetragene Sedimentfracht aus Schottern, Kiesen und Sanden mit Schwimmbaggern teilweise wieder entnommen. Dennoch wird der Alpenrhein die Bregenzer Bucht schon in wenigen Jahrhunderten völlig zuschütten. Dem Bodensee räumt man dagegen immerhin noch eine Bestandszeit von knapp 100.000 Jahren ein.

Das heute allgemein als „Bodensee“ bezeichnete Gewässer besteht nach geografischen und geologischen Kriterien eigentlich aus zwei verschiedenen Seen: Der deutlich größere und östlich gelegene Obersee hat eine Fläche von 473 km² (was etwa der Oberfläche des gesamten Rheins entspricht), ist maximal 14 km breit und reicht an seiner tiefsten Stelle vor dem schweizerischen Uttwil bis 254 m Tiefe hinab. Seine Länge beträgt von Bregenz bis Ludwigshafen 63,3 km, von der Alpenrheinmündung bis Konstanz rund 41 km. Seinen schmal fingerförmig nach Nordwesten orientierten Arm nördlich der Bodman-Halbinsel bezeichnet man als Überlinger See. Außer dem Alpenrhein münden in den Obersee etwa 230 weitere, aber meist ziemlich kleine Zuflüsse. Die größeren davon sind neben der Dornbirner Ach die Gewässer Bregenzer Ach, Argen, Schussen und Rotach.

Hoch- und Schmelzwasser sammeln am Bodenseeufer Mengen von Bestandsabfall. Ähnlich sieht es überall am Rhein nach einem Hochwasser aus.

Chronologie der bisherigen Rekordwasserstände des Bodensees

Durchschnittlich liegt der Wasserspiegel des Bodensees bei 395,5 m. Allerdings schwankt er jahreszeitlich und auch jahrzehnteweise um Meterbeträge. In den letzten 150 Jahren lagen die Seespiegelschwankungen im Bereich von 3,5 m.

Das vom Alpenrhein in den Obersee eingetragene Wasser, jährlich etwa 7,3 km³ oder rund 60 % des Gesamtzuflusses (fast 12 km³), ist im gesamten Seebecken als Strömung nachweisbar, allerdings nur in gewisser Tiefe, weil das deutlich kältere Alpenflusswasser wegen seiner größeren Dichte im spürbar wärmeren Bodenseewasser zunächst einmal absinkt. Der Wasserstrom zieht aus dem Mündungsbereich im Bogen an Lindau vorbei und am deutschen Seeufer entlang bis etwa auf die Höhe von Hagnau, ehe er vom Konstanzer Trichter mit seiner Rheinrinne aufgenommen wird.

Der nur 63 km² große und westlich anschließende Untersee ist durch die Endmoränen verschiedener Gletscherzungen stärker gegliedert, und so erhielten seine einzelnen Seeteile auch jeweils eigene Namen. Zwischen Radolfzell und der Insel Reichenau liegt der Zellersee, nördlich davon der Gnadensee. Von Gottlieben bis Stein am Rhein erstreckt sich der Rheinsee. Für diesen Seeteil ist auf den meisten amtlichen Karten allerdings vereinfachend und deswegen nicht ganz korrekt die Bezeichnung „Untersee“ eingetragen.

Der Blick über den Bodensee

Wegen der beträchtlichen Südost-Nordwest-Ausdehnung des Obersees kann man vom Bregenzer Ufer auch bei bester Fernsicht nicht das Westufer bei Konstanz erkennen – wegen der Erdkrümmung weist die Wasseroberfläche nämlich eine Aufwölbung um rund 80 m auf. Für den Beobachter am Ostufer liegt das Westufer daher immer hinter bzw. unter dem Horizont. Nur aus größerer Höhe, so vom 1.063 m hohen und per Bergbahn bequem erreichbaren Pfänder östlich von Bregenz, kann man bei optimalen Sichtverhältnissen den gesamten Obersee überblicken. In der Querachse, beispielsweise von Kressbronn oder Wasserburg aus, kann man das gegenüberliegende schweizerische Ufer (Kantone Sankt Gallen bzw. Thurgau) dagegen klar ausmachen.

Der gesamte Untersee ist im Unterschied zum Obersee nur 15 bis 20 m tief. Sein durchschnittlicher Wasserspiegel liegt bei 395,3 m und damit um rund 20 cm tiefer als beim Obersee. Ober- und Untersee zusammen bilden mit 535 km² Fläche nach dem ungarischen Plattensee (594 km²) und dem Genfer See (582 km²) den drittgrößten See Mitteleuropas. Gemessen am gemeinsamen Wasservolumen

aller Seeteile von rund 48 km³ steht der Bodensee nach dem Genfer See (89 km³) sogar an zweiter Stelle.
Ein kleiner Teil des Bodenseewassers umgeht übrigens die natürlich vorgezeichnete Abflussroute durch Seerhein, Untersee und Hochrhein: Bei Sipplingen am Überlinger See werden jährlich etwa 130 Mio. m³ Bodenseewasser entnommen, in den Großraum Stuttgart transportiert und von hier, zu Trinkwasser aufbereitet, bis nach Bad Mergentheim. Als Abwasser erreicht es schließlich den Neckar oder einen Main-Zufluss und findet so erst auf Umwegen zum Rhein zurück.

Naturparadies Wollmatinger Ried

Am Ufer des Gnadensees westlich von Konstanz liegt das Natur- und Landschaftsschutzgebiet „Wollmatinger Ried – Untersee – Gnadensee", das zugleich Europareservat, Feuchtgebiet von internationaler Bedeutung und Important Bird Area ist. Die Schilfgürtel und Flachwasserbereiche sind weiträumig geschützt und für Interessierte nur im Rahmen der regelmäßig stattfindenden naturkundlichen Führungen zugänglich. Im ehemaligen Bahnhof Reichenau unterhält der Naturschutzbund Deutschland (NABU) ein Naturschutzzentrum, das die Führungen organisiert (07531/78870).

4.1 Die Donau fließt zum Rhein

Nördlich vom Obersee (Überlinger See) und Untersee (Zeller See) rücken die Flussgebiete des Rheins und der antiparallel zum Hochrhein fließenden Donau stellenweise sehr nah zusammen – die Europäische Hauptwasserscheide verläuft hier in einem schmalen Streifen mit jeweils nur etwa 10 km Entfernung zum Rhein bzw. zur Donau. Wegen der besonderen Gesteinsverhältnisse in der westlichen Schwäbischen Alb kommt es hier zu einer hydrografisch weltweit einzigartigen Erscheinung. An fast der Hälfte aller Tage im Jahr (oder sogar mehr) versickert die junge Donau in sogenannten Schwinden im Talabschnitt zwischen Immendingen und Möhringen sowie noch einmal etwa 20 km weiter flussabwärts bei Fridingen aus ihrem undichten Flussbett in den klüftigen Untergrund der Weißjura-Kalksteine, zumal hier der Grundwasserspiegel ohnehin etwa 8 m tiefer liegt als im übrigen Bett der jungen Donau. Nur bei größerer Wasserführung bringt die Donau zu-

Die sommerlich trockenen Seeufer tragen eine schüttere, aber artenreiche Vegetation mit vielen Seltenheiten, z.B. das endemische Bodensee-Vergissmeinnicht. Fotos: Rainer Nowack

Halbinsel Mettnau mit breitem Schilfgürtel im Zeller See vor Radolfzell
Foto: Christoph Moning

Schlucklöcher im fast schon trockenen Donaubett bei Immendingen
Foto: Vera Riemann

Hier fließt Donauwasser in den Rhein: Mündung der Radolfzeller Aach.
Foto: Vera Riemann

mindest einen Teil ihrer Wellen über die Versickerungsstrecke hinweg. Im wasserärmeren Sommerhalbjahr ist die Versickerung daher fast vollständig, sodass das Flussbett tatsächlich komplett trocken liegt. Nach knapp drei Tagen (etwa 60 Stunden) kommt das versickerte Donauwasser nach mühsamer Passage durch ein vermutlich stark verzweigtes Gang- und Höhlensystem im Untergrund in der 174 m tiefer und 11,7 km weiter südlich gelegenen Aachquelle (Aachtopf; Deutschlands stärkste Quelle) wieder zum Vorschein. Für den etwas län-

Wie lang ist eigentlich der Rhein?

Eine 1967 erschienene Informationsschrift der Wasser- und Schifffahrtsdirektion Mainz gibt für die Rheinlänge 1.320 km an. Dieser Wert erscheint auch in vielen jüngeren Ausgaben von Lexika sowie in amtlichen Dokumenten, so auch vom Umweltbundesamt oder in Pressediensten der Bundesregierung. Die Internet-Enzyklopädie Wikipedia bezifferte vor 2010 die Rheinlänge sogar mit 1.324 km.

Andere Längenangaben bleiben deutlich unter dem letztgenannten Höchstwert. Das Herder-Konversationslexikon von 1907 führt 1.246 km an. Ein 1922 erschienener Führer durch das Rheinmuseum in Koblenz nennt 1.238 km. Eine Untersuchung über die Geschichte der Rheinvermessung (Kuhr 1972) kommt auf 1.237,6 km, und ein Sammelband zur Ökosystemforschung in den Rheinauen (Tittizer und Krebs 1996) enthält die Angabe 1.236 km. Damit überrascht die Spezialliteratur über den Rhein mit zwei doch recht weit auseinanderklaffenden Werten. Alle benannten Längenangaben beziehen sich übrigens auf einen Zeitraum, in dem die bekannten Tulla'schen Korrektionen am Oberrhein mit einer Laufverkürzung um rund 100 km längst abgeschlossen waren und auch anderwärts keine Mäanderdurchstiche mehr erfolgt sind.

Eine brauchbare Zahlenbasis für die korrekte Längenbestimmung des Rheins liefert die amtliche, im April 1939 eingeführte und international verbindliche Rheinkilometrierung mit Stromkilometer 0 ab der Konstanzer Rheinbrücke. Sie endet mit Stromkilometer 1031,8 an der Rheinmündung des Nieuwe Waterweg in die Nordsee nordwestlich von Hoek van Holland (vgl. S. 211). Genaueres Nachmessen auf den amtlichen topografischen Karten ergibt für den Rheinquellast Vorderrhein bis Tamins (Graubünden) 75,1 km und für den anschließenden Alpenrhein bis zur heute kanalisierten Mündung in den Bodensee bei Fußach 85,7 km. Der Weg des Rheinwassers durch den Bodensee (Obersee) zwischen Fußach und Konstanz bemisst sich auf 41,0 km. Die aktuelle Gesamtlänge des Rheins errechnet sich damit unter Berücksichtigung der Fehlstrecken (vgl. S. 209) auf (gerundet) 1.233 km.

geren Weg von Fridingen (18,5 km) braucht das Sickerwasser durch das Karstspaltengefüge in der Tiefe etwa acht Tage. Es umgeht damit unterirdisch die oberirdisch im Kartenbild festgehaltene Europäische Hauptwasserscheide.

Aus dem Aachtopf läuft das Donauwasser als Radolfzeller Aach ab und mündet nach 32 km bei Radolfzell vor dem bedeutsamen Naturschutzgebiet Aachried in den Zeller See. Zeitweilig wird die junge Donau somit faktisch zum Nebenfluss des Rheins. Da sich die Kalklösungsprozesse im Untergrund fortsetzen – die Aachquelle verlassen jedes Jahr tatsächlich rund 7.000 t gelöster Kalke – könnte die zeitweilige Versickerung der jungen Donau zum Rhein auch dauerhaft werden. Die Schwarzwaldbäche Brigach und Breg wären dann ständige Quellbäche des Rheinsystems, während der in Möhringen der Donau zulaufende Krähenbach und die Elta in Tuttlingen zu den eigentlichen Quellästen der etwas eingekürzten Donau aufsteigen würden.

4.2 Zwischen Untersee und Hochrhein

Hydrografisch ganz exakt festlegbar beginnt an der Konstanzer Rheinbrücke der 4 km lange Seerhein, das Verbindungsstück zwischen Ober- und Untersee. Genau an dieser Rheinbrücke startet die heute international verbindliche Rheinkilometrierung (vgl. S. 191): Stromkilometer (Rhein-km) 0 liegt exakt in der Mittelachse der Brücke. In die Flusskilometrierung ist demnach auch der Untersee einbezogen, während es am Obersee keine festen Messmarken und auf der Wasserfläche nicht einmal eine verbindliche Festlegung der Ländergrenzen zwischen Schweiz, Österreich und Deutschland gibt. Beim schweizerischen Stein am Rhein (Kanton Schaffhausen; Rhein-km 25) endet der westlichste Zipfel des Untersees und damit auch der Bodensee. Unter der Rheinbrücke von Stein fließen im Durchschnitt 440 m^3 Wasser in der Sekunde ab. Rein rechnerisch ist das jährlich ungefähr ein Viertel der gesamten Wasserfüllung des Bodensees oder in einem Jahrzehnt seine 2,5-fache Wassermenge.

Wollmatinger Ried zwischen Konstanz und Klosterinsel Reichenau – ein hochrangiges Naturschutzgebiet
Foto: Christoph Moning

Auch folgende Zahlen sind interessant: Die Hälfte des schiffbaren Rheins (Rheinfelden-Rotterdam = 881 km) liegt bei Rhein-km 440,5 kurz oberhalb von Worms am Oberrhein. Die Hälfte des kilometrierten Rheins (Konstanz – Rotterdam = rund 1.032 km) befindet sich bei Rhein-km 516 in Höhe von Hattersheim am Inselrhein (vgl. S. 84). Die genaue Hälfte des Gesamtrheins (rund 1.233 km, vgl. Tabelle 5) erreicht man bei Rhein-km 616,5 in Leutesdorf unterhalb der Andernacher Talpforte am unteren Mittelrhein.

Abschnitt	Grenzpunkte (Rhein-km)				Länge (km)
Vorderrhein	Maighels-Gletscher		Tamins		75,1
Alpenrhein	Tamins		Bodensee		85,7
Bodensee	Bregenz		Konstanz		41
Seerhein	Konstanz	0	Gottlieben	4	4
Untersee	Gottlieben	4	Stein a. Hochrhein	25	21
Hochrhein	Stein a. Hochrhein	25	Basel	166	141
Oberrhein	Basel	166	Bingen	530	364
Mittelrhein	Bingen	530	Bonn	644	114
Niederrhein	Bonn	644	Pannerden	868	224
Rheindelta	Pannerden (NL)	868	Hoek van Holland	1032	164
Fehlstrecken in der Rhein-Kilometrierung ab Konstanz					– 1,2
heutige Gesamtlänge des Rheins					1.233

Tabelle 5: Gliederung und Gesamtlänge des Rheins

Zwischen Hoch- und Oberrhein
Foto: Vera Riemann

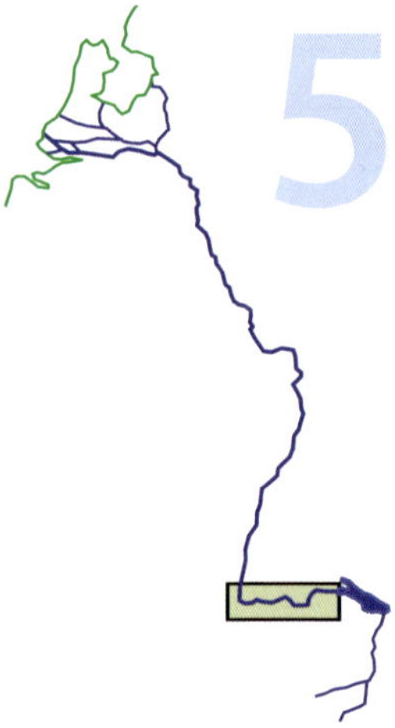

5 Vom Bodensee bis Basel – der Hochrhein

Ab Stein am Rhein, ganz exakt ab Rhein-km 25 bei der Steiner Rheinbrücke unterhalb der kleinen Insel Werd, wird der Untersee wieder zum richtigen Fluss. Ab hier ändert er erneut seinen Namen und heißt jetzt im allgemeinen Sprachgebrauch auf der gesamten folgenden Fließstrecke bis Basel Hochrhein.

Noch in der Mitte des 19. Jahrhunderts bezeichnete man auch diesen Abschnitt als „Oberrhein“. Immerhin nennt der romantische Dichter Victor von Scheffel (1826–1886), der in dieser Gegend als Jurist tätig war, sein 1854 entstandenes populäres Vers-Epos „Der Trompeter von Säkkingen“ einen „Sang vom Oberrhein“. Andere Autoren sprachen auch vom Vorlandrhein. Erst der Freiburger Hydrobiologe Robert Lauterborn schlug im Jahre 1916 in einer wissenschaftlichen Rheinstudie die Bezeichnung „Hochrhein“ vor. Im Jahre 1927 wurde dieser Name auf dem Geographentag in Karlsruhe als Empfehlung durch Mehrheitsentscheid angenommen. Von Stein am Rhein (395 m ü. NN) bis Basel (244 m) weist der Hochrhein eine Lauflänge von 143 km und rechnerisch somit ein durchschnittliches Gefälle von rund 1 m/km (= 1‰) auf. Politisch gehört das linke Hochrheinufer bis kurz unterhalb von Basel zur Schweiz, zunächst zum Kanton Thurgau, dann für eine Strecke zum Kanton Zürich, schließlich zum Aargau und zuletzt zu den Kantonen Basel-Land(schaft) und Basel-Stadt. Auf der rechten Rheinseite stellen sich die Staatsgrenzverläufe – historisch bedingt unter anderem durch ehemaligen habsburgischen (österreichischen) Besitz – dagegen ein wenig verworren dar. Bei Stein am Rhein befindet man sich zunächst im Kanton Schaffhausen, der außer in der Stadt Schaffhausen selbst und in Stein kein linksrheinisches Gebiet aufweist. Jenseits des Ramsener Quertales erreicht man den Landesteil Baden von Baden-Württemberg, betritt dann erneut einen am Rheinufer nur 1,3 km schmalen Streifen des Kantons Schaffhausen und gelangt nach der deutschen Enklave Büsingen (für die eigens ein Staatsvertrag abgeschlossen wurde) noch einmal nach Schaffhausen. Gegenüber der Einmündung der Thur bis zum markanten Rheinknick östlich von Eglisau steht man wieder im Kanton Schaffhausen und bei Eglisau im rechtsrheinischen Zipfels des Kantons Zürich. Der übrige Hochrhein gehört auf seinem rechten Ufer zu Baden-Württemberg, bis kurz vor Weil am Rhein, wo der Kanton Basel-Stadt die rechtsrheinische Enklave Klein-Basel besitzt. Trotz aller Grenzziehungen zeigt sich über den Fluss hinweg auch manches Verbindende. Auffällig sind beispielsweise die gleich benannten Dörfer bzw. Städte, die sich am Ufer gegenüberliegen wie Reckingen (Baden) und Rekingen (Aargau), Laufenburg (Aargau) und Laufenburg (Baden), Wallbach (Baden) und Wallbach (Aargau) sowie Rheinsfelden (Zürich), Rheinfelden (Aargau) und Rheinfelden (Baden). Abgesehen von den ganz wenigen markanten Flussschleifen bzw. Mäanderbögen behält der Hochrhein im Wesentlichen seine schon am Untersee nach Westen gerichtete Hauptfließrichtung bei. Dieser gesamte Streckenabschnitt, eingebettet zwischen dem südlichen Schwarzwald im Norden und dem östlichen Schweizer Jura im Süden, ist landschaftlich außerordentlich vielgestaltig und verdankt das Grundmuster seines heutigen Erscheinungsbildes drei erdgeschichtlich bedeutsamen Vorgängen, nämlich den alpinen Auffaltungen, dem Hochkippen des Schwarzwaldes und dem Einbruch des Oberrheingrabens.

Blick auf die kleine Insel Wird im westlichen Untersee

Hydrografisch beginnt der Hochrhein an der Brücke von Stein am Rhein. Fotos: Vera Riemann

5.1 Vom neuen in das alte Bett

Von Stein bis Schaffhausen fließt der Hochrhein eher ruhig und gemächlich dahin, weil er sein Bett in den nicht allzu verwitterungsbeständigen Molasseschichten, zwischen dem jüngsten (würmzeitlichen) Moränenschutt und in der nacheiszeitlichen Schotterfüllung der Zungenbecken anlegen konnte, die zunächst auch ein gewisses Pendeln in Bögen und Schleifen zuließen. Bei Schaffhausen trifft der Fluss allerdings auf einen recht sperrigen Querriegel aus dem jüngsten Schichtglied des südwestdeutschen Stufenlandes, die recht widerstandsfähigen Kalke des Weißen Jura (Malm, vgl. Tabelle 4), der hier eine nur wenige Kilometer breite Verbindung zwischen der Schwäbischen Alb (Tafeljura) und dem Schweizer Juragebirge (überwiegend Faltenjura) bildet.

Schon vor der letzten Eiszeit bestand in diesem Gebiet eine Talrinne, die allerdings während der Zeit der Vergletscherung so sehr mit Schottern und Moränenschutt aufgefüllt wurde, dass vom ursprünglichen Relief nichts mehr blieb. Aus der im Umkreis von Schaffhausen an vielen Stellen erbohrten Schotterverteilung lässt sich der ehemalige Rheinlauf recht genau rekonstruieren: Vor der letzten Eiszeit floss der Rhein demnach von der Ortschaft Flurlingen direkt nach Neuhausen und dann ungefähr in seinem heutigen Bett weiter – von den Weißjurakalken um etwa 20 km nach Süden versetzt.

In der Nacheiszeit nutzte der Hochrhein seine alte Talanlage, bildete aber zuvor wieder an manchen Stellen zur Umgehung der zwischenzeitlich aufgeschotterten Massen auch neue Flussschlingen aus. Ein solches Talstück ist die vor etwa 7.000 Jahren angelegte, weit nach Süden ausholende Talschleife zwischen Flurlingen und Schloss Laufen: Hier begann der Rhein sich in die harten Weißjurakalke einzuschneiden und bildete allmählich einen größeren Gefälleknick aus, weil er weiter unterhalb die Schotter seines ehemaligen Talzuges leichter erodieren konnte. So entstand der berühmte Rheinfall: Der Hochrhein stürzt hier exakt bei Rhein-km 47,7 über sein ehemaliges linkes Ufer über eine 21 bis 23 m hohe Steilstufe

Wichtige Rhein-Organisationen

Mit dem als Stromsystem im europäischen Maßstab bedeutsamen Rhein befassen sich außer der behördlichen Wasserstraßenverwaltung (vgl. S. 29) mehrere nationale und internationale Organisationen. Die wichtigsten sind:

- ***Aqua Viva***
  Weinsteig 192, CH-8201 Schaffhausen
  www.aquaviva.ch
- ***Rheinkolleg e.V.***
  Maximilianstraße 100, 67346 Speyer
  www.rheinkolleg.de
- ***Internationale Kommission zum Schutz des Rheins (IKSR)***
  Postfach 20 02 53, 56002 Koblenz, www.iksr.de
- ***Internationale Kommission für die Hydrologie des Rheingebietes (KHR)***
  Pb 17, NL-8200 Lelystad, www.chr-khr.org
- ***Zentralkommission für die Rheinschifffahrt***
  Palais du Rhin, 2, place des République
  F-67082 Strasbourg Cedex, www.ccr-zkr.org
- ***Bundesanstalt für Gewässerkunde***
  Am Mainzer Tor 1, 56068 Koblenz, www.bafg.de
- ***Rheinischer Verein für Denkmalpflege und Landschaftsschutz (RVDL)***
  Postfach 21 09 24, 50533 Köln
  www.rheinischer-verein.de

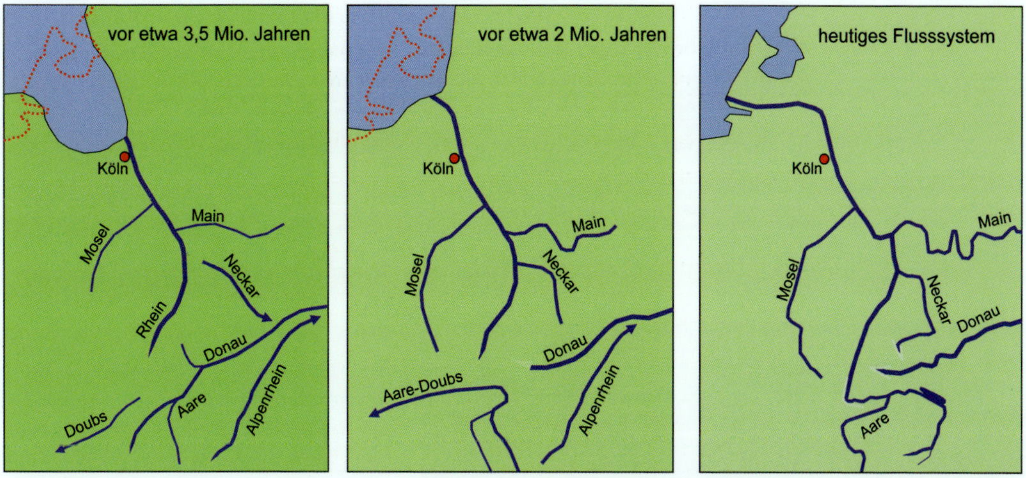

Szenen aus der Geschichte des Stromsystems Rhein vom oberen Tertiär bis zur Gegenwart Grafiken: BPK

in das frühere Tal (vgl. Blockbild) – „er stolpert gleichsam über seine eigene Vergangenheit“, wie es ein Geologe einmal treffend ausgedrückt hat. Die heutige Steilschwelle überwindet der Rhein allerdings nicht im freien Fall, sondern eher in Form einer vielstufigen Kaskade. In ihrem Fachjargon sprechen die Geowissenschaftler von einer epigenetischen Talbildung: Der jüngere Flusslauf hat hier sein älteres Tal sozusagen exhumiert und die alte Talflanke bis auf die Felskulisse freigewaschen. In den vergangenen 7.000 Jahren hat der Wasserfall die Fallkante durch Erosion allerdings um etwa 20 m hinter die ursprüngliche Talkante zurückverlegt. Diese vergleichsweise geringe Erosionsleistung hängt mit der fehlenden Geröllführung zusammen, welche die Schleifwirkung verstärken könnte. Gröberes Geröll liegt nämlich im Bodenseebecken und kann vorerst nicht weiter rheinabwärts transportiert werden.

Der Rheinfall von Schaffhausen, der nun so gar nicht vor der Stadt Schaffhausen selbst liegt, sondern fast drei Kilometer weiter flussabwärts gegenüber Neuhausen und insofern den falschen Namen trägt, gilt als größter Wasserfall des (kontinentalen) Europas, wenn man die ungemein imposanten Wasserfälle Dettifoss und Gullfoss in Island außer Acht lässt. Bei 150 m Breite und getrennt durch zwei verbliebene turmartige Felszähne fällt hier zur Zeit der größten Wasserführung eine Menge von knapp 1.100 m^3/s wild schäumend und so tosend herunter, dass sie den Talgrund unmittelbar hinter dem Wasserfall auf bis etwa 12 m ausgekolkt hat. Nur knapp einen Kilometer weiter flussabwärts ist der Hochrhein dagegen nur etwa 3 m tief. Schon Goethe erfreute sich hier an den

Blockbild zur Talbildung am Rheinfall

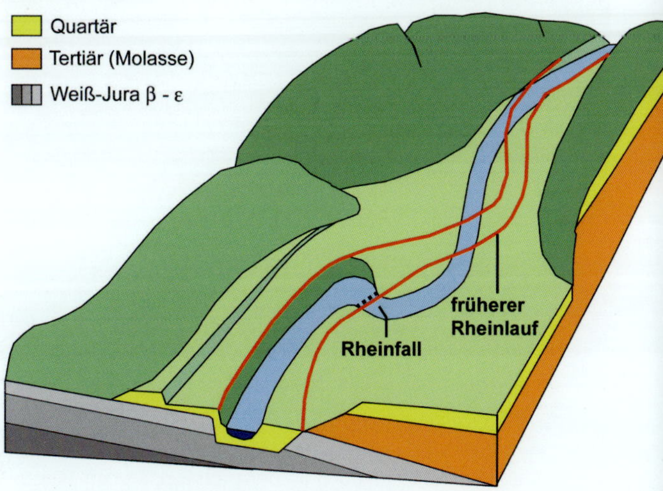

prächtigen Regenbogenfarben, die sich bei Sonnenschein in den aufgewirbelten Gischtwolken zeigen. In seiner berühmten Farbentheorie gab er eine ebenso vernebelte wie unzutreffende Erklärung für diese Naturerscheinung ab. Der berühmte britische Physiker Isaac Newton hatte dafür eine weitaus plausiblere und vor allem richtige Erklärung. Die über 20 m hohe Schwelle des Rheinfalls war seit ihrem Bestehen immer auch eine Verbreitungsgrenze für die Fischarten und beispielsweise vom Rheinlachs (Salm) nicht zu überwinden. Die Lachse stiegen daher früher zum Ablaichen durch die Aare bis fast in deren alpinen Quellast auf und über die Reuß bis zum Vierwaldstätter See.

Von der Schönheit dieser großen Landschaft ist nur ein kleiner Bruchteil übrig geblieben.

Der kaskadenförmige Rheinfall gehört zu den eindrucksvollsten Naturphänomenen am Hochrhein – trotz völlig unsensibler Umgebungsgestaltung mit Industriebauten
Fotos: Vera Riemann.

Im Prinzip ist der Rheinfall, nach Wassermenge und Fallhöhe, sicher einer der imposantesten Wasserfälle der Erde, ein einzigartiges Naturdenkmal. Bedauerlicherweise hat man dem aber in den angrenzenden Ortschaften kaum Rechnung getragen. Direkt oberhalb des Wasserfalls sind hässliche Fabrikanlagen errichtet worden, und unnötigerweise quert in Sichtweite auch noch eine, zur Erbauungszeit als recht waghalsig empfundene, Eisenbahnbrücke den Hochrhein. „Von der Schönheit dieser großen Landschaft ist nur ein kleiner Bruchteil übrig geblieben – gerade soviel, dass die Fremdenindustrie noch ausgiebig davon profitieren kann“, merkte 1973 der Kölner Geologe Martin Schwarzbach zwar etwas bissig, aber zu Recht an.

Am Rheinfall biegt der in einem eleganten Rechtsschwung ausholende Hochrhein markant nach Süden um und durchfließt, ehe er unterhalb von Eglisau die Weißjuragesteine endgültig durchbricht und bei Herdern letztmalig auch noch Schwarz- und Braunjuragesteine anschneidet, die ungefähr 9 km lange und sehr enge Mäanderschleife bei Rheinau und der kleinen Insel, die eine berühmte Klosteranlage gleichen Namens trägt. Das Wappen des schon im 8. Jahrhundert gegründeten Klosters, das sich heute allerdings in barockem Gewand zeigt, führt bezeichnenderweise einen Rhein-

deutendster rechter Nebenfluss auf der Hochrheinstrecke die rund 90 km lange Wutach ein. Sie folgt ungefähr der im geologischen Kartenbild ziemlich zerfranst aussehenden Ostgrenze des Schwarzwaldes. Kurz vor der Mündung musste sie sich durch eine Engstelle schneiden, in der Oberer und Unterer Muschelkalk anstehen. Die Wutach gilt in Fachkreisen als Naturphänomen allerersten Ranges. Sie hat sich nämlich, nachdem sie schon einmal Teil des Donau-Systems

Links: Nur wenige Kilometer unterhalb des Rheinfalls legt der Hochrhein sich gewaltig in eine 180°-Kurve: Klosterinsel Rheinau

Unterhalb von Rheinau macht sich die Stauhaltung bemerkbar: Der Rhein fließt gemächlich. Fotos: Vera Riemann

lachs. Auf dem rechten Rheinufer stehen hier die am weitesten westlich verbreiteten Moränenreste der würmzeitlichen Vereisung an. Schon bei Rüdingen treten im Uferbereich aber schon wieder ältere Schichtglieder auf.
Ziemlich genau bei Rhein-km 100 westlich von Tiengen mündet als be-

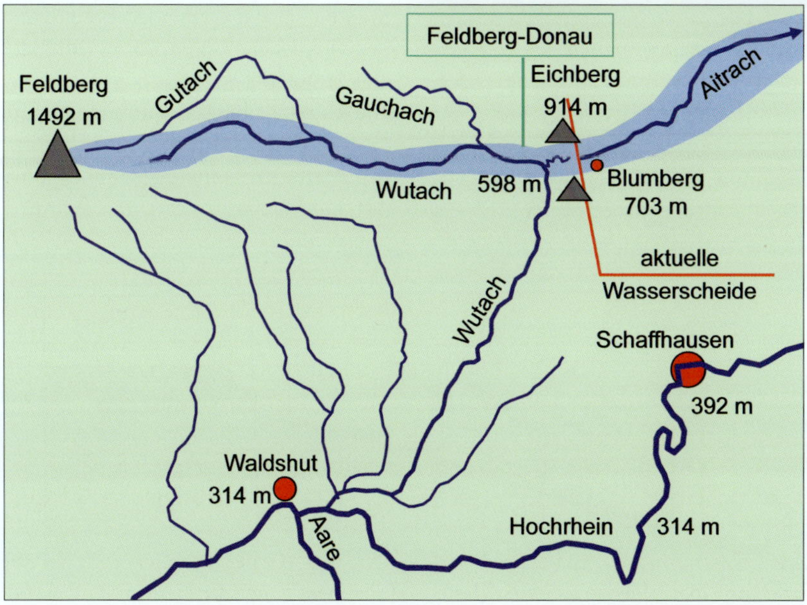

Kappung der Feldberg-Donau durch die Wutach Grafik: BPK

war, am Ende der letzten Eiszeit für den Rhein entschieden. Zum Verständnis für diesen radikalen Richtungswechsel müssen wir allerdings ein wenig weiter ausholen.

5.2 Der Hochrhein stellt der Donau nach

Beim Blick auf eine einigermaßen großmaßstäbliche Karte Süddeutschlands könnte man meinen, das aktuelle Gewässernetz hätte weitgehend schon immer so bestanden, wie es sich heute in der Landschaft darstellt. In Wirklichkeit haben sich aber gerade im Hochrheingebiet in der jüngeren Erdneuzeit geradezu dramatische Wandlungen vollzogen – gleichsam wie eine spannungsgeladene Filmhandlung, die ständig kippt. Denn der Rhein hat erst im Laufe von einigen Jahrhunderttausenden aus mehreren und grundverschiedenen Baustücken zu dem einheitlichen Strom zusammengefunden, als der er sich heute präsentiert. Dem Hochrhein kommt dabei als wichtiges Achsenstück zwischen Alpen- und Oberrhein eine besondere Rolle zu, und die erdgeschichtlichen Details sind phasenreich, spannend und komplex. Wir begnügen uns mit einem orientierenden Überblick zu zwei wichtigen und folgenreichen Teilereignissen.

Die Wutach hat sich in ihrer eindrucksvollen Schlucht in mächtige Gesteinsschichten eingetieft. Foto: BPK

Zu Beginn der Alpenhebung vom frühen bis zum mittleren Tertiär (Oligozän) entwässerte die gesamte Region der späteren Nordalpen (einschließlich ihres gesamten Vorlandes) bei noch völlig andersartigen Reliefverhältnissen mit einem Vorläufer der heutigen Aare zu einer Ur-Donau und über deren Talzug in einen Vorläufer des Schwarzen Meeres. Auch der Vorgänger des heutigen Alpenrheins nahm diesen Weg nach Osten. Nach großräumigen Veränderungen in der Erdkruste zerfiel dieses Gewässersystem spätestens im oberen Miozän vor etwa 5 Mio. Jahren, als eine Auffaltung die lang streichenden Bergketten des Schweizer Faltenjuras bildete. Das ungefähr synchron ablaufende Hochkippen des Schwarzwaldes und der damit zusammenhängende Einbruch des Oberrheingrabens lenkte das Fließwassersystem der Ur-Aare

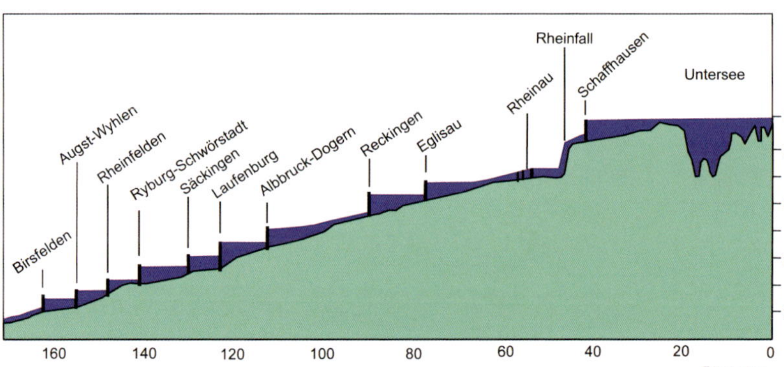

Der staugeregelte Hochrhein ist heute im Prinzip eine langgezogene Seentreppe. Grafik: BPK

Hochrhein bei Küssaberg – kurz vor der Wutachmündung

Fotos: Vera Riemann

Blick von der Aaremündung bei Waldshut bzw. Koblenz auf das rechte Rheinufer

nach Westen um – über den Sundgau mit der Burgundischen Pforte zum Doubs, der entlang des unterdessen herausgegehobenen Jurariegels nach Südwesten entwässerte. Die Aare wurde somit zeitweilig ein Zufluss der Rhône, die auch schon damals zum späteren Mittelmeer floss. Die gesamte – zwischen dem heutigen Koblenz, Waldshut und Basel angelegte – Hochrheinstrecke ist demnach zunächst das Werk einer frühen, nach Westen umgelenkten, aber noch in das Mittelmeer mündenden Ur-Aare. Damit änderte sich das Gewässerbild im gesamten heutigen Westalpenraum nachhaltig, denn die Ur-Donau hatte unterdessen ihren kompletten alpinen Quellast verloren. Der Rhein hatte sein Einzugsgebiet zwischen Pliozän und Pleistozän beträchtlich auf Kosten der Rhône und zuletzt wiederum der Donau vergrößert. Den neuen Ursprung der eingekürzten Ur-Donau bildeten jetzt die schon vorher bestehenden, aber eher unbedeutenden, aus dem Feldberggletscher im Schwarzwald abfließenden Gewässer. Deshalb beschreibt man dieses flussgeschichtliche Stadium auch als Feldberg-Donau.

Dabei blieb es nicht. Der sich weiter eintiefende Grabenbruch zwischen Vogesen und Schwarzwald war die Ursache dafür, dass sich die Ur-Aare allmählich dem noch etwas schmächtigen Ur-Rhein im Oberrheingraben anschloss und seither ununterbrochen zur Nordsee entwässert. Das Ur-Aare / Ur-Hochrhein-System sammelte nun alle von den Schwarzwaldhöhen ablaufenden Fließgewässer ein und darunter auch die größeren Quelläste des heutigen Wutach-Unterlaufs. Wegen der tief liegenden Erosionsbasis (in Waldshut heute bei 314 m) konnte sich daher auch die Wutach stärker eintiefen, wie ihre imposante, rund 30 km lange Schlucht beweist.

Eine tiefe Erosionsbasis bedeutet eine höhere Erosionskraft. Die Wutach („wütende Ach") setzte alsbald in ihrem Oberlauf zum Angriff auf das Gewässersystem der Donau an. Damit bahnte sich ein zweites bemerkenswertes Ereignis in der Flussgeschichte an, mit dem sich das Gewässerbild im nördlichen Vorland des Hochrheins nachhaltig veränderte.

Mit 110 MW installierter Turbinenleistung produziert das Kraftwerk Laufenburg jährlich rund 630 Mio. Kilowattstunden Strom.

Den Schlüssel zum Verständnis dieser Episode liefert die heutige Landschaft: In der Nähe von Blumberg entspringt die heutige Aitrach und mündet, immer noch als kleiner Bach, nach knapp 10 km Fließstrecke in die Donau. Nun fällt in ihrem Talzug ein arges Missverhältnis ins Auge: Für die heutige Aitrach, eher ein Fließgewässer der bescheideneren Dimension, ist das aktuelle Tal viel zu breit und zu tief. Des Rätsels Lösung haben die Geologen aus der Schotterführung der Talschultern abgelesen. Danach folgte der vom Hochschwarzwaldgletscher kommende Hauptquellast der Feldberg-Donau während des gesamten Pleistozäns einem breiten Talzug durch den Bonndorfer Graben und floss dann weiter durch das heutige Aitrach-Tal in Richtung Tuttlingen ab.

Die sich zunehmend in den überwiegend relativ weichen Gesteinsuntergrund eintiefende Wutach konnte nun spätestens in der Nacheiszeit im Gebiet des heutigen Achdorf durch rückwärtige Erosion diesen alten Donau-Talzug anschneiden und damit das vom Feldberg kommende Donauwasser nach Süden einfach zum Rhein umsteuern. Auf diese Weise wurde der gesamte Oberlauf der Ur-Donau nicht nur angezapft, sondern, wie die Geologen es ausdrücken, regelrecht geköpft (vgl. Abbildung S. 63). Seither fließen also die Wasser aus der Feldbergregion, genauer aus dem fast kreisrunden Feldsee, über das Gutach-/Wutach-System mit einem landschaftlich markanten 100°-Knick zwischen Achdorf und Blumberg in den Hochrhein – und markieren damit eines der spektakulärsten flussgeschichtlichen Ereignisse Europas. Der Rhein hat somit auch hier, ähn-

Strudelkolke des eiszeitlichen Hochrheins bei Laufenburg-Hauenstein

lich wie schon ungefähr 100 km weiter donauabwärts im Gebiet des Aachtopfs, der Donau recht erfolgreich nachgestellt.
Möglicherweise ist diese einzigartige hydrogeologische Anmache noch nicht zu Ende. Vom heutigen Talhang oberhalb von Achdorf läuft ein vorerst noch recht bescheidenes Rinnsal, das Schleifebächle, ab. Bei stärkerer rückwärts fortschreitenden Erosion wird es eines Tages das nahe, breite Aitrach-Tal bei Blumberg anschneiden und dann in etwas fernerer erdgeschichtlicher Zukunft vielleicht eine noch viel dramatischer Anzapfung der Donau mit kompletter Fließrichtungsumkehr auslösen. Damit wird die gesamte obere Donau definitiv zu einem Nebenfluss des Rheins.

5.3 Die Aare ist die große Schwester

Nachdem der Hochrhein auf seiner linken Seite unterhalb des Untersees nacheinander einige Molasseflüsschen, die 125 km lange Thur aus dem Säntisgebiet, die rund 50 km lange Töss und die etwa 30 km lange Glatt, aufgenommen hat, lässt er sich knapp 2 km nach der Wutachmündung westlich des aargauischen Koblenz und gegenüber von Waldshut mit der mächtigen Aare ein, die ihm bereits in erdgeschichtlicher Vergangenheit den Talweg zwischen Schwarzwald und Schweizer Mittelland gebahnt hat. Mit ihrem 17.620 km^2 großen Einzugsgebiet (davon rund 460 km^2 vergletschert) entwässert sie rund 43 % der gesamten Schweiz. Außer Graubünden führen ihr alle deutschsprachigen Kantone der Schweiz ihr Wasser zu. Ihr Quellgebiet in der Finsteraarhorn-Gruppe (Grimsel-Gebiet) im Nordwesten des Gotthardmassivs ist in der Luftlinie nur etwa 30 km von der Quellregion des Vorderrheins entfernt. Von der Rhône-Quelle trennen den Aare-Ursprung sogar nur ein schmaler Berggrat oder knapp 4 km Luftlinie.
Bis zur Aaremündung hat der Rhein (Vorderrhein – Alpenrhein – Bodensee – Hochrhein-Streckenanteil) insgesamt knapp 305 km zurückgelegt, die Aare jedoch nur 295 km. Dagegen übertrifft sie mit ihrer durchschnittlichen Wasserführung von 565 m^3/s

Rhein-km 122 zwischen Laufenburg und Murg

Die aus dem Schwarzwald kommende Alb durchzieht ein steilhängiges Tal. Fotos: Vera Riemann

den Hochrhein (Mittelwassermenge etwa 440 m^3/s) erheblich. Erst nach dem Zusammenfluss wird der Hochrhein mit zusammen nunmehr über 1.000 m^3/s Abfluss zu einem wirklichen Strom. Diese Menge ist deutlich mehr, als die Elbe in Hamburg oder die Donau in Passau führen, und entspricht immerhin ungefähr der Hälfte des Gesamtabflusses, mit dem der Niederrhein bei Rhein-km 865 in die Niederlande einreist. Das traditionell der Region „Lauf(f)en" genannt und so auch in Ortsbezeichnungen wie Laufenburg enthalten. Sie sind heute mehrheitlich entweder überstaut oder, wie im Fall des Laufenburger Laufens, weggesprengt. Diese Stromschnelle war ursprünglich ungefähr 300 m lang, aber nur 35 m breit – nahezu unpassierbar für die früheren Flöße und die auf dem Hochrhein in bescheidenem Maße stattfindende Schifffahrt. Bei Laufenburg verfehlte der sich

Die Aare, könnte man entsprechend ergänzen, ist die größere Schwester des Hochrheins, die ihm doch ein wenig über den Kopf gewachsen ist.

sogenannte Rheinsystem ist somit nur etwa 10 km länger als die Aare, und es fehlt nun wirklich nicht viel, dass diese – wie schon einmal im frühen Pleistozän – erneut zum eigentlichen Rheinhauptast würde. „Die Aare ist beim Zusammenfließen der stärkere Fluss. Man sollte daher eigentlich sagen, der Rhein mündet in die Aare, aber die Namensgebung […] will es anders", schrieb 1939 der berühmte Eiszeitforscher Albrecht Penck (1858–1945), auf den die bis heute gültige Gliederung der Kaltzeiten nach Voralpenflüssen zurückgeht. Die oben kurz dargestellte Flussgeschichte hat es verhindert. Die Aare, könnte man entsprechend ergänzen, ist die größere Schwester des Hochrheins, die ihm doch ein wenig über den Kopf gewachsen ist.

Auch unterhalb der Aaremündung hatte der Hochrhein mit einem Gefälle um rund 1‰ (= 1 m/km) mit seiner nunmehr durchweg um 200 m messenden Breite ursprünglich den Charakter eines rasch fließenden Gebirgsflusses. Besonders kennzeichnend waren seine Stromschnellen, in nacheiszeitlich eintiefende Hochrhein übrigens seine ältere, aber eiszeitlich durch Lockermaterial verschüttete Abflussrinne und schnitt sich stattdessen in der engen Stromschnelle in einen Ausläufer des Schwarzwälder Gneises ein.

Zwischen 1866 und 1967 wurden am Hochrhein zwischen Schaffhausen und Birsfelden insgesamt 13 Stauhaltungen errichtet, von denen die meisten Laufwasserkraftwerke aufweisen. Zusammen erlauben sie bei der derzeitigen Ausrüstung eine Jahresstromerzeugung bis etwa 4 x 10^9 kWh. Stauwehre bzw. Kraftwerke befinden sich in Schaffhausen, Rheinau (mit zwei zusätzlichen Hilfswehren), Eglisau, Reckingen, Albbruck-Dogern, Laufenburg, Bad Säckingen, Ryburg-Schwörstadt, Rheinfelden, Augst-Wyhlen und Birsfelden (vgl. Abb. S. 64). Die Stauhaltungen verwandelten den gesamten ursprünglich recht wilden, ungestümen Hochrhein zwischen Schaffhausen und Basel im Grunde genommen in ein sanft fließendes Gewässer in einem Korsett aus künstlichen bzw. naturfern gestalteten

Uferbefestigungen: Der Hochrhein hat somit seinen ursprünglichen Charakter völlig verloren und stellt eigentlich eine lang gezogene Seentreppe dar. Mit unterschiedlichen Fallhöhen an den Stauwehren überwindet er rund 115 Höhenmeter. Vom natürlichen Lauf des Hochrheins unterhalb des Rheinfalls bleibt dagegen nur noch eine Fallhöhe um 10 m mit einem Gefälle von 0,7‰. Nur noch 40 km der Uferbereiche gelten als einigermaßen naturnah. Über beide Ufer hinweg kooperieren schweizerische und deutsche Naturschutzverbände und erstellen Konzepte, wie man die Situation für die Natur wieder verbessern kann (im Internet unter www.lebendiger-hochrhein.de abrufbar). Insbesondere ist es wichtig, die Wehranlagen wieder für wandernde Tierarten passierbar zu machen.

Die wie eine Treppenanlage in den Flusslauf eingebaute Folge von Stauhaltungen ist außerdem ein so nicht überwindbares Schifffahrtshindernis. Nur bei den Staustufen Eglisau und Laufenburg sind Schleusen eingebaut. Die heutige von der Nordsee bis zum Oberrhein aufsteigende Bergfahrt per Schiff endet daher bei Rhein-km 149,2 am Liegeplatz in Rheinfelden. Die fertigen Pläne zur Schiffbarmachung des Hochrheins wurden bislang zur Freude der Landschafts- und Naturschützer nicht umgesetzt, obwohl die Wirtschaftslobby auf beiden Uferseiten unaufhörlich darauf dringt.

Kurz vor dem Baseler Rheinknie mit dem Übergang in den Oberrhein erreicht der Hochrhein mit der geografischen Position 47°30'05" seinen südlichsten Punkt. Am Rheinknie vor der Baseler Altstadt biegt er bei Rhein-km 168 nahezu rechtwinklig in seinen vom Rheinrift (vgl. Abb. S. 24) vorgezeichneten weiteren Abflussweg nach Nord(west)en ein.

Blick auf Bad Säckingen mit der erhaltenen alten Rheinbrücke

Rheinfelden (Baden) mit dem nördlichen Teil der Rheinbrücke. Etwa an dieser Stelle beginnt (oder endet) der schiffbare Rhein.

Am Rheinknie vor der Baseler Altstadt geht der Hoch- in den Oberrhein über. Fotos: Vera Riemann

Vor der Altstadt von Basel

Foto: Vera Riemann

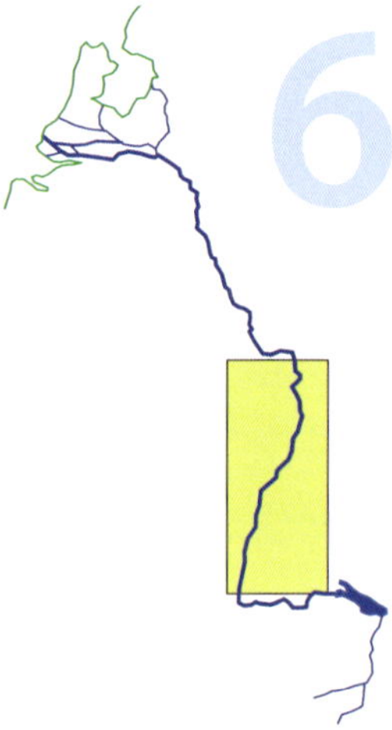

6 Oberrhein – vom Rhein im Rift

Hydrografisch beginnt der Oberrhein bei Rhein-km 168 an der mittleren Baseler Rheinbrücke, die man im 19. Jahrhundert ursprünglich auch als Ausgangspunkt für die erste zuverlässige Rheinkilometrierung gewählt hatte (vgl. S. 211). Manche Flussbeschreibungen lassen den Oberrhein in Mainz (Rhein-km 502) vor dem im Kartenbild so markanten Rheinknie zwischen Wiesbaden-Biebrich und Mainz-Mombach enden.

Andere bevorzugen die heute mehrheitlich akzeptierte Grenzziehung am Binger Rheinknie (Rhein-km 530), wo der Rhein die Mittelgebirgsschwelle durchbricht und zum Mittelrhein wird. Der als Naturraum so einzigartige Rheingauer Inselrhein ist in dieser Festlegung daher noch Bestandteil des Oberrheins.

Im südlichen Oberrheingebiet liegt auf der Höhe von Basel die schmalste Stelle im Einzugsgebiet des Rheins – von der Burgundischen Pforte bis zum Flussgebiet der Donau sind es hier in west-östlicher Richtung nicht einmal 90 km. Nur am nördlichen Niederrhein wird das Rheingebiet wieder sehr schmalzipflig. Nach Norden weitet es sich dagegen zu einem breiten Fächer bzw. Trapez und erreicht am Ende des Oberrheins ziemlich genau in der Achse Mainz – Bingen mit knapp 470 km seine größte Breite zwischen dem Entwässerungsgebiet der oberen Mosel in den westlichen Vogesen und der Quellregion des Weißen Mains im Fichtelgebirge.

Politisch teilen sich die heutigen Ufer des Oberrheins drei Staaten und drei Bundesländer. Linksrheinisch beginnt bei Rhein-km 168,4 praktisch am Stadtrand von Basel das französische Ufer bis Rhein-km 438 (Einmündung der Lauter). Hier schließt sich das Bundesland Rheinland-Pfalz an, das kurioserweise mit seinem Landesteil Pfalz gegenüber Germersheim im Gebiet des Rußheimer Altrheins auch einen rechtsrheinischen Uferanteil von 4,6 km Länge besitzt. Rechtsrheinisch beginnt Deutschland mit dem Bundesland Baden-Württemberg bei Rhein-km 170 an der Stadtgrenze Klein-Basel / Weil am Rhein. Eigenartigerweise ist auch der Landesteil Baden nicht ausschließlich auf die rechte Rheinseite beschränkt, wie es fast alle Schul- und Atlaskarten der Bundesrepublik Deutschland ausweisen. Etwa 3 km südlich von Mannheim sind etwa 1,4 km des linken Rheinufers badisch – die Grenze folgt hier ihrem alten Verlauf durch den nach Westen ausholenden Ottersheimer Altrhein.

6.1 Auffällige Großlandschaft

Beim Blick auf eine Deutschland- und selbst auf eine Europakarte fällt sofort der leicht nordnordöstlich ausgerichtete Oberrheingraben als eigenartige, klar abgegrenzte und erstaunlich regelmäßig erscheinende Großlandschaft auf. Mit seinen rund 340 km Länge bei ziemlich konstant 36 km Breite ist er sogar aus dem erdnahen Weltraum nicht zu übersehen, wie die eindrucksvollen Fotos von Erkundungs- und Vermessungssatelliten zeigen. Dieser wichtige Abschnitt im Rheinlauf zwischen Hoch- und Mittelrhein gehört zweifellos zu den spektakulärsten landschaftlichen Großformen in Mitteleuropa.

Bei Basel beginnt der Oberrheingraben und endet nördlich von Frankfurt mit einem Grabenteil, den man auch als Hessische Senke bzw. Wetterau (nach dem Mainzufluss Wetter) bezeichnet. An seinem Nordostende ragt der im Umriss eigenartig rundliche Vogelsberg auf, der mit über 2.000 km² Grundfläche größte Schildvulkan Europas. Vom südlichen Beginn bei Basel (258 m) bis zum Rheinknie von Mainz (81 m) fällt die heutige Grabenoberfläche um rund 177 m ab. Sie ist also streng genommen eine schiefe Ebene.

In der geowissenschaftlichen Literatur gilt der Oberrheingraben als Musterbeispiel und zugleich als Typlokalität für einen Grabenbruch. In seinem bis 1909 erschienenen Standardwerk „Das Antlitz der Erde" hat der österreichische Geologe Eduard Sueß (1885 – 1909) den Begriff „Graben" eingeführt. Der oberrheinische Graben steht nun keineswegs isoliert da, sondern ist Bestandteil des europaweit

Oberrhein-Auenlandschaft nördlich von Lörrach
Foto: Vera Riemann

nachweisbaren Riftsystems (vgl. Abb. S. 24), einer Störungszone in der Erdkruste, die schon weit südlich der heutigen Rhônemündung ansetzt und sich mit einigen kleineren Abzweigungen auch nach Osten (Wetterau, Hessische Senke) durch das gesamte Mitteleuropa bis über den Oslofjord hinaus verfolgen lässt – sozusagen ein über rund 2.000 km langer Krustensprung in der Kachel der großen Eurasischen Kontinentalplatte, der etwa 1.000 km östlich parallel zum atlanti-

Markanter Eckpunkt bei Rhein-km 184: Isteiner Klotz
Foto: Vera Riemann

schen Plattenrand verläuft.
Der Graben ist das Werk selbständiger Bewegungsabläufe von Plattenteilen der Erdkruste seit dem frühen Tertiär, die erstmals vor etwa 55 Mio. Jahren einsetzten. Damals haben gigantische Kräfte die oberflächennahen Gesteinspakete in der Erdkruste regelrecht aufgebeult. In west-östlicher Richtung wurden sie dabei um etwa 5 km auseinandergezerrt. Dieser Dehnungsbetrag reichte auf jeden Fall aus, um ein über 30 km breites Mittelstück zwischen den auseinanderweichenden Grabenschultern langsam und portionsweise einsinken zu lassen. Das erklärt zwanglos die in ihrer Geologie äußerst ähnlichen Schwestergebirge Vogesen und Schwarzwald sowie Pfälzerwald und Odenwald/Spessart. Hebungen und Absenkungen waren also gleichermaßen an der Entwicklung des Oberrheingrabens beteiligt. Gegenüber der tertiärzeitlichen Ausgangsfläche sind die Gesteine im Graben um bis zu 3.000 m abgesunken, die randlichen Höhen dagegen um über 2.000 m aufgestiegen. Hätte in der Zwischenzeit keine Gesteinsabtragung stattgefunden, würde die Ausgangsfläche am Feldberg (südlicher Schwarzwald) und am Großen Belchen (Vogesen) heute auf etwa 2.500 m über Meeresniveau liegen. Die Sprunghöhen an den einzelnen Gesteinspartien betragen bis zu 1.000 m, weil der Vertikalversatz an den Grabenrändern über eine Schollentreppe erfolgte. Die dort hängengebliebenen Schollen sind bis heute landschaftswirksam und bilden beispielsweise die Vorbergzone um Freiburg.
Noch eine Besonderheit zeichnet den Grabenbruch aus: Bei der Aufbeulung wurden nicht nur die oberflächennahen Gesteinspakete gedehnt, sondern auch die darunter liegende Erdkruste wurde ausgedünnt. Auf der Höhe von Freiburg ist sie nur etwa 24 km dick, auf der Höhe von Mainz dagegen rund 31 km. Da man so tief nicht bohren kann, weiß man über die Krustendicke nur durch die genaue Untersuchung von Erdbebenwellen Bescheid: Zwischen Erdkruste und Erdmantel verläuft eine nach einem kroatischen Geophysiker als Mohorovičič-Diskontinuität (oder nur kurz als Moho) bezeichnete Grenze, die unter dem Oberrheingraben eben ungewöhnlich hoch liegt. Wegen der Krustenausdünnung weist das südliche Oberrheingebiet auch eine Wärmeanomalie auf: Schon in relativ geringer Tiefe ist das Gestein ziemlich aufgeheizt, was man in Geothermie-Projekten technisch nutzt. Ganz zum Abschluss gekommen sind die Bewegungen im Oberrheingraben noch nicht. Genaueste Messungen zeigen

immer noch Vertikalbewegungen von durchschnittlich 0,4 mm/Jahr, an einigen Stellen auch bis 1,8 mm/Jahr. Das passt, wenn man die gleiche Bewegungsgeschwindigkeit auch für die Tertiärzeit annimmt, recht gut zum angenommenen Alter der Grabenstruktur.

Im Zusammenhang mit den beträchtlichen Vertikalversetzungen von Gesteinspaketen entwickelte sich auch ein heftiger Vulkanismus. Während stärkerer Bewegungen drang durch Spalten und Klüfte flüssiges Magma bis an die Oberfläche. So entstand vor etwa 20 Mio. Jahren im Miozän der eigenartige Großvulkan Kaiserstuhl, vor Freiburg mitten im Oberrheingraben gelegen. Mit seiner höchsten Erhebung namens „Totenkopf“ ist er immerhin 550 m hoch.

6.2 Alte Basis, junge Füllung

Auch wenn die heutige Grabenoberfläche bei geringer Neigung weithin eben ist und so dem Begriff Oberrheinebene entspricht, zeigt sich die Grabenbasis in der Tiefe ziemlich hügelig oder sogar stärker gebirgig. Aus Bohrungen weiß man, dass auf der Grabensohle von Süden nach Norden zunehmend ältere Gesteine anstehen. Zwischen Basel und Freiburg sind es Schichten aus dem Oberjura, bis Karlsruhe im Wesentlichen aus dem Mitteljura, zwischen Speyer und Mannheim nacheinander schmale Streifen von Oberjura, Keuper und Buntsandstein und im Großraum Mainz sogar Perm oder noch ältere Schichtglieder aus dem Erdaltertum. Im Rheinhessischen Tafelland zwischen Mainz und Bingen ist der Grabenbruch des Oberrheins in der realen Landschaft kaum erlebbar. Diesen nordwestlichen Zipfel des Oberrheingrabens bezeichnet die Regionalgeologie als Mainzer Becken, obwohl eine Beckenform eigentlich nicht wahrzunehmen ist. Besser wäre die Bezeichnung Mainzer Platte.

Während der über 50 Mio. Jahre andauernden Absenkung des Oberrheingrabens haben sich die Umweltbedingungen in diesem Gebiet mehrfach sehr drastisch verändert, wie man aus dem Geoarchiv der erbohrten Gesteinsfolgen nachweisen kann. Zu Beginn des Eozäns hätte ein Beobachter eine tropische Flachlandschaft mit einer eventuell längeren Seenkette erleben können.

Im oberen Miozän vor etwa 10 Mio. Jahren wurden die berühmten Dino-

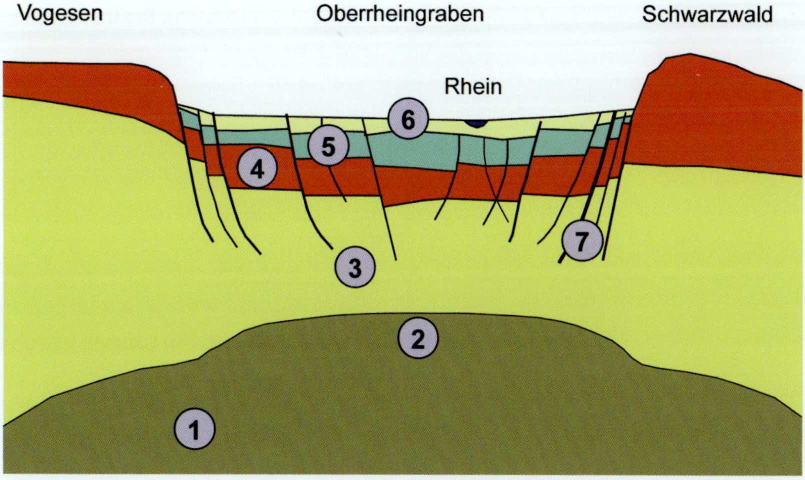

Grabenbruchstruktur am Oberrhein (schematisch): 1 oberster Erdmantel, 2 anomales Mantelkissen, 3 ausgedünnte kontinentale Erdkruste, 4 Perm und Jura, 5 Alttertiär, 6 Jungtertiär und Quartär, 7 Störungen (Bruchlinien)

Grafik: BPK

therien-Sande abgelagert, die sich auch im Mainzer Becken finden. Stellenweise hat man in diesen Sedimentschichten bemerkenswert ergiebige Fossillagerstätten entdeckt – so beispielsweise in Dorn-Dürkheim östlich von Alzey eine Säugetierfundstelle mit der bisher höchsten Artendichte Europas – rund 90 fossile Säugetierarten wie im heutigen afrikanischen Regenwald. Zu den spektakulärsten Fossilien gehört der in Eppelsheim bei Alzey 1835 gelungene Fund eines vollständigen Schädels des *Dinotherium giganteum*, des Wappentiers der Rheinischen Naturforschenden Gesellschaft (Mainz). Die auch als Rheinelefanten bezeichneten Dinotherien trugen ihre beiden Stoßzähne nicht wie heutige Elefanten im Oberkiefer, sondern im Unterkiefer und zudem nach rückwärts gebogen.

Seit dem Pliozän (Beginn vor etwa 5,3 Mio. Jahren) sind im Oberrhein nur noch die Ablagerungen des zunehmend eingetieften Urrheins nachweisbar. Insgesamt hat der Graben nach seiner Anlage im frühen Tertiär etwa 20.000 km^3 Lockersedimente aufgenommen.

Salzbergbau am Oberrhein

Das später wieder eintrocknende Meeresgebiet der Tertiärzeit hinterließ die ausgedehnten Kalisalzvorkommen (Sylvin = KCl, Carnalit = $KMgCl_3$ neben Halit = NaCl), die heute wertvolle Rohstofflager für die chemische Industrie darstellen. Erstmals entdeckte man sie im Jahre 1904 in der Nähe von Mulhouse / Elsass. Im Jahre 1912 stieß man bei Sondierungsbohrungen auch bei Buggingen / Baden in 712 m Tiefe auf einen Salzstock. Der untertägige Abbau im zeitweilig größten Bergwerk Süddeutschlands ging 1922–1973 in einem Streckensystem von fast 25 km Länge um. Den Abraum hat man zu einem 30 m hohen Berg aufgeschüttet, der in der eher flachwelligen Landschaft des rheinnahen Südbadens sofort auffällt. An seinen immer noch stark Salz führenden Flanken kommen Pflanzen wie Queller (Salicornia europaea) *und Salz-Spörgel* (Spergularia salina) *vor, die man sonst nur an der Nordseeküste antrifft.*

Auf der französischen Seite dauert die intensive Salzförderung noch an und verursacht mit ihren – trotz eines Verbots des internationalen Gerichtshofes in Den Haag – in den Rhein abgepumpten salzhaltigen Abwässern nach wie vor beträchtliche Umweltprobleme. Eine der weithin sichtbaren Abraumhalden in dieser Region nennt man wegen ihres eigenartigen Aussehens bezeichnenderweise „Kalimandscharo“.

6.3 Ein völlig neues Bild

Unterhalb von Basel sieht der Oberrhein heute völlig anders aus als noch zu Beginn des 19. Jahrhunderts. Die damalige Naturlandschaft stellte sich so dar, wie man sie heute nur noch in Teilen Kanadas erleben kann. Vom Südende des Oberrheingrabens bis etwa auf der Höhe der Murg-Mündung (heute Rhein-km 344,5) durchlief der Rhein in seiner 2 bis 4 (ausnahmsweise auch über 10) km breiten Talaue eine klassisch ausgebildete Furkationszone, in der ein Hauptstrom nicht zu erkennen war. Vielmehr zerfaserte der Flusslauf hier in ein unübersichtliches Gewirr zahlreicher Stromarme, Sandbänke und „Gießen“ genannter Quellhorizonte (vgl. Abb. S. 81). Bis ungefähr hinter Karlsruhe schloss sich eine Übergangszone an, in der sich zwar ein Hauptarm mit beiderseitigem Hochufer andeutete, aber dennoch zahlreiche gegabelte Seitenarme und Altwasser verblieben. Unterhalb von Karlsruhe wechselte die Szene: Der Rhein ging jetzt bis zum Mainzer Rheinknie in einen Flussabschnitt mit vielen weit ausholenden Mäanderschlingen über. Für

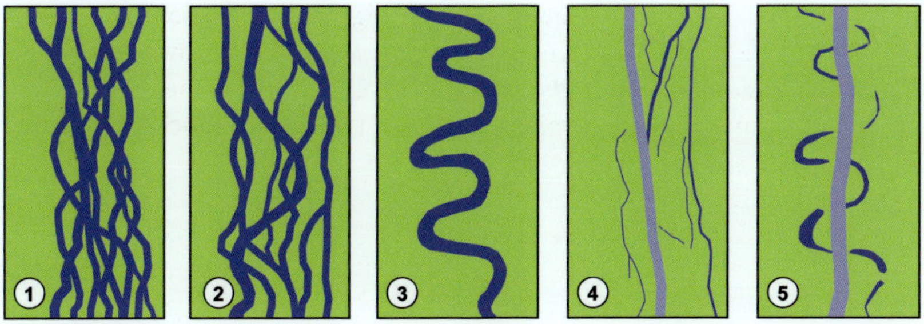

Stromformen im Oberrheingebiet:
1 Furkationszone,
2 Übergangszone,
3 Mäanderzone;
heutige Situation:
4 Furkationszone nach der Begradigung;
5 Mäanderstrecke nach Anlage der Durchstiche

Grafiken: BPK

die Ausbildung dieser unterschiedlichen Flusslauftypen sind in erster Linie die Gefälleverhältnisse verantwortlich. Die Furkationszone entwickelte sich unter dem Regime von etwa 1 ‰, die Übergangszone bei 0,8 – 0,5 ‰ und die Mäanderschlingenzone ab etwa 0,3 ‰.

Aus naturkundlicher Sicht war diese weitgehend sich selbst überlassene Auenlandschaft ein Paradies. In der hochgradig dynamischen Auenlandschaft verliefen die einzelnen Arme nach jedem Hochwasser ein wenig anders.

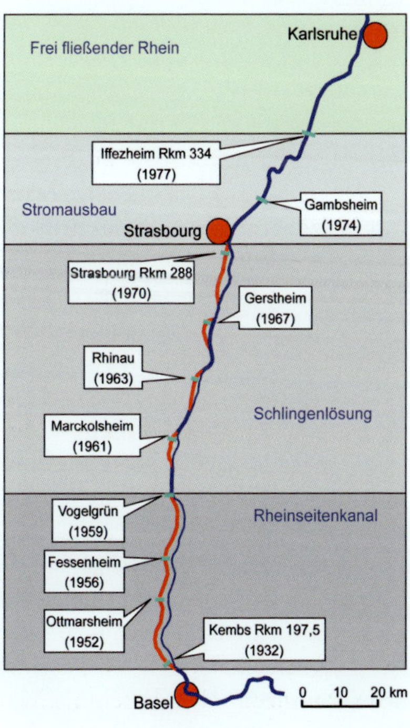

Technisierung des Oberrheins

Der Maler Peter Birmann (1758–1844) hat sie in einem beeindruckenden Bild festgehalten, das heute im Kunstmuseum Basel hängt. Andererseits waren die ständigen Uferanrisse an den Auenkanten eine ständige Gefahr. Oft genug wurden Höfe, Dörfer und landwirtschaftliche Fluren innerhalb der Auenniederung bei besonders katastrophalen Hochwassern verwüstet. Zudem war der Oberrheingraben zu Beginn des 19. Jahrhunderts noch Malariagebiet, weil sich in den zurückbleibenden Auentümpeln während der Sommerwochen zahllose Stechmücken als potenzielle Überträger entwickelten. Schließlich gab es auch oft genug politische Streitereien. Der Rhein war nämlich die Grenze zwischen dem Großherzogtum Baden und Frankreich bzw. der bayerischen Pfalz. Bei Strombettverlagerungen mussten die Grenzverläufe jeweils neu geregelt werden.

Am Ende des staugeregelten Rheins: Staustufe Iffezheim bei Rhein-km 334, links das französische, rechts das badische Rheinufer

Foto: Regierungspräsidium Freiburg

Rheingold

Ein Denkmal an der Wormser Rheinbrücke zeigt den grimmigen Hagen von Tronje, wie er händeweise den sagenhaften Schatz der Nibelungen in den Rhein wirft. Nach diesem Stoff gestaltete Richard Wagner (1813–1883) im Jahre 1851 sein Werk „Das Rheingold", den ersten Teil des aus vier schwülstigen Opern voller germanischer Mythen bestehenden Zyklus „Der Ring des Nibelungen".

Geowissenschaftlich hat der Begriff „Rheingold" eine völlig andere Bedeutung, denn die sandigen Sedimente im Rhein führen tatsächlich gediegenes Gold. Das fließende Wasser wäscht Gold in feinsten, dünnen Plättchen („Flittern") aus den Gneisen seines alpinen Einzugsgebietes und transportiert(e) es weit flussabwrts bis in den Raum Speyer und Mainz. Den vier rheinischen Kurfürsten war 1356 in der Goldenen Bulle ausdrücklich das Recht zuerkannt worden, eigene Goldmünzen zu prägen. Die seltenen Rheindukaten aus der kurfürstlichen Zeit zeigen in Bild oder Inschrift meist den Hinweis „aus Rheingold". Im Jahre 1838 waren in Baden etwa 400 Goldwäscher hauptberuflich tätig. Die Münze in Karlsruhe verzeichnet für den Zeitraum 1804–1834 immerhin die Lieferung von 145,5 kg Gold.

Mit den Korrektionsarbeiten am Oberrhein veränderten sich Wasserdynamik und Geschiebetransport. Im Jahre 1874 gab der letzte Goldwäscher auf, weil die Ausbeute zu gering wurde. Während des Zweiten Weltkrieges versuchte man, mit einem riesigen Schwimmbagger die auf der Rheinsohle lagernden Goldflitter zu gewinnen. Das Projekt wurde aber alsbald wieder eingestellt. Zur Zeit werden jedoch in mehreren Kiesgrubenbetrieben am Oberrhein von der RWTH Aachen entwickelte Verfahren erprobt, das Gold aus den Sandvorkommen der Auen anzureichern.

Im Heimatmuseum Elchesheim-Illingen sowie im Historischen Museum Speyer zeigt man Ausrüstungsgegenstände, wie sie für die frühere Goldwäscherei am Rhein verwendet wurden.

Oben: Goldflitter aus dem Goldgrund bei Wörth / Pfalz. Mitte: Mit 4,5 mm Kantenlänge ungewöhnlich großer Rheinnugget aus dem Altrhein bei Neupotz/Pfalz (beide Sammlung U. Heidtke) Fotos: Dagmar Herr-Heidtke

Vorder- und Rückseite eines Rheingolddukaten des Kurfürsten Karl Theodor, 1767 in Mannheim geprägt, zu sehen im Historischen Museum der Pfalz / Speyer

Fotos: Peter Haag-Kirchner

Nach den Plänen und unter der Leitung des badischen Strombaudirektors Oberst Johann Gottfried Tulla (1770–1828) begann man deshalb zwischen Baden und der Pfalz ab der Lauter-Mündung (heute Rhein-km 352,2) mit der Rheinkorrektion bzw. Rheinbegradigung, die den Rhein in einem etwa 200 bis 250 m breiten und zudem einigermaßen gerade verlaufenden Strombett festlegen sollte. Dieses Vorhaben diente zunächst nicht – wie häufig angenommen – der Schiffbarmachung des Oberrheins, sondern war ausschließlich als Meliorationsmaßnahme für die Landeskultur und als Hochwasserschutz geplant. Im Frühjahr 1817 begannen die Arbeiten. Nicht alle Anliegergemeinden waren davon begeistert. In Knielingen musste die aufgebrachte Bevölkerung sogar mit militärischen Mitteln „beruhigt" werden. Entlang der badisch-pfälzischen Grenze wurden in den Mäanderbögen insgesamt 16 Durchstiche angelegt. Bis 1878 waren die Arbeiten abgeschlossen. Sie hatten den Rheinlauf von der alten Lautermündung an der deutsch-französischen Grenze bis Roxheim von ursprünglich 135 km auf 86 km Laufstrecke und damit um rund 50 km (= 37 %) gekürzt.

6.4 Gerade ist nicht immer besser

Während die Tulla'sche Rheinbegradigung auf der badisch-pfälzischen Rheinstrecke als Hochwasserschutz die Abflussverhältnisse verbessern sollte, galt die Regulierung der restlichen Oberrheinstrecke bis Basel vor allem der Herstellung optimaler Verhältnisse für die Schifffahrt. Auf der Basis eines Staatsvertrages („Rheingränzvertrag") von 1840 begann man auch im badisch-französischen Rheinabschnitt mit der technischen Manipulation des Stroms und schuf dem Rhein ein neues, gerade gelegtes Bett. Schon kurz nach der Wende zum 20. Jahrhundert konnten nun Schleppzüge den Hafen Basel erreichen: Im Jahre 1904 transportierte man erstmals Ruhrkohle zu Schiff von Duisburg bis Basel auf einem bedeutend kürzer gewordenen Rhein. Zwischen Basel und der Lautermündung betrug die technisch erreichte Laufverkürzung 31 km (= 14 %). Insgesamt wurde die Gesamtlänge des Oberrheins von ursprünglich 354 km um 81 km auf 273 km (= 23 %) eingekürzt. Um 1825 gab es zwischen den stark aufgefaserten Armen des Oberrheins noch rund 2.200 kleinere und größere Inseln. Nach der Korrektion verblieb davon nicht eine einzige. Neu geschaffen wurden dagegen die Inselkörper, die beim Kappen der Stromschlingen zwischen dem neuen Hauptstrom und den Altarmen entstanden. Sie stellen heute außerordentlich wertvolle Naturschutzgebiete dar.

Im 20. Jahrhundert schritten die Regulierungsarbeiten weiter fort. Frankreich hatte im Artikel 358 des Versailler Vertrages 1919 das Recht erhalten, das Rheinwasser auf der gemeinsamen Grenzstrecke im Oberrhein allein zu nutzen. Im nunmehr wieder zu Frankreich gehörenden elsässischen Teil des Rheinufers begann daher 1928 der Bau des Rheinseitenkanals (Grand Canal d'Alsace), der nördlich von Neuf Village (Neuhaus) bei Rhein-km 174 abzweigt und das Rheinwasser fast vollständig ableitet. Während der Besetzung Frankreichs im Zweiten Weltkrieg wurden die Kanalbauarbeiten unterbrochen, in den 1950er Jahren aber wieder auf-

Oberrhein bei Breisach mit Rheinseitenkanal. Links in der Bildmitte ist die Staustufe Vogelgrün zu erkennen.

Foto: Regierungspräsidium Freiburg

genommen und 1959 abgeschlossen. Seither ist der Rheinwasserlauf zwischen Basel und Breisach eine rein französische Angelegenheit. Der Rheinseitenkanal ist 9 m tief, an der Sohle 80 m breit und damit großzügiger dimensioniert als der Suez- und der Panamakanal. Die Sohle ist stark verdichtet, die Seitenwände sind betoniert, sodass kein Wasseraustausch mit der Rheinaue stattfinden kann – ein völlig ödes Gerinne, das auch heute noch so aussieht wie vom Reißbrett. In die Kanalstrecke sind vier Kraftwerke mit Schleusenanlagen eingebaut. Bei Rhein-km 226,5 gegenüber Breisach mündet der 52 km lange Kanal wieder in den Alten Rhein. Auf der Parallelstrecke erhält der alte Rhein nur eine Wassermenge von 10–50 m³/s und verkommt deshalb zum Rinnsal oder liegt zeitweilig völlig trocken. Nur bei Hochwasser führt er fallweise wieder mehr Wasser als der Kanal. Ursprünglich sollte das französische Kanalprojekt bis Straßburg weitergeführt werden. Die Adenauer-Regierung erreichte jedoch in langwierigen Verhandlungen in den Luxemburger Verträgen von 1956 den Verzicht auf das Kanalkonzept. Der politische Preis dafür war die Zusage Deutschlands zur Kanalisierung der Mosel.

Seither ist der Rheinwasserlauf zwischen Basel und Breisach eine rein französische Angelegenheit.

Für die Rheinstrecke unterhalb von Breisach realisierte man deswegen die sogenannte Schlingenlösung: Nur jeweils die Hälfte des bisherigen Flusslaufes wird in neu angelegte Schleusenkanal-Schlingen auf französischem Territorium zur Umgehung der Staustufen einbezogen und anschließend wieder in den Restrhein zurückgeführt. Solche Schlingenlösungen finden sich an den weiteren Schleusen. Die jüngsten Stauhaltungen im Oberrhein – nämlich Gambsheim (Rhein-km 309; 1974; Fallhöhe 10,40 m) und Iffezheim (Rhein-km 334; 1977; Fallhöhe 10,30 m) wurden in den Tulla'schen Rheinlauf eingebaut. Die Staustufe Iffezheim ist die einzige Stauhaltung in deutscher Verwaltung. Eine dritte in diesem Rheinabschnitt projektierte Staustufe bei Neuburgweiher nahe der Lautermündung ist bisher nicht in Angriff genommen worden. Insgesamt überwinden die zehn Stauhaltungen des Oberrheins einen Höhenunterschied von 123 m. Nach der Fertigstellung der Staustufe Iffezheim unterscheidet die Rheinschifffahrt den staugeregelten Rhein von Rheinfelden bzw. Basel bis Iffezheim und den frei fließenden Rhein von Iffezheim bis zur Mündung in die Nordsee.

Ökologisch haben sich Begradigung und Verkürzung der Fließstrecke, dazu die Gefällezunahme, die veränderte Geschiebeführung und die Abflussbeschleunigung ungünstig ausgewirkt. Der Auenraum ist heute auf etwa 15 % der ursprünglichen Fläche eingeengt – es fehlt also an Stauraum im Fall größerer Hochwasseraufkommen. Diesem Problem versucht man unter anderem mit Deichrückverlagerungen zu begegnen. Außerdem hat sich die Sohlenerosion beträchtlich verstärkt. Streckenweise hat sich der Rhein um bis zu 8 m in die älteren Schotterkörper eingetieft und entnimmt dort jährlich etwa 600.000 t Lockermaterial, die er zuvor seiner breiten Aue entführte und deren In-

Oben: Die Isteiner Schwellen wurden erst während der letzten rund 100 Jahre durch die stärkere Tiefenerosion des Rheins freigespült. Foto: Vera Riemann
Mitte: Anmutung von Ursprünglichkeit: Altrheinaue im Naturschutzgebiet Taubergießen Foto: BPK
Unten: Zu den wertvollen Lebensräumen der naturnahen Rheinauen gehört auch das Auengrünland. Foto: BPK

selkörper jedes Jahr um bis zu 500 m wandern ließ. Heute müssen zur Verhinderung der weiteren Sohlenerosion unterhalb der Staustufe Iffezheim jährlich rund 170.000 t Lockermaterial als sogenannte Geschiebezugabe in das Rheinbett gekippt werden.

Solche Probleme deuteten sich schon bald nach Abschluss der Korrektion an. Bereits zu Beginn des 20. Jahrhunderts wurden die zuvor von mächtigen Rheinkiesschichten überdeckten Isteiner Schwellen bei Istein-Efringen (auf der Höhe von Kanal-km 184) zunehmend freigespült. In einer 1899 erschienenen Monografie des badischen Rheinabschnitts werden sie noch nicht erwähnt. Heute, nachdem der Rhein hier sein Bett um etwa 6 m tiefergelegt hat, zeigen sich breite Barren aus zwei unterschiedlichen Schichtgliedern (obere: Nerinéen-Formation, Séquanien; untere: Korallenkalk-Formation, Rauracien) des Oberjura.

Mit der Ableitung des Rheinwassers in den Seitenkanal hat sich der Naturhaushalt der Oberrheinlandschaft grundlegend verändert. Die Grundwasservorräte im südlichen Oberrhein haben sich seither um etwa 3 x 10^9 m^3 verringert. Insgesamt erweist sich die strombautechnisch perfekt erscheinende und von der Wirtschaft heftig begrüßte Lösung also als schwerwiegender und folgenreicher Eingriff in die Natur.

6.5 Natur und Naturschutz

Kanalisierung und Kappen von Mäanderbögen, später auch Kraftwerkbau, Industrieansiedlung und Verkehrswegebau haben – vom Wachstum der Orte und Städte einmal ganz abgesehen – die Natur am Oberrhein in der Substanz getroffen. Nach Abschluss eines wesentlichen Teils der Korrektionsarbeiten ließ Markgraf Max von Baden seinem unterdessen in Paris nach einer Operation verstorbenen Strombaumeister im Jahre 1853 beim Hofgut Maxau am Rhein ein Denkmal setzen. Angesichts der gigantischen durch das Tulla'sche Werk verursachten Naturzerstörung würde man heute über eine solche in Stein gefasste Ehrung sicherlich kritisch nachdenken.

Glücklicherweise ist die Auennatur noch nicht vollends erledigt. Auf Teilstrecken des alten Rheins in der früheren Furkationszone oder in den verbliebenen Altrheinarmen auf der Rückseite der Durchstiche kann man immer noch den Zauber ursprünglicher Natur erleben. Die Menschen des 19. Jahrhunderts empfanden in dieser Hinsicht überwiegend völlig anders. Für sie war die Natur eine Aufgabe – und etwas, das man mit allen Mitteln bekämpfen und bändigen musste. Artenreichtum und Bewahrung der Vielfalt waren kein Thema. Auch Wasserbauer und Planer kannten den Begriff Ökologie nicht, geschweige denn, dass sie über die ökologischen Folgen ihres Tuns nachgedacht hätten. Der technokratisch dominierte und deswegen wenig rücksichtsvolle Umgang mit der Natur bestimmte sogar bis in unsere Zeit die weitaus meisten politisch-wirtschaftlichen Entscheidungen. Bedauerlicherweise setzen sich hier meist nicht die klügsten Köpfe durch.

Während sich die ehemalige Rheinaue streckenweise als weithin monotoner Landstrich ohne besondere Erlebniswerte präsentiert, finden sich zumindest abschnittweise hochrangige Lebensraumensembles, die als Naturschutzgebiete ausgewiesen sind.

Auch nördlich von Karlsruhe finden sich auf beiden Ufern wertvolle, unter Naturschutz stehende Restbereiche der ursprünglichen Rheinaue, beispielsweise im Gebiet der Durchstiche Leimersheim und Linkenheim zwischen Rhein-km 367 und 381. Bei Speyer hat man auf der abgetrennten Rheinschanzinsel vor dem Philippsburger Altrhein dagegen ein Kern-

Wie es früher war

Eine Vorstellung vom Aussehen der früheren Furkationszone vermittelt das relativ großflächige Naturschutzgebiet Taubergießen zwischen dem noch zum Kaiserstuhlgebiet gehörenden Limberg bei Sasbach (ca. Rhein-km 241) und der Rheinfähre Kappel-Rhinau (Rhein-km 261) mit zwei kleineren Entsprechungen auf der elsässischen Seite, eine verwunschene Landschaft aus Wald und Wasser, in der fast die Hälfte aller in Deutschland nachgewiesenen Pflanzen- und Tierarten vorkommt. Unter sachkundiger Führung lässt sich dieses ökologisch ungemein wertvolle, aber störanfällige Gebiet erkunden. Auch weiter rheinabwärts im ehemaligen Mäanderrhein sind wertvolle Auenreste erhalten und als Naturschutzgebiete ausgewiesen, vor allem der sogenannte „badische Dschungel" von der Staustufe Iffezheim bis kurz vor Karlsruhe. Empfohlener Ausgangspunkt zur Erkundung dieser Auenwaldgebiete ist das Karlsruher Naturschutzzentrum.

Karlsruher Naturschutzzentrum Rappenwört
Hermann-Schneider-Allee 47, 76189 Karlsruhe
www.nazka.de

Fluss-name	*Länge (km)*	*Quellgebiet und Quellhöhe (m ü. NN)*	*Mündung bei Rhein-km Mündungshöhe (m ü. NN) / Höhenunterschied (m)*	*Einzugs-gebiet (km²)*	*Abfluss-menge (m³/s)*
Neckar	367	*Schwenninger Moos* 706	*Mannheim* 428,2 95 / 611	14.000	145
Main	524	*Fichtelgebirge* 887 *(Weißer Main) Frankenalb* 580 *(Roter Main)*	*Mainz-Kostheim* 496,8 82 / 805	27.293	225

Tabelle 6: Nebenflüsse des Oberrheins

kraftwerk (in Betrieb seit 1979) errichtet und etwas weiter nördlich auf der Insel Flottgrund vor dem Bergheimer Altrhein eine Mülldeponie. Zu den weiteren bei Fachleuten hochgeschätzten rechtsrheinischen Auen-Naturschutzgebieten gehören der Biedensand gegenüber Worms vor dem Lampertheimer Altrhein (Rhein-km 433–440) und der berühmte Kühkopf (Rhein-km 468–473), der schon auf hessischem Gebiet liegt.

Angesichts der in diesen Gebieten erlebbaren Artenfülle braucht der Naturschutz im Prinzip keine Argumente. Immerhin sind die Auengebiete am Oberrhein tatsächlich auch im europäischen Maßstab die letzten

Auch nördlich von Karlsruhe finden sich auf beiden Ufern wertvolle, unter Naturschutz stehende Restbereiche der ursprünglichen Rheinaue.

Peter Birmann (1758 – 1844), Blick vom Isteiner Klotz rheinaufwärts gegen Basel. Öl auf Leinwand, um 1819. Der Maler hat die ursprüngliche Oberrheinlandschaft der Furkationszone eindrucksvoll festgehalten (Kunstmuseum Basel).

Foto: Martin P. Bühler

Biotopgefüge dieses Typs. Vergleichbare Stromauen finden sich sonst nur noch in Teilbereichen an Elbe, Donau und Loire.
Von Alb, Murg, Rench, Kinzig, Elz und Dreisam sowie zahlreichen kleineren und durchaus reizvollen Bächen bzw. Seitentälern abgesehen, fließen dem Oberrhein nur zwei bedeutsamere rechtsseitige Nebenflüsse zu, nämlich Neckar und Main.

Tabelle 7: Der Rhein und seine (heutigen) Inseln

Oberrhein	*Rhein-km*	*Mittelrhein*	*Rhein-km*	*Niederrhein*	*Rhein-km*
Kisselwörth	486	*Mäuseturminsel*	530	*Kemperwerth**	639
Sändcheninsel	487	*Kl. Lorcher Werth*	538	*Herseler Werth*	662
Petersaue	500	*Gr. Lorcher Werth*	539	*Rheidter Werth**	663
Rettbergsaue	505	*Bacharacher Werth*	544	*Zündorfer Groov**	676
Eltviller Aue	515	*Kauber Werth*	545		
Mariannen-Aue	518	*Falkenstein*	546		
Winkeler Aue	520	*Ehrentaler Werth*	561		
Fulder Aue	522	*Oberwerth**	589		
Ilmen Aue	524	*Niederwerth*	596		
Rüdesheimer Aue	526	*Graswerth*	598		
Kraus-Aue	528	*Ketsch*	599		
		Urmitzer Werth	603		
		Weißenthurmer Werth	607		
		*Namedyer Werth**	615		
		Hammersteiner Werth	618		
		*Grafenwerth**	641		
		Nonnenwerth	642		

** heute ans Ufer angebunden, jedoch mit landseitig erkennbarem Stromarm*

6.6 Am Inselrhein

Ungefähr an der Mainmündung beginnt mit dem Mainzer Rheinknie ein recht bemerkenswerter Oberrheinabschnitt, der rund 30 km lange „Rheingauer Rhein" oder „Inselrhein". Die außerordentlich harten und deswegen weitgehend verwitterungsbeständigen Quarzitrücken des Taunus ragen nördlich von Mainz wie eine Wand auf und zwingen den Rhein gleichsam hangparallel in eine ungefähr ostwestliche Abflussrichtung. Zwischen den lössbedeckten Rheingauer Rebhängen am rechtsrheinischen Taunusfuß und dem linksrheinischen rheinhessischen Hügelland des Mainzer Beckens ist die Talaue nicht mehr so breit wie im übrigen Oberrheingraben, und deswegen sind hier auch keine weiträumig ausgreifenden Mäanderschlingen möglich. Dafür tritt ein anderes flusslandschaftliches Gestaltungselement in den Vordergrund – wie kein anderer Rheinabschnitt ist die Fließstrecke zwischen Mainz und Bingen mit zahlreichen Inseln durchsetzt. Und auch das gibt es nur am Rhein: Gleich am Beginn des Inselrheins liegen sich mit Wiesbaden und Mainz zwei Hauptstädte von Bundesländern direkt gegenüber (Tabelle 7).

Die Naturlandschaft zwischen Mainz und Ingelheim zeichnet sich durch eine weitere Besonderheit aus: Die auennahe Niederterrasse des Rheins ist nahezu flächendeckend mit feinem Flugsand bedeckt, der während der Trockenperioden der letzten beiden Eiszeiten aus den oft frei liegenden Sedimenten des Rheinbetts ausgeblasen und stellenweise sogar zu Dünen aufgeweht wurde. Die Sandbedeckung reicht nach Süden relativ weit auf die Ränder des Rheinhessischen Tafel- und Hügellandes. Diese Flugsandgebiete sind aber nicht nur geologisch, sondern auch biologisch außerordentlich interessant, bieten sie doch einer für sonstige mitteleuropäische Gegebenheiten recht außergewöhnlichen Flora und Fauna Lebensraum. Viele der hier ursprünglich vorkommenden Arten stammen tatsächlich aus den Steppenregionen Südosteuropas und haben hier ihren eigentlichen Verbreitungsschwerpunkt. In den Mainz-Ingelheimer Sanden nehmen sie somit weit vorgelagerte Vorkommen westlich ihres geschlossenen Verbreitungsgebietes ein. Die durch Siedlung, Verkehrswege und Landwirtschaft heute weitgehend zerstörten oder überformten rheinischen Steppeninseln werden in den beiden Naturschutzgebieten Mainzer Sand und Lennebergwald versuchsweise erhalten.

Der inseldurchsetzte Rheinabschnitt beginnt mit der knapp 3 km langen und rund 50 ha großen Petersaue, die zwar nahe vor der Mainzer Altstadt liegt und diese aus ihrem Uferfiltrat auch mit Trinkwasser versorgt, aber dennoch zu Hessen gehört und ungefähr die ehemalige hessisch-preußische Landesgrenze markiert. Seit 1992 gehört sie zum europaweiten Schutzgebietssystem Natura 2000 und ist wegen ihrer Bedeutung insbesondere für die Vogelwelt gleichzeitig ein Schutzgebiet nach der Flora-Fauna-Habitat-Richtlinie (FFH-Gebiet). Auch die anschließende 3,1 km lange und 68 ha große Rettbergsaue gehört zu Hessen. Noch bis zur Mitte des 19. Jahrhunderts bestand sie aus zwei getrennten Inselkörpern, dem Biebricher und dem Schiersteiner Wörth. Die vermehrte Sedimentführung des schneller ablaufenden, weil unterdessen regulierten Oberrheins ließ sie allmählich zusammenwachsen.

Etwa 10 km stromabwärts folgt mit

Kulturlandschaft Rheingau

Von den erlebniswerten Naturschönheiten (insbesondere denen auf dem Taunussüdhang) einmal abgesehen, hat die Region auch zahlreiche sehenswerte Kulturdenkmäler zu bieten, die man gewiss nicht unbeachtet am Wege liegen lässt. Die alte Zisterzienserabtei Eberbach ist ein solcher Kristallisationspunkt. Außerdem ist der Rheingau mehr als der anschließende Mittelrhein eine Landschaft der Schlösser: Schloss Biebrich am Mainzer Rheinknie, die Anlagen Reinhartshausen bei Erbach, Reichartshausen bei Hallgarten, Reichardshausen bei Oestrich, Vollrads bei Winkel und Johannisberg bei Geisenheim sind klangvolle und auch in der Weinszene berühmte Namen. Deutlich weniger landschaftsstimmig ist das wuchtige Niederwalddenkmal oberhalb von Rüdesheim gegenüber der Nahemündung. Es verdankt seine Entstehung dem reichlich vernebelten Nationalrausch nach dem Sieg über Frankreich und der Erneuerung des Kaisertums 1871. Die knapp 11 m hohe, etwas übergewichtige Germania blickt jetzt mit der unbrauchbar gewordenen Kaiserkrone in der Hand ratlos in Richtung Rhein. Als Ausflugsziel ist dieser als Nationalheiligtum konzipierte Ort dennoch empfehlenswert: Außer dem gegenüberliegenden Rochusberg südlich von Bingen bietet er den schönsten Blick über den Inselrhein.

„Blick vom Niederwald in den Rheingau": Um 1784 entstandenes Aquarell von Georg Schneider (1759 – 1843). Aurelio de' Giorgi Bertola kommentiert es 1795 folgendermaßen: „Welch' ein Stoff für einen Landschaftsmaler."

Kölnisches Stadtmuseum / Rheinisches Bildarchiv

der knapp 2 km langen Königsklinger oder Eltviller Aue die mit rund 80 ha flächengrößte Insel des Gebietes. An der breitesten Stelle misst sie rund 500 m. Ursprünglich bestand auch sie aus mehreren getrennten Kleininseln, die sich durch größere Sedimentschüttung seit dem 19. Jahrhundert allmählich miteinander verbanden. Die zu Rheinland-Pfalz gehörende Insel ist Bestandteil des 165 ha großen Naturschutzgebietes Haderaue-Königsklinger Aue, mit dem wertvolle Relikte einer auch in diesem Gebiet einst ausgedehnten Auenlandschaft bewahrt werden sollen.

Die 4,3 km lange und 84 ha große Mariannenaue ist wieder eine hessische Rheininsel und gehört zum Grundbesitz von Schloss Reinhartshausen. Als einzige Rheininsel trägt sie bis heute ausgedehnte Rebfluren, die zum Schlossweingut gehören. Die naturnahen Bereiche an den Inselenden und auf der dem rechten Rheinufer zugewandten Seite tragen eine prächtige Hartholzaue mit Flatterulmen und Eschen, die nach wie vor von der relativ ungestörten Überflutungsdynamik des Rheins geprägt sind. Benannt hat man diese Insel 1902 nach Marianne von Preußen (1810 – 1883), der früheren Schlossbesitzerin, die – zumindest nach den Vorstellungen ihrer Zeit – ein etwas skandalöses Leben führte.

Auf dem rechten Rheinufer bei Rhein-km 518 findet sich vor Oestrich auf der alten Kaimauer ein technikgeschichtlich bedeutsames Denkmal: Hier errichtete man 1652 einen hölzernen Rheinkran, mit dem die Weinfässer aus dem Rheingau auf Schiffe verladen wurden. Der Kran ist eine außen mit Brettern verschalte Fachwerkkonstruktion. Der obere Teil der Dachkonstruktion ist mit dem Kranarm wie bei einer Windmühle dreh- und schwenkbar. Die Lasten wurden über zwei übermannshohe Treträder

bewegt, in die zwei oder vier kräftige Männer einstiegen.
Rechtsrheinisch schließt sich vor der Ortschaft Winkel die nur 6 ha große Winkeler Aue an, auf der rheinland-pfälzischen Seite gefolgt vom 341 ha großen Naturschutzgebiet Fulder Aue/Ilmen Aue mit den beiden namengebenden Inseln Fulder Aue bzw. Ilmen Aue sowie den uferseitigen Auenrestflächen. Beide Inseln sind zum Zwecke der Fahrrinnensicherung durch Stromleitwerke (Steinschüttungen im Rhein) miteinander verbunden, die ihrerseits ausgedehnte Stillwasserbereiche mit Flussröhrichten und je nach Wasserstand größere Sandbänke schaffen. Zusammen mit der knapp 1 km weiter rheinabwärts gelegenen 29 ha großen Rüdesheimer Aue (Hessen), die ihrerseits von Leitwerken umgeben ist und größere Stillwasserzonen aufweist, und der winzigen, aber als Vogelschlafplatz wichtigen Krausaue zwischen Bingen und Rüdesheim ist dieser Abschnitt des Inselrheins ebenfalls ein europaweit bedeutsames und somit außerordentlich hochrangiges Schutzgebiet für durchziehende, rastende und/oder brütende Wasservogelarten. Dieses Gebiet gehört zu den wenigen großräumigen Schutzzonen in Deutschland, die nach der internationalen Ramsar-Konvention gemeldet sind. Zeitweise kann man hier täglich bis etwa 20.000 Vögel erleben, darunter auch so seltene Arten wie Singschwan, Fischadler, Silberreiher, verschiedene nordische Gänsearten sowie Zwerg- und Gänsesäger. Zur Brutzeit trifft man im Gebiet Nachtigall, Mittel-

Der schmucke Eisvogel ist vor allem an den Altarmen und Nebenbächen anzutreffen.

Der Flussregenpfeifer bevorzugt offene Sandfluren in der (halb)natürlichen Flussaue.

Flussuferläufer sind am Rhein eine große Rarität und meist nur als Durchzügler zu sehen.

Den scheuen Pirol wird man in den Rheinauenwäldern eher hören als sehen.

Fotos: Frank Hecker

In den Altrheinarmen des Oberrheins kommt die seltene Wassernuss vor. Foto: BPK

specht, Pirol, Hohltaube und etliche weitere Raritäten an.
Zwischen Gaulsheim (linksrheinisch) und Geisenheim (rechtsrheinisch), direkt vor der Südspitze der kleinen Rheininsel Ilmenau, erreicht der Rheingauer Rhein seine größte Breite: Er ist hier bei Rhein-km 524 fast auf den Strich genau 1,0 km breit. Nur wenige Kilometer stromabwärts, bei Aßmannshausen (Rhein-km 533), verengt er sich dagegen auf etwa 250 m. Fast seenartig sieht er daher kurz vor dem Eintritt in das Rheinische Schiefergebirge aus, worin sich zweifellos die bemerkenswerte und aufstauend wirkende Enge der Binger Talpforte bemerkbar macht, an der der Mittelrhein beginnt.

6.7 Von Auen und Ufern

Das Erscheinungsbild der ökologisch intakten Flusslandschaft prägen in der Naturlandschaft im Wesentlichen die typischen Pflanzenverbände der Ufer- und Auenbereiche. Auch in dieser Hinsicht weist der Talzug des Rheins

Überbordender Lebensraum Aue: Die grünen Wasserfrösche sind aus der Kreuzung von Teich- und Seefrosch hervorgegangen.

Der Laubfrosch kommt im Bereich der Oberrhein-Altarme vor. Im Mittel- und Niederrheingebiet ist er sehr selten.

Der überwiegend nachtaktive Salamander bewohnt vor allem die schattig-feuchten Laubwälder der Nebenflussauen.

Gelbbauchunken sind typische Bewohner von Fluss- und Bachauen und bewohnen Altarme, Altwasser und Auentümpel.
Fotos: Monika Hachtel

einige bemerkenswerte Besonderheiten auf. Unter der Aue versteht man dabei den von der natürlichen Überflutungsdynamik erfassten und buchstäblich „beein-flussten“ Uferstreifen. Flussseitig wird die Aue vom jeweils vorliegenden Wasserstand begrenzt. Auf der Landseite bilden dagegen die Außenkanten der heutigen Niederterrassen den Grenzsaum zur Talaue. Die gesamte Aue haben sich der Rhein und seine Nebenflüsse erst seit der letzten Kaltzeit eingetieft (vgl. S. 102). Die flussbegleitende Aue ist ein biologisch äußerst interessanter und artenreich bestückter Lebensraum. Die hier wachsenden Pflanzen müssen in besonderem Maße an die stetig sich verändernden Wasserstände und Strömungsverhältnisse angepasst sein, um sich an diesem speziellen Standort überhaupt dauerhaft zu behaupten. Nur eine besondere Artenauswahl ist an solche wechselnden Lebensumstände angepasst. Daher tragen gerade die Flussauen eine spezielle und in dieser Weise nur hier existierende Vegetation.

In der Naturlandschaft stellt sich daher von der Flussmitte bis zum Auenrand (Niederterrassenkante) in Abhängigkeit vom durchschnittlichen Wasserstand eine Serie verschiedener Pflanzengesellschaften ein, die eine gewisse Ähnlichkeit zur Vegetation an verlandenden Seen aufweist. Noch im freien, fließenden Wasser beginnt die Folge mit verschiedenen Laichkraut-Arten und mit dem Flutenden Hahnenfuß. Eine ausgeprägte Zone mit Schwimmblattpflanzen (darunter so seltenen Arten wie Seekanne oder Schwimmfarn) fehlt indessen und kann sich allenfalls in nahezu strömungslosen Altwasserarmen entwickeln. Uferwärts schließt sich daher unmittelbar eine langhalmige Röhrichtzone an, in der das Rohr-Glanzgras den Aspekt bildet. Dieses hochwüchsige und recht kräftige Gras verträgt es ohne Weiteres, von der Strömung häufig umgeknickt zu werden. Gegenüber dem sonst an vergleichbaren Stellen wachsenden Schilf, das allerdings auf die Röhrichte stehender Gewässer beschränkt bleibt, ist dieses Ufergras also eindeutig im Konkurrenzvorteil.

Inseln erleben

Für alle als Naturschutzgebiete ausgewiesenen Inseln besteht verständlicherweise ein striktes Betretungsverbot. Ausgezeichnete Beobachtungsmöglichkeiten der artenreichen Vogelfauna bieten sich aber beispielsweise vom linksrheinischen Radwanderweg, der dem alten Leinpfad folgt. In Bingen-Gaulsheim befindet sich zudem das Naturschutzzentrum Rheinauen des Naturschutzbundes Deutschland, das regelmäßig geführte Beobachtungsexkursionen (auch per Schiff) anbietet. Bei solchen Gelegenheiten kann man unter anderem fast alle europäischen Möwenarten sehen.

Naturschutzzentrum Rheinauen
An den Rheinwiesen 5
55411 Bingen-Gaulsheim
Tel. 06721/14367
www.nabu-rheinauen.de

Auf die Röhrichtzone folgt ziemlich unvermittelt eine erste aus Gehölzen zusammengesetzte Pflanzengesellschaft, die man nach ihren kennzeichnenden Arten als Weichholzaue bezeichnet. Sie umfasst das typische Mandelweidengebüsch, das meist drei schmalblättrige Weidenarten führt, neben der namengebenden Mandel-Weide auch Korb- und Purpur-Weide (vgl. Abb. S. 92). Diese meist nur strauchgroßen Auenrandgehölze stocken ungefähr in Höhe des mittleren

Oben: Eine häufige Art in den Rheinauen ist die Esels-Wolfsmilch.

Oben rechts: Die seltene Schwanenblume bevorzugt strömungsberuhigte Altwasser und Nebenarme.

Mitte links: Im Auengrünland ist der hübsche Dolden-Milchstern nicht selten.

Mitte rechts: Sumpf-Schafgarben findet man im Hochsommer überall im Auengrünland.

Unten links: Die Gelbe Sumpf-Schwertlilie ist am Rhein die häufigste Art ihrer Gattung. Wie alle Iris-Arten ist sie geschützt.

Unten rechts: In allen Uferröhrichten zu Hause: Blut-Weiderich, eine Art mit dreierlei Blütentypen.

Fotos: BPK

Der Inselrhein zwischen Mainz und Bingen ist ein Feuchtgebiet von internationaler Bedeutung.

Wie breite Schiffe liegen die Inselkörper im Inselrhein zwischen Mainz und Bingen.
Fotos: BPK

Sommerwasserstandes. Hier werden sie bei Hochwasser regelmäßig überflutet. Selbst Übersandung kann ihnen wenig anhaben, weshalb sie zur Flussseite als flankierende Mantelgesellschaft fast lückenlos entwickelt sind. Weiter uferwärts vermittelt das dichtwüchsige Strauchweidengebüsch den Übergang zum Silberweiden-Auenwald, einer weiteren kennzeichnenden Pflanzengesellschaft der Weichholzaue, die man wegen der hier vertretenen Leitarten auch als Baumweidenaue bezeichnet. Sie stockt ebenfalls noch auf sickerfeuchtem, sandig-kiesigem Rohauenboden. Hochwüchsige, größere Bäume beherrschen hier das Bild, allen voran die häufige Silberweide, dann vor allem die Fahlweide, die Bruchweide und die oft in imposanten Gestalten wachsende, aber in reinerbiger Form selten gewordene Schwarz-Pappel. Diese gelegentlich bis 30 m hohe Pappelart ist in Mitteleuropa von Natur aus nur in den Talzügen von Rhein und Donau sowie in den größeren Nebentälern zu finden. Im Mittelrheingebiet und auch an der Mosel wurde sie jedoch an vielen anderen Stellen auch angepflanzt, später aber zunehmend durch die monotonen Forste mit schmalkronigen nordamerikanischen Hybridpappeln ersetzt.

Stromarme, Inselkörper, Leitwerke und Ufer formen eine amphibische Landschaft.

Auf den Stromleitwerken des Inselrheins stocken Strauch- und Baumweiden.

Rechts: Technikdenkmal: alter Rheinkran bei Oestrich-Winkel

Fotos: BPK

Außer am Oberrhein sind auch an vielen Stellen des Mittelrheintals zumindest Reste der Weichholzaue vorhanden. Prächtige Bestände finden sich beispielsweise auf den Rheininseln Niederwerth, Graswerth, Urmitzer Werth und Weißenthurmer Werth. Auch unterhalb der Andernacher Talpforte ist noch ein eindrucksvolles Bild der naturnahen Flusslandschaft erhalten: Krummenwerth, Leutesdorfer Aue und Hammersteiner Werth bilden zusammen mit der markanten Felskulisse der Hammersteiner Ley ein beeindruckendes Ensemble. Hier kann man eine ungefähre Vorstellung davon gewinnen, wie die vorindustrielle Flusslandschaft einmal ausgesehen hat.

Die nächsthöhere Geländestufe innerhalb des Überschwemmungsgebietes (Hochflutbett) nimmt in der Naturlandschaft der Talaue eine andere Gehölzformation ein: Wegen ihrer Zusammensetzung aus kräftigen, hochwüchsigen und sehr dauerhaften Baumarten erhielt sie die Bezeichnung Hartholzaue. Sie stockt meist auf dem schon verfestigten Auenlehm und wird am typischen Standort nur noch bei Spitzenhochwassern überflutet. Wichtigste Pflanzengesellschaft ist ein Eichen-Ulmen-Wald. Außer der häufigen Stiel-Eiche sind darin vor allem Gewöhnliche Esche, Feld-Ulme und

Trauben-Kirsche neben verschiedenen Straucharten vertreten. Die Esche gehört zu den hochwüchsigsten heimischen Laubbäumen und trägt vor allem zum üppigen Erscheinungsbild der Hartholzaue entscheidend bei. Hinzu kommt, dass randlich oder im Unterwuchs fast alle einheimischen Klettergehölze mit lianenartigem Wuchs vertreten sind wie Gewöhnliche Waldrebe, Wilder Hopfen und die Gewöhnliche Jungfernrebe, die ursprünglich im östlichen Nordamerika beheimatet ist. In die gleiche Gesellschaft gehört übrigens auch die Wilde Weinrebe, die Stammpflanze der im Gebiet angebauten Kulturreben. Sie ist wahrscheinlich im gesamten Rheinland ausgestorben.

An hochgelegenen Stellen, auf die selbst die Spitzenhochwasser nicht mehr übergreifen, geht die Hartholzaue in der rheinischen Naturlandschaft meist in einen Stieleichen-Hainbuchen-Wald über, in dem auch die Rot-Buche vorkommt. Diese Gehölzgesellschaft leitet zu Vegetationseinheiten über, die nicht mehr unbedingt zum kennzeichnenden Bestand der Tal- und Flussaue selbst gehören. Auf den Rheininseln tritt die Hartholzaue wegen der zu niedrigen Erhebung der Inselterrassenböden über dem Mittelwasser des Stroms meist nicht flächig auf.

Die komplette Folge von der Strauchweidenaue bis zum Dauerwald mit Eichen und Rotbuchen ist im Oberrheingebiet noch an vielen Stellen, am Mittelrhein aber nirgendwo mehr zu beobachten, weil die waldgeeigneten Standorte auf der hier nur schmal entwickelten Niederterrasse schon seit Jahrhunderten für Siedlungen, als Verkehrswege oder landwirtschaftlich genutzt werden. Häufig tragen sie ausgedehnte Obstkulturen, und stellenweise reichen auch die Rebfluren bis tief auf die Niederterrasse hinab. Für die Naturlandschaft des Rheinstroms und seine Lebensgemeinschaften stellen die auch in früheren Zeiten saisonal immer aufgetretenen und sehr gut dokumentierten Hochwasser kein besonderes Problem dar. Die mit vermehrter Wasserführung einhergehenden mechanischen Effekte sowie die stärkere Sedimentbefrachtung sind für die Stromsohle und die Auenbereiche allenfalls episodisch von Belang und auf jeden Fall ein Bestandteil der natürlichen Dynamik. Zum Konfliktfeld wurde das zeitweilig sich ungezügelt gebärdende Abflussregime des Flusses erst in den kulturlandschaftlich überprägten Teilbereichen vor allem der Niederterrasse. Obwohl die Flussanwohner seit Jahrhunderten wissen, dass Hochwasserstände fast immer auf die Niederterrassen übergreifen, sind diese aus der Besiedlung oder einer anderen sensiblen Flächennutzung kaum herausgenommen worden.

Forschen für die Flussauen

Mit Grundlagenforschungen zu Ökologie und Naturschutzkonzepten (nicht nur) der Rheinauen befasst sich das ursprünglich von der Umweltstiftung WWF Deutschland 1985 gegründete Auen-Institut in Rastatt. Seit Frühjahr 2004 ist es als Forschungsinstitut in die Universität Karlsruhe eingegliedert. Arbeitsschwerpunkte sind nach wie vor Hochwasserschutz, Auenentwicklung und Renaturierung sowie die vielfältigen Wechselwirkungen zwischen Organismen, Überflutungen, Böden, Relief, Grundwasser und Fragen der Nutzung.

Auen-Institut Rastatt
Josefstraße 1
76437 Rastatt
www.auen.uni-karlsruhe.de

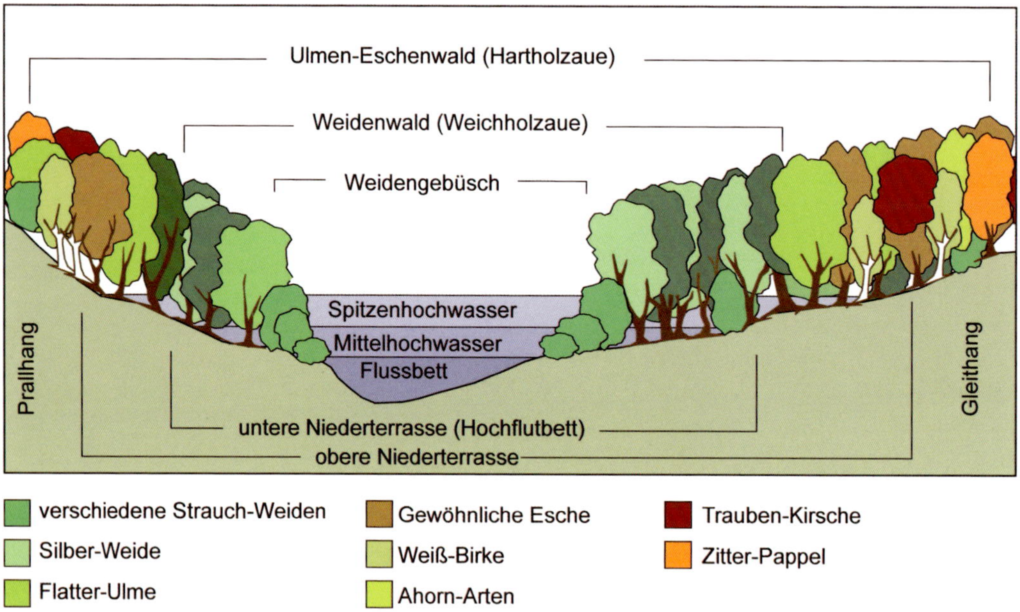

Auenstruktur am Oberrhein Grafik: BPK

6.8 Neue Ufer für neue Arten

An solchen Stellen, wo die Rheinufer beim Ausbau zur Großschifffahrtsstraße durch Steindeckwerk befestigt wurden, können sich heute keine flächendeckenden Gehölzbestände mehr entwickeln. Auf den mit Steinen ausgekleideten Uferpartien stellen sich jedoch häufig überraschend artenreiche und entsprechend bunte Krautfluren ein. Auffallend sind hier beispielsweise stickstoffliebende Pflanzenarten wie Kanadisches Berufkraut, Kompass-Lattich oder verschiedene Greiskraut-Arten, die besonders prächtig gedeihen, weil ihre Standorte während der Hochwasser jeweils kräftig aufgedüngt werden. Außer diesen recht großwüchsigen Arten bereichert an den Ufermauern, Leinpfadbefesti-

Links: Die am Rheinufer verbreitete Osterluzei gilt als Alteinwanderer (Archäophyt).

Rechts: Drüsiges Springkraut – ein Neubürger (Neophyt) aus Südwestasien

Fotos: BPK

gungen oder Hafendämmen auch noch eine große Anzahl kleinerer und weniger auffälliger Fugenbewohner von Steinpflaster und Steinschüttungen die Arteninventare. Gerade die sonnenexponierten Seiten von Dämmen oder anderen Uferschutzbauten bilden interessante sekundäre Trockenstandorte. Zur Blütezeit im Mai macht hier etwa der Färberwaid auf sich aufmerksam – eine alte Färberpflanze, aus der früher Indigo zum Textilfärben gewonnen wurde. Am gleichen Standort finden sich mit Gelber Wau und Färber-Resede zwei weitere Färberpflanzen.

Sowohl in der Natur- wie auch in der Kulturlandschaft sind die Auenbereiche der großen Flusstäler schon immer Einwanderungs- und Ausbreitungsstraßen für Pflanzen aus anderen Florengebieten gewesen. Die Wegsamkeit eines Flusstals mit seinem Verkehrsaufkommen hat in der Vergangenheit wie in der Gegenwart die Ausbreitung vieler Pflanzenarten begünstigt.

Viele Pflanzen haben sich seit dem 19. Jahrhundert vor allem entlang der Schienenwege ausgebreitet, darunter Pfeilkresse und Klebriges Greiskraut. Andere Arten verdanken ihre rasche Ausbreitung der Transportleistung des fließenden Wassers. Sie bilden die biogeografisch so interessante Gruppe der Stromtalpflanzen, darunter Echte Engelwurz, Glanz-Wiesenraute, Pappelseide, Hunds-Braunwurz, Esels-Wolfsmilch und Weidenblatt-Aster.

Recht hoch ist entlang der Uferpartien des Rheins der Anteil ursprünglich gebietsfremder Pflanzenarten. Diese Artengruppe bezeichnet man als Neubürger oder Neophyten. Tatsächlich sind hier Vertreter aus fast allen Kontinenten zu finden. So breitet sich seit wenigen Jahrzehnten im gesamten Rheingebiet das aus Südafrika stammende Schmalblättrige Greiskraut aus. Oft sind es auch gartenflüchtige Arten wie das Drüsige Springkraut aus Indien. Aus Nordamerika stammt die Knollen-Sonnenblume oder Topinambur. Früher wurde sie im Oberrheingebiet wegen ihrer essbaren Knollen feldmäßig kultiviert, jetzt bereichert sie an vielen Stellen die Flussauen – bis in das Niederrheingebiet einschließlich der Nebenflüsse. Die Liste der Neophyten in der rheinischen Pflanzenwelt enthält insgesamt über 200 Arten.

Dem Rhein auf den Grund zu gehen ist immer ein interessantes Unterfangen.

Foto: Vera Riemann

Links: Die Knollen-Sonnenblume stammt aus Nordamerika. Früher als Nutzpflanze (Topinambur) am Oberrhein kultiviert, ist sie heute an vielen Stellen entlang des Rheins heimisch.

Blick von der Loreley
Foto: BPK

7 Der romantische Mittelrhein – eine etwas andere Rheinreise

Bei Rhein-km 529 beginnt mit der Nahemündung zwischen Bingen und Bingerbrück das Mittelrheintal, nach einhelligem Urteil fast aller Reiseschriftsteller und Bildbandautoren der vergangenen beiden Jahrhunderte einer der schönsten Reisewege der Welt sowie geistiges und wirtschaftliches Zentrum einer der interessantesten mitteleuropäischen Kulturlandschaften.

Über keine andere europäische Flusslandschaft (und selbst im Weltmaßstab betrachtet) sind so viele Bücher, Aufsätze, Betrachtungen, Essays, Gedichte und andere Darstellungen geschrieben worden.
Mit der Aufnahme in die Liste der UNESCO-Welterbestätten (2002) zumindest des südlichen Teilabschnitts des Mittelrheins zwischen Bingen und Koblenz ist diese Landschaft gleichsam erneut geadelt worden. Wir halten uns hier wiederum eher an die bemerkenswerteren naturlandschaftlichen Besonderheiten, die in der üblichen Rheinliteratur meist fehlen.

7.1 Schichtarchiv aus dem Erdaltertum

Die erlebbare Mittelrheinlandschaft, der dramatische Durchbruch des Flusses durch das Rheinische Schiefergebirge zwischen der Binger Talpforte und dem Siebengebirge bei Bonn, gilt nicht nur bei landschaftsbegeisterten Malern und Dichtern, sondern auch bei Geowissenschaftlern als höchst bemerkenswerte Naturerscheinung, die eine kurze Betrachtung aus geologischer Perspektive verdient.
Die gesamte hier anstehende Schichtenfolge bildete sich aus küstennahen Wattablagerungen oder in tieferen Be-

cken eines früheren Meeres, das im Devon (vor über 400 Mio. Jahren) den größten Teil Mitteleuropas bedeckte. Sämtliche heute an den Talwänden des Mittelrheins sichtbaren Felsen sind also gleichsam fossiler Meeresboden. Zur Entstehungszeit dieser Ablagerungen befand sich das heutige Mittelrheingebiet – fast nicht vorstellbar – noch auf etwa 30° südlich des Äquators. Erst die weiträumige Drift der Kontinentalmassen hat unser Gebiet im Laufe vieler Millionen Jahre Erdgeschichte in seine heutige geografische Position gebracht.

Im Idealfall würden die im Unterdevon über rund 20 Mio. Jahre hinweg angesammelten, aufgestapelten und noch während der Devonzeit zum Festgestein verdichteten Meeressedimente übereinander liegen wie die Seiten eines flach auf dem Schreibtisch ausgebreiteten Buches. An den Talflanken zeigt sich jedoch, dass die Gesteinspakete eher nebeneinander und wie im Regal umgekippte Bücher angeordnet sind. Vor etwa 340 Mio. Jahren begann nämlich die Auffaltung zum Gebirge: Seitlich angreifende Kräfte richteten einzelne Schichtpartien steil auf und engten sie gleichzeitig stark ein. Modellhaft zeigt das eine Tischdecke, die sich durch seitlichen Schub in Falten legt. Die so entstandenen Verbiegungen im Gestein sind in den Profilen des Mittelrheintals direkt zu sehen. Und nicht nur das: Einzelne Schichtpakete wurden auch auf andere verschleppt und haben somit großräumige Überschiebungen hinterlassen.

In diesen über 400 Mio. Jahre alten Gesteinspaketen hat sich später der Mittelrhein entwickelt (S. 120). Seine knapp 120 km lange Talfurche von Bingen bis Bonn ist ein einzigartiger Querschnitt durch den komplizierten Faltenbau des Rheinischen Schiefergebirgsblocks und zugleich eine der vollständigsten Aufschlussserien durch ein europäisches Faltengebirge.

Die im Talprofil des Mittelrheins anstehenden Felsen bilden ein mächtiges Schichtpaket und sind rund 400 Mio. Jahre alt.

Mäuseturm und Burg Ehrenfels flankieren die Binger Talpforte und damit den Beginn der oberen Engtalstrecke des Mittelrheins. Mit „Mäusen" hat der Turm nur indirekt zu tun – er ist vielmehr eine alte Maut- und Zollstelle.

Fotos: BPK

Tabelle 8: Talabschnitte des Oberen Mittelrheintals

Talabschnitt	beginnt bei	Rhein-km	endet bei	Rhein-km
Binger Talpforte	Bingen	529	Trechtingshausen	535
Trechtingshauser Engtal	Trechtingshausen	535	Bacharach	543
Bacharacher Engtal	Bacharach	543	St. Goar	557
St. Goarer Engtal	St. Goar	557	Bad Salzig	566
Bopparder Schlingen	Bad Salzig	566	Rhens	583
Lahnsteiner Pforte	Rhens	583	Koblenz	590

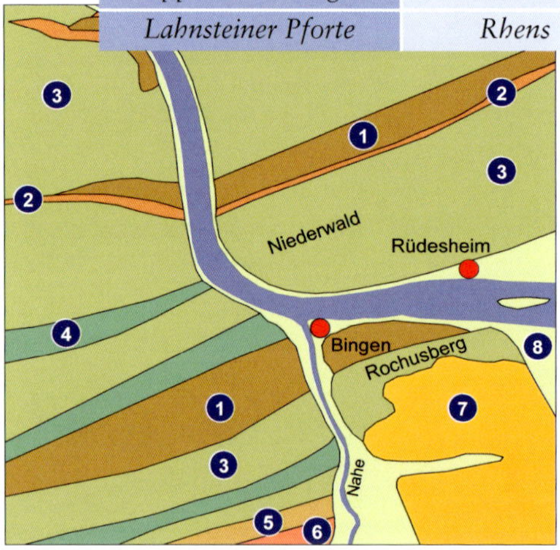

Schichtenfolge am Übergang Ober-/Mittelrhein (Binger Talpforte). Devonische Schichtglieder (vgl. Grafik S. 37): 1 Bunte Schiefer (Gedinne), 2 Hermeskeil-Schichten (Siegen), 3 Taunusquarzit (Siegen), 4 Hunsrückschiefer (Ems), 5 Metamorphe Devonschiefer, 6 Rotliegend-Sandsteine, 7 Tertiär, 8 quartärzeitliche Talböden (vgl. Abb. S. 121: Schema der Talterrassen im Mittelrheingebiet)

Vordevonische Gesteine, die das tiefere Unterlager des Rheinischen Schiefergebirges bilden, treten in der Nähe des Rheintals nicht zutage, mit Ausnahme der rund 430 Mio. Jahre alten Keratophyre der Krausaue bei Bingen und einiger kleinerer Vorkommen bei Rüdesheim. Größere Vorkommen vordevonischer Schichten finden sich allerdings weiter östlich im Rheingau am Taunus-Südrand sowie im unteren Nahetal.
Die heute am Mittelrhein sichtbaren (= aufgeschlossenen) Gesteinsfolgen des Grundgebirges gehören demnach allesamt zum Erdaltertum (Paläozoikum), genauer in das Unterdevon (Beginn vor etwa 417 Mio. Jahren). Nach Abfolge, Lagerungsverhältnissen sowie Fossilinhalt gliedert und benennt man sie nach Orten besonders typischer Ausbildung von unten nach oben, und zwar in die drei Stufen Gedinne, Siegen und Ems (vgl. Abb.). Sie treten aber im Talzug von Süden nach Norden nicht unbedingt in genau dieser Abfolge auf.

7.2 Ein Tal in mehreren Teilen

Nach geografischen und geologischen Gesichtspunkten teilt man den Mittelrhein in mehrere Abschnitte ein (Tabelle 8). Das erste Teilstück ist das Obere Mittelrheintal zwischen Bingen und Koblenz – der rund 60 km lange und bis 150 m tiefe Rheincanyon zwischen den Schiefergebirgsteilen Hunsrück und Taunus. In der sachlich-distanzierten Sprache der Geowissenschaftler stellt sich dieser zuge-

Vom Felsriff des Binger Lochs blieb außerhalb der modernen Fahrrinne nur eine einzige Stromschnelle.

gebenermaßen äußerst eindrucksvolle Talabschnitt lediglich als Schwächezone in der Erdkruste dar. Seine Ouvertüre ist die Binger Talpforte, die Eintrittstelle in den Mittelgebirgsgürtel – eindrucksvoll zu erleben, wenn man sich Bingen vor den hoch aufragenden Höhenrücken von Hunsrück und Taunus nähert. Warum der Rhein hier in scharfem Rechtsknick wieder in eine recht enge Gebirgsstrecke eintritt, ist nicht so ohne Weiteres verständlich.

Genau betrachtet trifft der Rhein bereits beim Binger Rochusberg auf das Rheinische Schiefergebirge. Zunächst verengt sich hier das Tal bei Rüdesheim und Bingen kontinuierlich, und die Hänge werden steiler. Nur wenig unterhalb der Nahemündung und westlich von Bingen (bei Rhein-km 529,1) findet das Naturereignis wie ein Paukenschlag statt: Genau hier knickt der Flusslauf nahezu rechtwinklig nach Norden ab. Stromabwärts durchbricht der Rhein das eng eingeschnittene Tal beinahe geradlinig und zwängt sich zwischen die hoch aufragenden, aus erkennbar hartem, sozusagen felsenfestem Quarzit aufgebauten Höhenzüge von Hunsrück und Taunus. Auf der linken Rheinseite fällt das Gelände vom 617 m hohen Franzosenkopf im Binger Wald in weniger als 2,5 km Luftlinie um mehr als 500 m bis zum Rheinufer ab, das hier bei 83 m ü. NN liegt. Tatsächlich gibt es in Deutschland außerhalb der Alpen keinen vergleichbar großen Reliefunterschied. Auch rechtsrheinisch ist die Höhendifferenz enorm und beträgt immerhin etwa 450 m. War er noch im Rheingau der breite, eher träge Strom der Oberrheinebene, den man

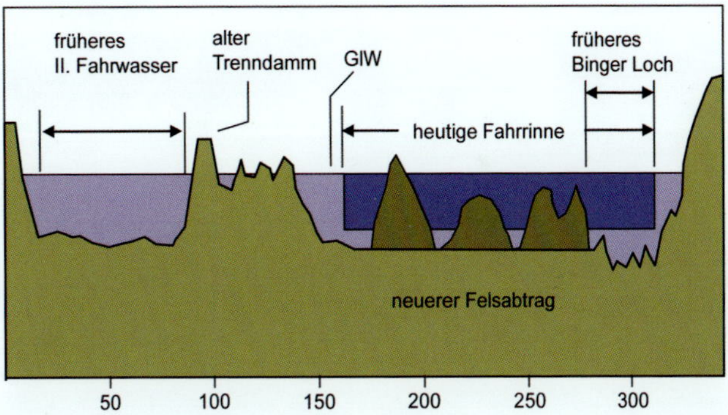

Querprofil durch das Felsriff am Binger Loch Grafiken: BPK

fast schon als Tieflandstrom hätte bezeichnen können, wird er nun zum schnell strömenden und relativ schmalen Mittelgebirgsfluss.

An der Binger Talpforte stehen die ältesten unterdevonischen Schichtglieder des Mittelrheins an – es sind

Die Talflanke bei Kamp-Bornhofen mit den beiden Burgen Sterrenberg und Liebenstein (Die feindlichen Brüder) zeigt eindrucksvoll die Schrägstellung der Devonschichten. Fotos: BPK

Nördlich von Bingen ziehen verwitterungsfeste Quarzitrippen zum Rhein herunter. Foto: BPK

die in mehreren steil stehenden Partien angeschnittenen bunten Schiefer der Gedinne-Stufe. Sie bauen beispielsweise die Basis des Rochusberges und der Burg Klopp auf und stehen auch im berühmten Nahe-Durchbruch an. Zwischen Bingen und Assmannshausen bestehen die steil gestellten und sehr harten, aber jüngeren Taunusquarzite der Siegen-Stufe. Linksrheinisch sind sie in der Talflanke als steile, herausgewitterte Quarzitrippen zu sehen. Rechtsrheinisch erkennt man auf den exponierten Hängen oft eigenartige, kaum bewachsene Schuttfächer aus hellgrauem Quarzit, die man hier „Rosseln" nennt. Sie sind erst während der Eiszeiten durch Frostsprengung aus dem anstehenden Gestein herausgelöst worden.

Wo die harten Quarzitrippen das Rheintal queren, befanden sich bis zu ihrer Sprengung die für die Schifffahrt wirklich extrem gefährlichen Riffe des Binger Loches (vgl. Abb. S. 97). Mit „Binger Loch" bezeichnete man nur die ursprüngliche Enge im Strombett, ein wirklich beängstigend kleines Schlupfloch zwischen den Strombettfelsen. Es ist absolut nicht identisch mit der Binger Talpforte, mit der es die Mehrzahl der Kunst- und Reiseschriftsteller fast immer verwechselt. Selbst der berühmte englische Künstler William Turner hat eines seiner 1817 zu diesem Teil der Rheinlandschaft entstandenen Aquarelle falsch bezeichnet. Interessanterweise ist die Bezeichnung „Binger Loch" eigentlich

Die Frankfurterin Elisabeth von Adlerflycht zeichnete 1811 das erste Rheinlaufpanorama. Ähnliche Ansichten des Flusses sind bis heute im Angebot. Rheinisches Bildarchiv / Kölnisches Stadtmuseum

ein Pleonasmus, denn sie leitet sich von dem vorgermanischen Wasserterminus „bing" ab, der bereits „Wasserloch im Fels" bedeutet. Die Römer übernahmen den in der Region längst eingeführten Namen und nannten ihre Siedlung Bingum.

Das Loch war lange Zeit das größte Hindernis für die Rheinschifffahrt und bei den Rheinschiffern entsprechend gefürchtet, weil es nur bei relativ hohen Wasserständen einigermaßen sicher und selbst dann nur mit Lotsenhilfe zu passieren war. Genau bei Rhein-km 530,7 – am rechten Rheinufer früher mit einem roten Andreaskreuz auf weißer Tafel eigens markiert – quert hier eine vom Hunsrück zum Taunus hinüberreichende besonders große Quarzitrippe den Rhein, die im Rhein einen bemerkenswerten Gefälleknick verursacht. Ursprünglich bestand sie aus zahlreichen Kuppen und Spitzen, die in ihrer Gesamtheit die Lochsteine darstellten und weit über die Stromsohle aufragten (vgl. Abb. S. 97). Nur bei größerer Wasserführung wurden sie überströmt. Das eigentliche Binger Loch war eine vor dem rechten Rheinufer liegende Engstelle. Bereits in karolingischer Zeit gab es Versuche, das Felsriff für die Schifffahrt passierbarer zu gestalten. Im Jahre 1832 hat man diesen Bereich von ursprünglich nur 9 auf 23 m Fahrwasserbreite erweitert, im Jahre 1894 im Zuge des preußischen Rheinausbaus nochmals auf insgesamt 30 m. Um 1860 legte man parallel zum linken Rheinufer ein zweites Fahrwasser an, mit einem etwa 1 km langen, regulierenden Damm stromabwärts des Felskerns der berühmten Mäuseturm-Insel (Rhein-km 530,1 – 530,4), die man hier bezeichnenderweise zusammen mit der gegenüberliegenden Burg Ehrenfels als Zolleinnahmestellen errichtet hatte. Beim weiteren Ausbau auf insgesamt 120 m Fahrwasserbreite (bis 1974) wurden weitere Lochsteine entfernt. So blieb außerhalb des jetzigen Fahrwassers nur noch einer der vielen Felszähne übrig. Das linksseitig des neueren Trenndamms gelegene Fahrwasser wurde nach den letzten Ausbaumaßnahmen bis 1990 wieder aufgegeben. Außer dem Felsriff nördlich von Bingen gibt es im Oberen Mittelrhein weitere das Strombett weit überragende, aber ufernahe Felsnasen, die der früheren Schifffahrt fallweise gefährlich wurden, beispielsweise der Rödelstein sowie der Kleine und Große Leisten bei Aßmannshausen (Rhein-km 532); bei Lorch sind es die Kirchley (Rhein-km 540,2), nördlich von Bacharach die Diebssteine (Rhein-km 544,5) und bei Oberwesel die Hammerleyen (Rhein-km 550,8).

Ganz oben: Landschaftliche Sünde: Quarzitsteinbruch bei Trechtingshausen. Burg Sooneck markiert das Ende der Taunusquarzitzüge.

Oben: Die Rebfluren des Winzerortes Niederheimbach erstrecken sich auf der Südflanke des Heimbachtals. Burg Heimbach (Hoheneck) liegt auf einer tieferen Stufe der Mittelterrasse.

Fotos: BPK

Bei der Gebirgsauffaltung ist der ältere Taunusquarzit (Siegen) entlang einer flach nach Südosten geneigten Verwerfungsfläche auf die jüngeren Hunsrück-Schiefer (Unterems) geschoben worden. Diese als Taunuskamm-Überschiebung bezeichnete Struktur quert das Obere Mittelrheintal südlich vom Lorcher Werth: Burg Sooneck zwischen Trechtingshausen und Niederheimbach fußt auf der nördlichsten Taunusquarzit-Klippe und befindet sich demnach direkt über der Überschiebungsfläche.

Nördlich von Trechtingshausen trifft der Rhein wieder auf weicheres Gestein – in der regionalen Geologie als Hunsrückschiefer bezeichnet. Bei Rhein-km 537 weitet sich das Tal etwas, weil das anstehende Gestein dem Fluss weniger Widerstand bietet: Als Bacharacher Tal erstreckt es sich mit sanften Biegungen über eine Länge von insgesamt etwa 15 km nordwestlich und bietet Raum für die sehenswerten Städtchen Lorch, Bacharach, Kaub und Oberwesel. Eindrucksvolle 150 m über dem Flussniveau schließen sich beidseits im Engtal die eiszeitlichen Hochterrassen (vgl. S. 121) als nahezu ebene Flächen an. Sie werden durch zahlreiche Bäche in eine dichte Folge von Geländeriedeln zertalt. Nur hier erstreckt sich der Weinbau linksrheinisch vom Haupttal bis weit in die Seitentäler, so zum Beispiel im Steeger Tal bei Bacharach.

Zwischen Lorch und Kaub befinden sich mehrere große Inseln (Tabelle 7). Dazu gehören zwischen Rhein-km 537,2 und 539,8 das Naturschutzgebiet Lorcher Werth (mit dem südlichen Kleinen und dem nördlichen Großen Lorcher Werth), bei Rhein-km 542,2–543,5 der Bacharacher Werth und bei Rhein-km 544,5–545,2 der Kauber Werth. Zwischen diesen beiden Inseln liegt zwischen Rhein-km 544,5–545,0 das bei den Rheinschiffern wegen der schwierigen Passage nicht sonderlich beliebte Wilde Gefähr. Alle diese Inseln sind übri-

Der Rhein im Panorama: Reiseeindrücke im Faltformat

Jeder Kiosk im Mittelrheintal bietet künstlerisch mehr oder weniger überzeugend gestaltete Faltpanoramen der Rheinlandschaft an, die man während einer Rheinreise zu Schiff, per Bahn oder gegebenenfalls auch im Auto als Orientierungshilfe für das Erleben der Landschaft verwenden kann. Erfinderin dieser recht ungewöhnlichen Art einer dreidimensionalen Landschaftsansicht war die Frankfurter Juristengattin Elisabeth von Adlerflycht (1775–1846). Sie war ausgebildete Malerin und arbeitete später – wie man heute sagen würde – als Hobbykünstlerin. Im Jahre 1811 unternahm sie eine Rheinreise auf einer Wasserdiligence und hielt während ihrer Rheinfahrt von Bingen bis Koblenz die wesentlichen Szenerien in detailgetreuen Skizzen fest. Zu Hause stellte sie diese zu einer dreidimensionalen Gesamtschau im Hochrechteckformat zusammen – in einer völlig neuen Art der Darstellung, nämlich als eine Art Vogelperspektive unter gleichbleibendem Betrachtungswinkel von etwa 45°. Auf den Randleisten hielt sie wichtige Sehenswürdigkeiten oder sonstige Reisenotizen fest. Glückliche familiäre Umstände führten dazu, dass der Stuttgarter Verleger Cotta das noch nicht zur Faltung vorgesehende Adlerflycht-Blatt zu sehen bekam und es in mehreren Auflagen lithografieren ließ. Erst knapp zwei Jahrzehnte später hatte der Frankfurter Verleger Friedrich Wilmans (1764–1830) die Idee, ein von Friedrich Delkeskamp (1794–1872) neu gearbeitetes Rheinpanorama im praktischen Leporello-Faltformat herauszubringen. Diese und weitere Versionen waren beim Reisepublikum äußerst angesagt und entwickelten sich zu einem gewaltigen Verkaufserfolg, der im Prinzip bis heute anhält (vgl. Abb. S. 98).

Geotop Loreley: Die aufschlussreiche Schichtfolge birgt mancherlei Schlüssel für das Verständnis des Gebirgsbaues. Auf dem Loreleyplateau läuft man über die Schichtköpfe der steil aufgerichteten Gesteinspartien. Fotos: BPK

gens zusammengeschwemmte Sandkörper. Nur die gegenüber von Kaub gelegene Insel Falkenau mit der berühmten und malerischen Zollfestung Pfalzgrafenstein (Rhein-km 546,1), die in keinem Bildband über den Mittelrhein fehlt, und der relativ kleinflächige Tauber Werth (Naturschutzgebiet; Rhein-km 551,0) sind Felsinseln.
Zwischen dem ersten auffälligeren Mittelrheinknick nördlich von Oberwesel bis etwa Hirzenach gehören die Talfelsen stratigrafisch unter anderem zum oberen Ems. Diese Schichtfolge stammt aus einem relativ tieferen Beckenbereich des Unterdevonmeeres – seine extrem feinkörnigen Ablagerungen baute man vielfach als Dachschiefer ab. Fast überall im Mittelrheingebiet prägen die Dächer und Giebelverkleidungen aus lokal gewonnenem Hunsrückschiefer das Erscheinungsbild der Siedlungen. In der Umgebung von Kaub sind auf beiden Talhängen die Abraumhalden der Dachschiefergruben sichtbar. Der stromabwärts von Kaub folgende, etwa 20 km lange Talabschnitt bis zum Wallfahrtsort Kamp-Bornhofen unterhalb der beiden Rheinhöhenburgen Herrenberg und Liebenstein („Die feindlichen Brüder“) bei Rhein-km 568 ist das St. Goarer Engtal. Die

Der Handstand auf der Loreley

Die Loreley, bekannt als Fee und Felsen,
ist jener Fleck am Rhein, nicht weit von Bingen,
wo früher Schiffer mit verdrehten Hälsen,
von blonden Haaren schwärmend, untergingen.
Wir wandeln uns. Die Schiffer inbegriffen.
Der Rhein ist reguliert und eingedämmt.
Die Zeit vergeht. Man stirbt nicht mehr beim Schiffen,
bloß weil ein blondes Weib sich dauernd kämmt.

Erich Kästner (1969, Gedichtauszug)

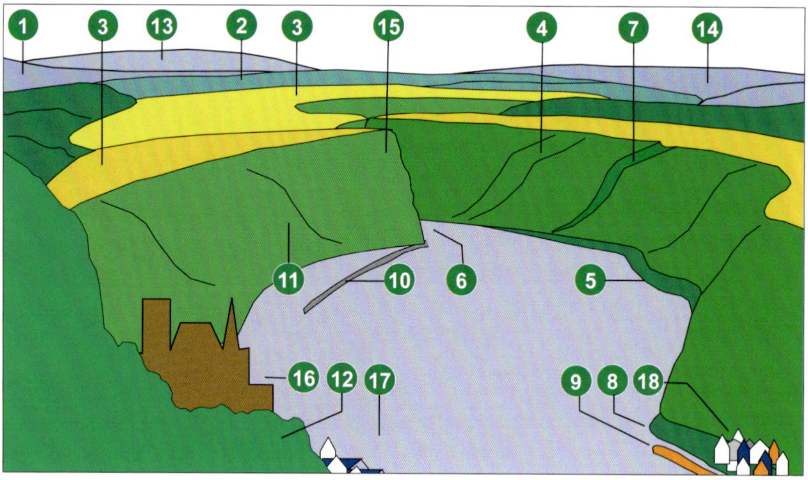

Landschaftselemente im Oberen Mittelrheintal: 1 älteste Talanlage, 2 pliozäne Terrassenstufen, 3 Hauptterrasse(n), 4 Mittelterrassenflur, 5 Niederterrasse(n), 6 Durchbruchstal, 7 junge Rinnenerosion, 8 Prallhang, 9 Sandbank, 10 Gleithang mit Stromleitwerk, 11 Sonnenhang mit Rebflur, 12 Hangtrockenwald, 13 Taunushöhenrücken, 14 Hunsruckhöhenrücken, 15 Loreley, 16 Burg Katz, 17 St. Goarshausen, 18 St. Goar

Grafik: B. P. Kremer

mit Abstand bekannteste Rheinbiegung dieses Abschnitts umfährt den Fuß des 132 m hohen und imposanten Felsmassivs der Loreley (Rhein-km 554,2). Hat der Strom bei Bingen-Gaulsheim noch eine Breite von rund 1 km, so weist er direkt vor der Loreley nur noch 130 m auf. Dafür erreicht sein Strombett an dieser Stelle mit über 20 m auf der gesamten Fließstrecke jedoch die größte Tiefe.

Für alle Rheinromantiker ist die Loreley eine Art Kristallisationspunkt. Natürlich ist es nicht, wie Heinrich Heine es 1824 in seinem „Buch der Lieder" darstellt, ein „Märchen aus uralten Zeiten", das den legendären Ruf des Felsens begründet. Vielmehr ist es eine das Gemüt reichlich bewegende Geschichte, die Clemens Brentano bereits 1801 mit seiner Ballade „Zu Bacharach am Rheine" erfand und später in seinem Roman „Godwi oder Das steinerne Bild der Mutter" niederschrieb: Diese Erzählung blieb bis heute der Auslöser für den Run auf die Loreley. Trotz des tageweise wirklich unsäglichen Rummels ist zu stilleren Zeiten der Rundgang an der Felskante der Loreley ein landschaftlicher Höhepunkt. Nach der legendären Loreley wird man hier oben wohl vergeblich Ausschau halten. Eher stakst sie heute – die blonde Mähne nach wie vor frisierend – in knallengen Jeans und auf Highheels auf dem Plateau herum.

Trotz des tageweise wirklich unsäglichen Rummels ist zu stilleren Zeiten der Rundgang an der Felskante der Loreley ein landschaftlicher Höhepunkt.

Der geowissenschaftlich Interessierte wird sich ohnehin für andere Formen begeistern, nämlich die Aufschlüsse

Die Holunder-Schwertlilie ist ein Relikt aus früheren Burggarten. Foto: Klaus Adolphi

Links: Im Mittelrheingebiet hat der Burgen-Ahorn seine nördlichsten Standorte in Europa. Foto: BPK

des Geotops Loreley. Obwohl sich an der engsten Stelle zwischen Felsfuß und Flussufer die stark befahrene B 42 hindurchzwängt, gibt es für Fußgänger einen schmalen Weg, von dem aus man mit der Nase direkt an der Basis des Loreleyfelsens kleben und viele der recht komplexen Kleinstrukturen betrachten kann – hier befindet sich übrigens eine der ganz wenigen Stellen im gesamten Mittelrheingebiet, an denen man mit einem berühmten Geotop so eng auf Tuchfühlung gehen kann. Eindrucksvoll sind die durch Gebirgsfaltung schräg gestellten Schichten zu verfolgen. Teilweise erweisen sich die Schichtglieder als im Zentimetermaßstab kreuzgeschichtet, weil die Schüttungswinkel am Rande des Devonmeeres häufiger wechselten. Der Faltungsdruck, der das Gebirge überwiegend aus südlicher Richtung erfasste, hinterließ seine Spuren in Form feiner Striemen, als die harten Gesteinspakete von Südosten nach Nordwesten übereinandergeschoben wurden. Abschnittweise zeigen sie Quarzfüllungen, die sich erst später parallel zur Richtung der Gesteinsstreckung entwickelten. Hier und da treten auch dünne fossilführende Lagen mit den Schalenklappen von Brachiopoden auf. Die feinen Farbnuancen der Rheintalfelsen haben übrigens nur die wenigsten Maler einigermaßen richtig getroffen. Auf vielen Darstellungen sieht die Loreley so kreidebleich aus wie ein Kalksteinmassiv, auf anderen versinkt sie in tintigem Schwarzblau.

Das Plateau der Loreley ist über einen Fußweg von St. Goarshausen zu erreichen – einem alten und ein wenig Trittsicherheit erfordernden Eselspfad, der früher zu den Weinbergen führte. Auf der Hochfläche sollte man unbedingt auch das Loreley-Besucherzentrum ansteuern, das behutsam und bemerkenswert unaufdringlich in viele Facetten der Rheinromantik einführt. Der einzigartige Reiz erschließt sich auch bei einem Abstecher zum weiter südlich gelegenen Aussichtspunkt Spitznack-Pavillon sowie zur Kanzel (beides Anlaufpunkte des Premiumwanderwegs Rheinsteig), bevor man den Abstieg über einen 400-stufigen Treppenweg wählt. Dabei überquert man die Bahnlinie, die man rücksichtsvollerweise in einen 260 m langen Tunnel verlegt hat, als die Großherzoglich-Nassauische Taunusbahn-Gesellschaft 1862–1864 die rechte Rheinstrecke von Rüdesheim

Im 2013 eröffneten „Forum Confluentes", einem Bauwerk in spektakulärer architektonischer Gestaltung, fasziniert die interaktive Ausstellung Romanticum – zur vorbereitenden Erkundung des facettenreichen Welterbes Oberer Mittelrhein – vor allem mit ihren Märchen und Mythen, flankiert von der Burgenromantik der Region. Dies ist eine gänzlich neue und noch recht ungewohnte Art zum R(h)einschauen: Die Besucher und Besucherinnen der Ausstellung bewegen sich auf dem originalgetreu nachgebauten Aussichtsdeck eines traditionellen Rheindampfers der berühmten Weißen Flotte, begegnen im Salon berühmten Rheinreisenden früherer Jahrzehnte und erleben im Laderaum die wirtschaftliche Vielfalt der Region, vor allem mit dem Schwerpunkt Weinbau. Im Steuerhaus kann man das Schiff virtuell durch das Fahrwasser lenken. Spannende weitere Aktionen runden den erlebnisreichen Besuch ab. Einzigartig ist das Zusatzangebot: Jede Eintrittskarte enthält einen individuellen Code. Darüber kann man an vielen speziell markierten Ausstellungsstücken ausführlichere Zusatzinformationen speichern lassen und mit dem eigenen Code zu Hause auf der zugehörigen Internetseite www.meinromanticum.de abrufen. Die Institution ist ganzjährig täglich geöffnet.
Romanticum im Forum Confluentes
Zentralplatz 1
56068 Koblenz
www.romanticum.de

bis Niederlahnstein anlegte. Passend zum mittelrheinischen Burgenambiente sind die Tunnelportale geradezu monumental in neugotischen Formen gestaltet. Ähnlich verfuhr die Rheinische Eisenbahngesellschaft auf der linken Rheinseite beim 1861 angelegten Roßberg und beim Kammerecktunnel, den einzigen beiden Tunneldurchbrüchen auf der gesamten linken Strecke von Köln bis Bingen. Jeder Eisenbahnfan kennt diese schmucke Architektur von seinen Modellbausätzen.

Falls oben auf dem Plateau keine veritable Loreley zu entdecken war, findet man eine 1983 in Bronze gegossene Alternative in St. Goarshausen direkt am Rheinufer auf der Hafenmole – trotz ihrer 3 m Höhe recht grazil und dem Zeitgeschmack entsprechend ansehnlich proportioniert wie ein Model. Die regionale Touristikwerbung setzt dagegen meist auf deutlich üppigere Damen, die einem Gemälde von Peter Paul Rubens entsprungen sein könnten.

Bei Kamp-Bornhofen stehen übrigens die ältesten Hunsrückschiefer-Partien an. Sie gehören hier anteilig in die Siegen-Stufe und sind Bestandteil des Salziger Sattels. Dessen Hunsrückschiefer sind nördlich von Bornhofen auf deutlich jüngere, aber noch dem Unterems angehörende Schichten aufgeschoben worden.

Im nun folgenden Abschnitt nördlich von Bad Salzig (Rhein-km 568) und Rhens (Rhein-km 582) ändert sich der Talcharakter merklich. Durch Störungen im Gesteinsuntergrund und mehrfache Wechsel weicher und harterer Gesteinsabfolgen hat der Rhein hier mitten im Schiefergebirge zwei weite, gegenläufige Mäanderschleifen angelegt. Den steilen Prallhängen nördlich von Boppard und südlich von Braubach stehen recht sanfte Gleithänge gegenüber, auf denen die Ortschaften Filsen, Osterspai, Spay, Brey und Rhens liegen. An den nur wenig geneigten Hängen wird traditionell Obstanbau betrieben. Nördlich von Boppard kehrt sich im Bereich der Bopparder Schlingen die Fließrichtung des Rheines sogar nach Osten um, sodass es hier mit der berühmten Bopparder Hamm den einzigen mit Rebfluren bestockten linksrheinisch gelegenen Südhang im Haupttal gibt.

Geologisch ist der Rheinmäander bei Boppard ein Naturphänomen ersten Ranges. Die in der Rheintalgeologie so benannte Bopparder Überschiebungszone besteht aus zwei großräumigen Störungen: In der südlichen Störungsfläche wurde bei der Auffaltung vor über 280 Mio. Jahren Unterems-Gestein auf den zum Oberems gehörenden Emsquarzit geschoben. In dichtem Abstand folgt eine zweite Überschiebung, die den Emsquarzit auf den noch jüngeren Kieselgallenschiefer mit seinen faustgroßen Kieselsäureknollen (= Kieselgallen) schob. Kieselgallenschiefer sind die jüngsten Schichtglieder des Oberems im Unterdevon. Sie bilden den Kern einer tief reichenden Mulde, die als Mosel-Mulde das gesamte Rheinische

Der Vierseenblick bei Boppard

Als Seenblicke bezeichnet man im Rheinland besondere Aussichtspunkte, an denen die Flussbiegungen und die begleitenden Höhen das durchlaufende glitzernde Band des Rheins für den Blick des Beobachters in mehrere Portionen zerlegen, die wie einzelne Seen erscheinen. Einer der bekanntesten Aussichtspunkte, die eine solche Illusion bieten, ist der Vierseenblick oberhalb von Boppard. Er befindet sich ziemlich genau im Scheitelpunkt der großen Bopparder Rheinschleife.

Der Weg zum Vierseenblick beginnt am nördlichen Stadtrand von Boppard. Der Anstieg beginnt am Ausgang des Mühltales und führt auf schmalem felsigen Weg direkt über den Grat zwischen Rhein- und Mühltal hangaufwärts. Die Aussicht ist fulminant. Gegenüber liegt der nur wenig geneigte Rheinschleifen-Gleithang mit der Ortschaft Filsen und ausgedehnten Obstkulturen. Foto: Thomas Merz

Schiefergebirge durchzieht. Ihre Achse quert das Mittelrheintal zwischen Braubach und der Lahnmündung. Genau in dieser Mulde entstanden wesentlich später das Mosel- und das untere Lahn-Tal.

Nördlich von Rhens und Braubach verengt sich das Tal wiederum, weil der Rhein erneut auf widerstandsfähige Quarzite trifft. Mit den besonders eindrucksvollen Felsbildungen am Koppelstein bei Rhein-km 582 beginnt die Lahnsteiner Talpforte, die sich anschließend im Bereich der Lahnmündung bei Rhein-km 585,8 wieder aufweitet. Während der linksrheinische Hang bis zur Moselmündung betont steil bleibt, treten die weniger geneigten rechtsrheinischen Hänge trichterförmig vom Flusslauf zurück und schaffen so Raum für die Siedlungsflächen von Lahnstein und die rechtsrheinisch gelegenen südlichen Koblenzer Vororte. Das Stadtgebiet von Koblenz mit der Moselmündung zählt bereits zum Naturraum Mittelrheinisches Becken, in das die Lahnsteiner Pforte schließlich übergeht. Am rechtsseitigen Rheinufer wurde zwischen Koblenz-Pfaffendorf und Ehrenbreitstein ein Rheinkulturpfad mit zwölf Stationen eingerichtet, die wichtige am Fluss erlebbare Themenbereiche wie Rheinausbau, Ankern, Betonnung, Pegelhäuschen, Burgen, Wasserstraße Rhein und Warenverladung erläutern.

Rhein-Museum Koblenz

Die bereits 1912 gegründete Institution versteht sich als Spezialmuseum für Kulturgeschichte und Schifffahrt des Rheins. Interessante Schwerpunkte im Sammlungs- und Ausstellungsbereich sind die Ökologie des Gewässers, die Geschichte des Fischfangs, die Entwicklung der Rheinschifffahrt vom Einbaum über Segel- und Dampfradboote bis zur modernen Motorfahrt, die Themenfelder Rheinromantik, Rheintourismus und Rheinburgen, das Leben am Rhein (Wirtschaft) sowie Wasserbau, Hochwasser und Eisgang. Das Museum gibt jährlich einen eigenen Zeitschriftenband „Beiträge zur Rheinkunde“ heraus. Geöffnet ist es täglich außer montags von 10.00–17.00 Uhr. Träger ist der private Verein Rhein-Museum.

Rhein-Museum
Charlottenstraße 53a
56077 Koblenz (Ehrenbreitstein)
www.rhein-museum.de

7.3 Ein Becken mitten im Gebirge

Zwischen oberem und unterem Rhein-Engtal liegt eine auch im Kartenbild sehr eigenartige landschaftliche Sonderbildung, die so gar nicht zum sons-

So manchem Schiff wurde das Felsriff am Binger Loch zum Verhängnis.

Schiffsstau vor dem Binger Loch in den 1930er Jahren

Fotos: Archiv Rheinmuseum Koblenz

Rhein und Reben

Seit Jahrhunderten prägt der Weinbau das Bild des Mittelrheintals und der benachbarten Tallandschaften. In Rheinhessen, an der Mosel und am unteren Mittelrhein kultivierten bereits die Römer die Weinrebe. Deren Wildform Vitis vinifera *ssp.* sylvestris *kam einst in den Talauen als Auengehölz vor. Im Oberen Mittelrheintal breitete sich der Weinanbau erst im Mittelalter aus. Nach und nach wurden die Hänge mit einem engmaschigen Netz von Rebterrassen erschlossen. In den folgenden Jahrhunderten trug der Weinbau wesentlich zum Wohlstand der Mittelrheinregion bei. Seither ist der Wein das prägende Element der rheinischen Volkskultur.*

Zu Blütezeit des Weinbaus gegen Ende des 19. Jahrhunderts waren im Mittelrheingebiet etwa 2.200 ha Rebfläche bestockt. Als Spezialität wurden im 18. und 19. Jahrhundert auch Würz- und Feuerweine gehandelt, die mit Kräutern, Gewürzen und Honig „veredelt" waren.

In der klassischen Form der Reberziehung hat jeder Weinstock einen eigenen Pfahl, an den die Triebe mit Weidenruten angebunden werden. Die besondere Bewirtschaftung der Rebhänge förderte unter anderem die Entwicklung einer eigenständigen Begleitvegetation mit außerordentlich interessanten Arten.

Bedingt durch wirtschaftlich-soziale Veränderungen und vor allem als Folge mehrerer Schädlingswellen ging der Weinbau im Mittelrheintal im 20. Jahrhundert stark zurück. Auch die in großem Stile durchgeführten Flurbereinigungen, welche die traditionellen Kleinterrassen vielerorts durch einfacher zu bewirtschaftende Großterrassen ersetzten (beispielhaft zu sehen bei Rüdesheim), konnten den Trend nicht stoppen. Etwa 75 % der noch um 1900 vorhandenen Rebflächen liegen heute brach (Foto links). Nur noch etwa 460 ha (2007) werden im Anbaugebiet Mittelrhein tatsächlich bewirtschaftet, wovon viele Lagen das Potenzial für erstklassige Weine haben. Ausgedehnte Weinbergsbrachen prägen folglich das Bild.

Die rechtsrheinischen Rebfluren zwischen Rüdesheim und Lorch gehören zum hessischen Anbaugebiet Rheingau mit der Großlage Steil rund um Aßmannshausen, in der auf etwa 160 ha vor allem Spätburgunder angebaut wird. Nach Norden schließt sich die Großlage Burgweg mit rund 270 ha Rebfläche rund um Lorch an, mit dem klassischen Riesling als Leitrebe.

Im Anbaugebiet Mittelrhein dominiert die Leitrebe Riesling mit über 70 %.

Am Mittelrhein hinter dem Deich

Die Kreisstadt Neuwied an der Wiedmündung hat man im 17. Jahrhundert unvorsichtigerweise an der tiefsten Stelle des Mittelrheinischen Beckens gegründet. Sie wurde wegen ihrer ungünstigen Tieflage schon bei Hochwasserständen ab 6,15 m Koblenzer Pegel nahezu komplett überflutet. In den Jahren 1919/20 und 1925/26 stand das Wasser in den Straßen über 3 m hoch; 830 Häuser waren geflutet. Daher beschloss man, ein vor weiteren Schadensereignissen dieser Art sicherndes Deichbauwerk zu errichten. In den Jahren 1928–1931 wurde es fertiggestellt. Seither ist die Altstadt von Neuwied sozusagen Poldergebiet. Das Deichbauwerk beginnt an der Kronprinzenbrücke (Eisenbahnbrücke) in Engers, ist insgesamt 7,5 km lang, zieht sich aus dem Mündungsbereich noch eine Strecke wiedaufwärts und weist 9 Deichtore auf. Vor der Neuwieder Altstadt konnte man wegen des schmalen Uferstreifens keinen Damm aufschütten, sondern errichtete stattdessen eine 500 m lange Mauer, die heute eine beliebte Promenade trägt. Anfangs waren die Neuwieder von der festungsartigen Umgürtung ihrer Stadt wenig begeistert, aber immerhin hat das Deichbauwerk sie inzwischen vor über 70 weiteren Hochwasserkatastrophen bewahrt.

Abgepolderter Stadtkern: Neuwied erhielt bereits 1928–1931 eine Deichanlage. Im Deichturm befindet sich ein Pumpwerk.

tigen Aussehen der Großregion passt – nämlich die Mittelrheinische Beckenlandschaft. Die vereinfacht auch nur „Mittelrheinbecken“ genannte Landschaft ist eine ungefähr rechteckige, in sich geschlossene Niederung innerhalb des Rheinischen Schiefergebirges und stellt sich daher nach der Oberflächencharakteristik als ein intramontanes Becken dar. Diese Niederung ist auf beiden Seiten des Rheins entwickelt. Sie beginnt unmittelbar nördlich der Lahnmündung bzw. der von Kühkopf (382 m) und Licherkopf (319 m) flankierten Talenge des ausgehenden Oberen Mittelrheintals und reicht bis zur Andernacher Talpforte bei Rhein-km 614, an der das canyonartige und hier noch einmal besonders schroffe Untere Mittelrheintal beginnt. Eine weitere Besonderheit zeichnet diesen Raum aus: Mit der rechts einmündenden Lahn (gilt traditionell als Landschaftsgrenze zwischen Taunus und Westerwald) und der von links zufließenden Mosel (bildet die Landschaftsgrenze zwischen Hunsrück und Eifel) weist dieser Teil des Mittelrheins ein auch im Kartenbild äußerst markantes Flusskreuz auf, das es so im gesamten übrigen Rheinlauf nicht noch einmal gibt. An der Umrahmung der mittelrheinischen Beckenlandschaft sind demnach alle vier Schiefergebirgsteile (Taunus, Hunsrück, Westerwald und Eifel) beteiligt.

Der tiefste Teil befindet sich im Nordosten unmittelbar vor der klar ausgeprägten Westerwaldflanke. Daher ist der heutige Strom innerhalb der Beckenlandschaft auch weit nach Osten verlagert. Die von Südwest nach Nordost verlaufende Beckenlängsachse misst etwas mehr als 30 km, wohingegen die kürzere und von Südost nach Nordwest gestreckte Querachse nur etwa 15 km lang ist. Nicht allein die tiefere Lage, sondern auch die völlig andere Nutzung der weithin offenen Kulturlandschaft hebt das Becken vom ungleich waldreicheren Schiefergebirge klar ab. Diesen Bildeindruck betonen auch Satellitenaufnahmen aus dem erdnahen Weltraum. Das gesamte Becken ist ein Senkungs-

Fluss-name	*Länge (km)*	*Quellgebiet und Quellhöhe (m ü. NN)*	*Mündung bei Rhein-km Mündungshöhe (m. ü. NN) / Höhenunterschied (m)*	*Einzugs-gebiet (km²)*	*Abfluss-menge (m³/s)*
Nahe	*116*	*Nohfelden-Selbach 410*	*Bingen 53088/322*	*4.065*	*98*
Lahn	*242*	*Ederkopf/Rothaargebirge 628*	*Lahnstein 585,8 67/567*	*5.946*	*102*
Mosel	*544*	*Col de Bussange/Vogesen 735*	*Koblenz 592,4 65/650*	*28.286*	*290*
Wied	*96*	*Linden/Westerwald 454*	*Neuwied 610,2 55/400*	*770*	*28*
Ahr	*89*	*Blankenheim/Eifel 520*	*Remagen-Kripp 629,3 52/462*	*900*	*35*

Tabelle 9: Nebenflüsse des Mittelrheins

feld im Schnittpunkt zweier Großstrukturen des Rheinischen Schiefergebirges, das hier seit der mittleren Tertiärzeit um etwa 350 m eingebrochen ist. Sein bemerkenswert komplizierter Mosaikaufbau mit Brüchen, Staffeln und Spalten tritt nirgendwo offen zu Tage, ist jedoch unter anderem durch zahlreiche neuere Bohruntersuchungen recht gut bekannt. Die Bewegungen dieser einzelnen Bruchscherben dauern übrigens immer noch an, und das bekommt man in der Region gelegentlich deutlich zu spüren: Gerade die Mittelrheinische Beckenlandschaft gehört nämlich zu den erdbebenaktivsten Bereichen Mitteleuropas. Fast überall bilden jüngere, meist vulkanische und industriell genutzte Lockermaterialien die heutige Bedeckung. Die sehr unebenen, auf Höhenlagen zwischen 60 und über 300 m verteilten Flächen geben einen zusätzlichen Hinweis auf zahlreiche und zudem unregelmäßige Zerklüftungen im tieferen Untergrund. Pas-

Blick nach Süden in die weite Mittelrheinische Beckenlandschaft
Fotos: BPK

senderweise hat man auf diesem unruhigen Untergrund das in der Landschaft weithin auffallende Kernkraftwerk Mülheim-Kärlich errichtet, dem aber nach Fertigstellung aus geologischen Gründen die Betriebsgenehmigung wieder entzogen wurde.
Den tiefsten Teil der Mittelrheinischen Beckenlandschaft, den auch der Rhein durchfließt, bezeichnet man als Neuwieder Becken, eine bei 60–70 m Höhe über NN liegende Niederung. Seine Tiefenlage verdankt es den erdgeschichtlich jungen bis jüngsten Einbrüchen und Senkungen, seine Weite dagegen der erosiven Ausräumung durch den Rhein. In der bis zu 7 km breiten und rund 20 km langen, bohnenförmig geschwungenen Talweitung zwischen der Moselmündung und der Andernacher Talpforte schwingt der Rheinstrom ohne die einengende Wirkung von Gebirgsflanken wieder in weiten Mäanderbögen hin und her. In diesem Abschnitt weist er mit Niederwerth (Rhein-km 594,2–597,9, auch Zwiebelwerth genannt, mit der einzigen Inselsiedlung im gesamten Rheingebiet), Graswerth (Rhein-km 596,3–598,5, Naturschutzgebiet), Urmitzer Werth (Rhein-km 602,6–603,7, Naturschutzgebiet) und Weißenthurmer Werth (Rhein-km 606,0–608,1, ebenfalls Naturschutzgebiet) mehrere lang gestreckte Inseln aus Sandkörpern auf. Hier und da zeichnen sich im Gelände auch ältere Stromrinnen ab. Nach Osten wird die Neuwieder Talweitung von einer mit sanften Hängen abgesetzten, aber nicht durchgehend entwickelten Stufe begrenzt, die ihrerseits von den größeren Westerwaldbächen Saynbach, Aubach und Wied stärker zerkerbt wurde.

Fotos: BPK

Der Rheinkran in Andernach

Unmittelbar an der Andernach-Leutesdorfer Talpforte befindet sich der 1559 fertiggestellte, gemauerte Rheinkran am nördlichen Stadtende von Andernach bei Rhein-km 613,8. Er gehört zu den ältesten fest installierten Krananlagen in Deutschland. Technisch und architektonisch ist er wohl der mit Abstand bedeutsamste und war seinerseits Vorbild für viele ähnliche, heute nicht mehr erhaltene Anlagen an Mittel- und Niederrhein. Hauptaufgabe der Krananlage war die Verladung von Mühlsteinen aus der berühmten Osteifeler Basaltlava, die man im Mayener Grubenfeld in Tagebauen abbaute und in Mendig im Schachtbauverfahren gewann. In dieser Funktion war er über 400 Jahre lang bis 1911 in Betrieb. An der Außenseite des kreisrunden Krangebäudes sind zahlreiche Kranmeistermarken angebracht. Eine komplizierte Kettenmechanik regulierte die Höhenverstellung des 16 m langen Auslegerbalkens.

7.4 Im Unteren Mittelrheintal

Sowohl das obere als auch das untere Engtal des Mittelrheins beginnen in Stromrichtung jeweils an einer recht schmalen und deswegen landschaftlich sehr auffälligen Durchbruchstelle, an der das Schiefergebirge mit seinen

hochragenden Steilhängen bis unmittelbar an die Uferflanken des Rheins heranzieht: Die Binger Pforte (Rhein-km 529) und die Andernacher Pforte (Rhein-km 614) sind sich daher in ihrer Kulissenwirkung außerordentlich ähnlich. Völlig anders stellen sich dagegen stromabwärts die jeweiligen Gebirgsaustritte des Flusses aus dem Engtalbereich dar: Beim Oberen und beim Unteren Engtal weitet sich das Durchbruchtal jeweils eher unauffällig zu einem schmalen, spitzwinkligen Trichter, nämlich zur Mittelrheinischen Beckenlandschaft im Bereich der Lahnmündung bzw. zur Niederrheinischen Tieflandbucht beim Godesberger Rheintaltrichter.

Abgesehen von den Ähnlichkeiten in der Gestaltung der Talein- und -ausgänge sind die trennenden Merkmale zwischen Oberem und Unterem Mittelrheintal jedoch gravierender als die Gemeinsamkeiten. Einerseits ist der untere Engtalabschnitt zwischen Eifel und Westerwald mit wenig mehr als 30 km Fließstrecke bis zum Siebengebirge nur knapp halb so lang wie das Durchbruchtal von Bingen bis Koblenz zwischen Hunsrück und Taunus. Andererseits zeigen sich mancherlei abweichende Kennzeichen der landschaftlichen Ausgestaltung. Während das obere Engtal deutlich gewunden ist und in seinen wenigen, aber ausgeprägten Flussschlingen wie bei Boppard mehrfach die Richtung wechselt, erstreckt sich das untere Mittelrheintal zwischen Neuwieder Becken und Siebengebirge auffallend geradlinig nach Nordwesten. Der Blick reicht daher nicht nur durch kurze Talabschnitte, sondern ungleich weiter geradeaus. Von markanten Aussichtspunkten, beispielsweise der Ruine Hammerstein oder der Rheinbrohler Ley, überblickt man daher große Teile der gesamten unteren Talstrecke. Außerdem sind in diesem Talabschnitt auch die rückwärtigen Höhen von Westerwald und Eifel zumindest als Kulisse sichtbar, während der Blick im oberen Engtal fast immer an der Talkante endet.

Während also das Obere Mittelrheintal canyonartig eng und tief in den Schiefergebirgsblock eingeschnitten ist, liegt der Taleinschnitt auf der gesamten unteren Engtalstrecke höchstens 125–145 m über dem Talbodenniveau. Die Seitenerosion des fließenden Wassers erreicht hier außerdem kaum noch die Talhänge, sodass sich ausgedehntere Hangverschüttungen aus Verwitterungsschutt und Lehm aufbauen konnten. Ferner findet sich nur im unteren Mittelrheintal ein durchlaufender Talboden, der in der heutigen Kulturlandschaft längst zum wichtigen Siedlungs- und Verkehrsträger geworden ist. Das gesamte untere Mittelrheintal wirkt wesentlich weiträumiger und lichter als das obere Engtal.

Eine recht unliebsame landschaftliche Dominante des Mittelrheinbeckens nördlich von Koblenz ist der Kühlturm des völlig verplanten RWE-Kernkraftwerkes Mülheim-Kärlich, das unterdessen als eklatantes Beispiel dafür gilt, wie man Gelder in Milliardenhöhe versenkt. Die 1975 – 1986 in einem bekanntermaßen stark erdbebengefährdeten Gebiet und im mittelbaren Wohnbereich von rund 250.000 Menschen gebaute Anlage musste im September 1988 nach knapp zwei Jahren Probe- und exakt 100 Tagen Regelbetriebszeit aufgrund höchstrichterlicher Entscheidung wegen beachtlicher Unregelmäßigkeiten im Baugenehmigungsverfahren endgültig von Netz genommen werden. Unter anderem hatte das rheinland-pfälzische Geologische Landesamt schlicht „übersehen“, dass sich der ge-

Kostspielige Planungspleite: Kernkraftwerk Mülheim-Kärlich
Foto: BPK

plante Reaktorstandort in kritischer Nähe zu einem quartärzeitlichen (also relativ jungen) Vulkanschlot und direkt über einer Verwerfung befindet. Das in der Region verständlicherweise völlig ungeliebte AKW Mülheim-Kärlich wird unterdessen kostspielig abgebaut. Der extrem hässliche Kühlturm wird spätestens 2025 verschwunden sein.

Überall im Mittelrheinischen Becken fallen die markanten und zum Teil die 500-m-Höhenmarke deutlich überschreitenden Vulkankuppen des nahen Osteifeler Vulkanfeldes auf, in dem man bisher über 300 Ausbruchspunkte gezählt hat. Bemerkenswerte, weil buchstäblich überragende, Landmarken sind der 588 m hohe Hochsimmer und der benachbarte 562 m hohe Hochstein bei Mayen, beides bilderbuchreife quartärzeitliche Schlackenkegel, die als Naturschutzgebiete vor den unbarmherzig-gierigen Zugriffen der regionalen Steine- und Erden-Industrie (vorerst) gesichert sind. Ferner fallen hier die kennzeichnenden und ebenfalls als Naturschutzgebiete gesicherten Vulkankuppen aus der direkten Umrandung des einzigartigen Laacher-See-Beckens in den Blick. Wer auf der A 61 unterwegs ist, umfährt dieses vulkanologisch geradezu spektakuläre Gebiet in nächster Nähe.

Zwischen dem Mittelrheinischem Becken und der Mündung des Brohlbaches bei Brohl gehört das linksseitige Rheinufer im südlichen Teil zum Vulkanpark Osteifel (Landkreis Mayen-Koblenz) und weiter nördlich zum Vulkanpark Brohltal/Laacher See. Beide Einrichtungen wurden mit der vulkanischen Hoch- und Westeifel im Jahre 2005 zum „Nationalen Geopark Vulkanland Eifel“ zusammengefasst. Dieses Prädikat, 2002 im Jahr der Geowissenschaften eingeführt, wird von der Alfred-Wegener-Stiftung zur Förderung der Geowissenschaften und dem Bundesministerium für Bildung und Forschung in Abstimmung mit der UNESCO verliehen. Es soll Aufmerksamkeit erzeugen, auf Nachhaltigkeit bedachte Entwicklungen anregen, touristische Werbewirksamkeit entfalten und der geotouristischen Erlebniswelle weitere erkundenswerte Aktionsräume anbieten. In diesem fast linear ost-westlich orientierten Landschaftskorridor finden sich zahlreiche geotouristisch bzw. geowissenschaftlich faszinierende Anlaufpunkte (insgesamt 39), welche die

Sofort springt – vom Gasdruck des in der Tiefe angesammelten Kohlenstoffdioxids getrieben – ein bis zu 40 m hoher Geysir hoch.

2006 eröffnete Deutsche Vulkanstraße auf insgesamt 280 km Streckenlänge kurvenreich miteinander verbindet. Sie beginnt am Laacher See.

Den Wiedereintritt des Rheins in seine untere Engtalstrecke flankieren der 209 m hohe Krahnenberg unmittelbar nördlich von Andernach und die gegenüber liegende Hüllenberger Höhe (215 m) bei Leutesdorf. Rechtsrheinisch ist der Taleingang gegenüber der linken Rheinseite infolge einer seitlichen Gebirgsverschiebung um etwa 500 m nach Süden versetzt. Während die beiderseitigen Schienenstränge auf dem schmalen Ufer Raum finden, wurden für die Fernstraßen B 9 (linksrheinisch) und B 42 (rechtsrheinisch) jeweils etwas gewaltsamere und landschaftlich nicht besonders elegante Lösungen gefunden.

Unmittelbar nördlich der Andernacher Talpforte zeigt sich im Gebirgsbau wiederum eine Besonderheit: Zwischen Namedy und Leutesdorf überquert die Siegener Hauptüberschiebung als Großstörung das Untere Mittelrheintal von Südwest nach Nordost: Sandig-tonige Untersiegengesteine lösen die Hunsrückschiefer-Fazies ab. Während der Gebirgsbildung wurden diese steil um mindestens 3 km aufgeschoben. Die für das Verständnis des Gebirgsbaus so interessante Überschiebung ist nirgendwo direkt aufgeschlossen, lässt sich allerdings nach den Kartierungsergebnissen ihrer Liegend- und Hangendschichten dennoch einigermaßen exakt festlegen. Linienhaft genau zeichnet sich diese Großstruktur im Rheinischen Schiefergebirge mit dem Hammersteiner Bachtal ab. Die bei der Überschiebung stark zerscherten Gesteine machten es der erosiven Ausräumung durch das kleine Fließgewässer ziemlich leicht.

Gleich hinter der Talpforte liegt die nach dem Rheinausbau im 19. Jahrhundert an das linke Rheinufer angebundene ehemalige Rheininsel Namedyer Werth (= Krummenwerth, Rhein-km 614,8–615,5, bemerkenswertes Naturschutzgebiet). Um 1900 entdeckte man hier in einem Rhein-Altarm aufsteigende Gasblasen und brachte 1903 eine Bohrung nieder: Sofort sprang – vom Gasdruck des in der Tiefe angesammelten Kohlenstoffdioxids getrieben – ein bis zu 40 m hoher Geysir hoch. Nach Verschüttung der Bohrlochfassung und einer neuen Bohrung (2001) sprudelt er seit 2009 in der Saison wieder fünfmal am Tag, wenn der Wasserhahn aufgedreht wird. Die Regionaltouristik vermarktet ihn als größten Kaltwasser-Geysir der Welt. Das Spektakel erinnert ein wenig an die Wasserfontäne auf einem Stadtparkteich.

Erlebniszentrum Geysir Andernach
Konrad-Adenauer-Allee 40, 56626 Andernach
0 26 32/9 58 00 80
www.geysir-andernach.de
Weitere Aspekte zum rheinischen Vulkanismus im
Vulkanpark-Infozentrum
Rauschermühle 6
56637 Plaidt
0 26 32/9 87 50
www.vulkanpark.com

Kaltwassergeysir auf der Insel Namedy bei Andernach

Foto: Vulkanpark Osteifel/Andernach-Geysir

Schräg gegenüber von Namedy vor der imposanten Hammersteiner Ley mit ihrer Burgruine liegt die Insel Hammersteiner Werth (Rhein-km 618), ein wichtiges Naturreservat

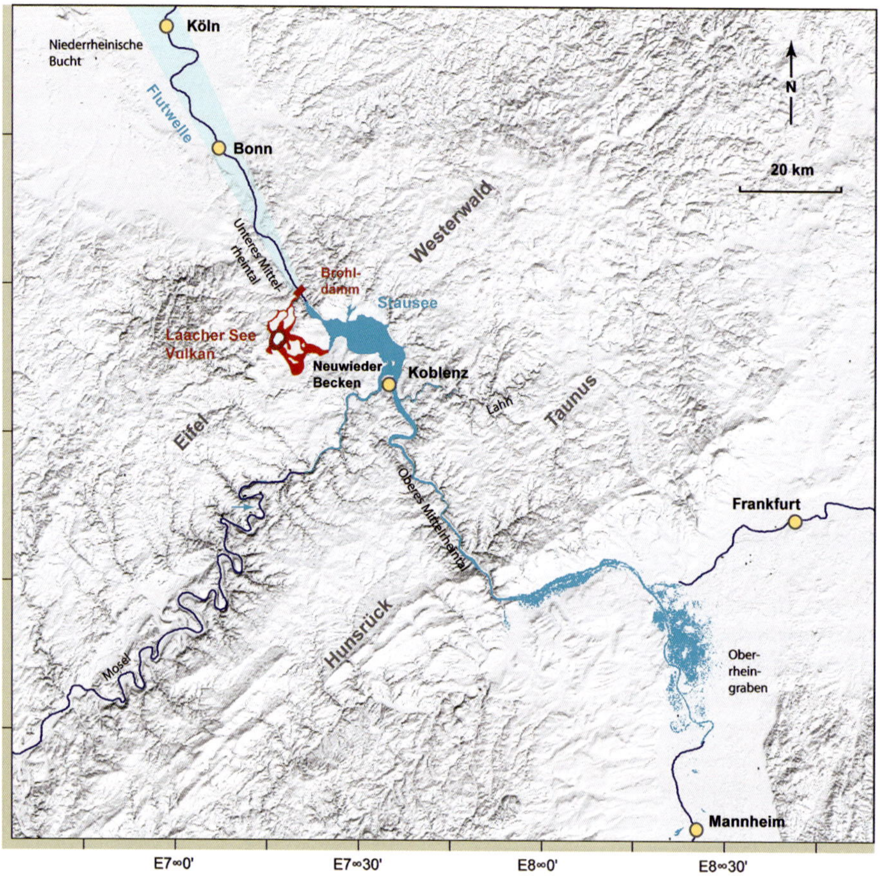

Mögliches Ausmaß des Rhein-Rückstaus im Neuwieder Becken nach dem Laacher See-Vulkanausbruch. Legt man eine Wasserspiegelhöhe von 85 m ü. NN und die heutige Topografie zu Grunde, müsste er sich rund 140 km stromaufwärts bis in den nördlichen Oberrheingraben erstreckt haben. Der Rückstau betraf auch die Nebenflüsse und reichte etwa bei der Mosel vermutlich 60 km weit stromaufwärts. Alles in allem bedeckte der durch die Eruption aufgestaute See eine Fläche von 300 km² und beinhaltete 2,5 km³ Wasser. Ablagerungen beweisen, dass die durch den Bruch des natürlichen Damms bei Brohl ausgelöste Flutwelle mindestens bis Köln reichte.

Cornelia Park/Hans-Ulrich Schmincke (aus Spektrum der Wissenschaft 2/2009, S. 86), mit freundlicher Genehmigung

innerhalb des Naturparks Rhein-Westerwald, der auf der gesamten unteren Mittelrheinstrecke bis zur Landesgrenze Rheinland-Pfalz/Nordrhein-Westfalen (rechtsrheinisch Rhein-km 639,24) das rechte Rheinufer begleitet.

Direkt nördlich der ehemaligen Rheininsel Namedyer Werth liegt im steilen linksseitigen Talhang ein Basalt-Lavastrom, der einzige im Osteifeler Vulkanfeld, der tatsächlich bis in das Mittelrheintal abgeflossen ist. Der zugehörige Ausbruchspunkt ist der Vulkan Hohe Buche zwischen Andernach-Namedy und Brohl. An den im Hang verstreuten Blöcken sind immer noch die Werkzeugspuren römischer Steinmetze zu sehen, welche die als Werkstein sehr geschätzte Basaltlava

Am Bopparder Hamm erstrecken sich die größten Rebfluren des gesamten linksrheinischen Mittelrheins.

für diverse Bauwerke am Mittel- und Niederrhein zurichteten.
Die linksrheinische Talschulter setzt sich über ein breites und auffälliges Terrassenband in die Rheineifel fort. Die rechtsseitige Talflanke geht dagegen in den bemerkenswert siedlungsarmen, weil steilhängigen Rhein-Wied-Höhenrücken über, der seinerseits Bestandteil des Niederwesterwaldes ist.
Bei Rhein-km 620 mündet linksseitig das kaum auffällige Brohltal ein. Man ahnt kaum, dass es im Zusammenhang steht mit einer geradezu apokalyptischen Katastrophe, die sich vor knapp 13.000 Jahren ereignete: Damals brach der knapp 10 km entfernte Laacher See-Vulkan aus und förderte rund 20 km^3 Lockermaterial – die größte Vulkaneruption Mittel- und Westeuropas während der letzten 100.000 Jahre. Ein Teil der ausgeworfenen Massen raste als glühende Gas- und Staubwolke durch das Brohltal rheinwärts, füllte das Talprofil bis 60 m hoch auf und riegelte nach neueren Forschungsergebnissen den Rhein mit einem etwa 27 m hohen Damm aus vulkanischen Förderprodukten ab. Innerhalb weniger Tage bis Wochen staute sich ein See auf, der das gesamte Mittelrheinische Becken überdeckte. Sein Rückstau reichte mindestens bis in den Rheingau (vgl. Abb. S. 114). Als der Brohltaldamm schließlich brach, schoss eine etwa 25 m hohe verheerende Flutwelle rheinabwärts bis weit in die Niederrheinische Bucht.
Beginnend beim rechtsrheinischen Leutesdorf (Rhein-km 615) und noch deutlicher beim linksrheinischen Namedy zeigt sich ein besonders kennzeichnendes Gestaltungselement in der Tallandschaft gerade des Unteren Mittelrheins: Der Talboden weist hier mit seinen Niederterrassenfluren mehrere unsymmetrische Talweitungen auf halbmondförmigem Grundriss auf. Sie begleiten den Strom in der Art von Gleithängen und wechseln

Die Trockenhänge des Mittelrheintals tragen eine äußerst artenreiche Pflanzenwelt.
Fotos: BPK

sich auf dem rechten und linken Ufer ab, wobei das Gegenufer als Prallhang jeweils fast den Talhang berührt. Bei Rheinbrohl (Rhein-km 621) beginnt das Talweitungssystem von Bad Hönningen, gefolgt von breiten Talböden zwischen Bad Breisig – Remagen (= Goldene Meile; Rhein-km 624–634), Erpel – Unkel (Rhein-km 634–637) sowie Bad Honnef – Rhöndorf (Rhein-km 638–642). Entsprechend dieser Abfolge mit erweiterten und wieder verengten Talbodenpartien kann man also das gesamte Untere Mittelrheintal in die Andernacher Pforte (5 km Länge) mit ihren besonders steilen Hängen, die Linz-Hönninger Talweitung (16 km Länge) und die Bad Honnefer Bucht (6 km) gliedern. Die sogenannte Goldene Meile als Teil der Linz-Hönninger Talweitung ist in ihrer landschaftlichen Auffälligkeit sogar als weiteres intramontanes Becken aufzufassen neben dem Mittelrheinbecken und der Kölner Bucht. Ihr Talboden ist auf der Höhe von Linz fast 3 km breit. Sie ist exakt so lang wie eine alte geografische oder Landmeile, nämlich 7,5 km.

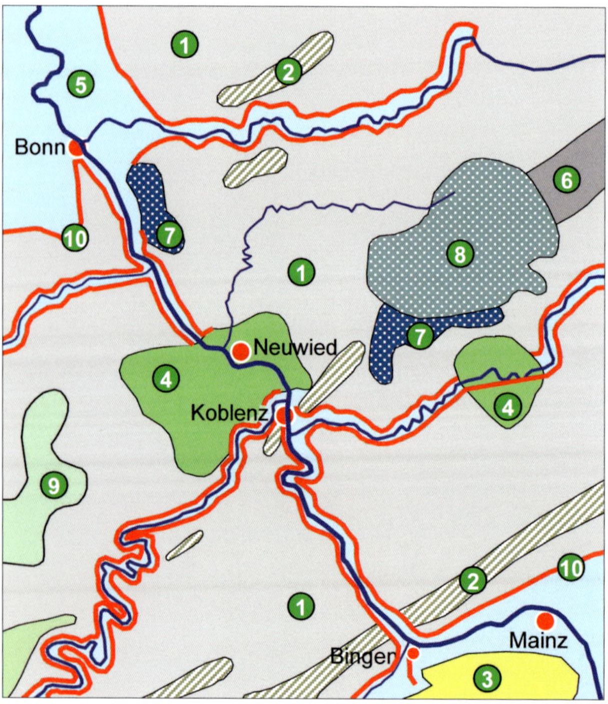

Landschaftliche Vielfalt im Mittelrheingebiet: 1 Paläozoische Grundgebirgshochflächen, 2 Höhenrücken, 3 mesozoisches Schichtstufenland, 4 jüngere Senken (intramontane Beckenlandschaften), 5 Flusstäler und Niederungen, 6 altvulkanische Decken, 7 tertiärzeitliche Vulkankuppen, 8 tertiärzeitliche Vulkandecken, 9 quartärzeitliche Maare und Kuppen, 10 eiszeitliche Erosionskanten (Engtalkanten) Grafik: BPK

Nur knapp oberhalb der Ahreinmündung (Rhein-km 629,2) und linksseitig unterhalb von Remagen verläuft die Stromsohle des Rheins unmittelbar auf anstehendem Fels. Bei Rhein-km 637 nördlich der wuchtigen Erpeler Ley hatte der Rheinstrom durch Erosion zudem einen Basaltgang freigelegt: Der berüchtigte Unkelstein ragte hier mit seinen dunklen Säulen wie eine Reihe Orgelpfeifen bis fast in die Mitte des Stroms. Unweit davon stromabwärts schlossen sich ursprünglich nochmals zwei kleinere Basaltriffe an, die Alexander von Humboldt in seiner berühmten Abhandlung über die rheinischen Basalte (1790) beschreibt. Für Schifferei und Flößerei war der Unkelstein damals eine extrem gefährliche Stelle, an der sich häufig schlimme Havarien ereigneten. Schon im Jahre 1800 wurden diese gefährlichen Felsen, die einzigen Stromriffbildungen im Unteren Mittelrheintal, durch die Franzosen bis tief unter den Wasserspiegel ausgesprengt.

Während im Oberen Mittelrheintal die jeweils ältesten Anlagen des Rheintals landschaftsbestimmend und die jüngeren Terrassen dem eigentlichen Engtaleinschnitt nur als saumartig schmale Bänder angefügt sind, vergrößert sich die flussbegleitende Terrassenflur des Plateautals im unteren Mittelrheintal zunehmend auf eine weite Ebene. Die Hauptterrassenstufen sind hier nämlich dem höheren Gebirgsrahmen von Eifel und Westerwald wie ein tieferes Stockwerk eingefügt und werden dadurch gewissermaßen zu einem Vorraum der Niederrheinischen Bucht, die vom Tiefland her zipfelartig in den Gebirgsrahmen hineinragt. Ihre Spitze reicht bis zur Andernacher Pforte. Bei Linz ist sie schon über 8 km breit, und zwischen Siebengebirge und den nördlichen Eifelrumpfflächen misst

Mehr als 40 Kuppen – das Vulkanfeld Siebengebirge

Schon im nördlichen Mittelrheinbecken berührt der Rhein erstmals eine vulkanisch überprägte Region innerhalb des Rheinischen Schiefergebirges, das in der Quartärzeit während der letzten rund 350.000 Jahre entstandene Osteifeler Vulkanfeld, dessen unstrittiger Glanzpunkt der mit nur 7 km Abstand in der Luftlinie relativ rheinnah gelegene Laacher See ist. Der Vulkanismus ist im Zusammenhang zu sehen mit dem ungefähr gleichzeitigen Einbrechen des Mittelrheinischen Beckens.

Auch das rechtsrheinisch gegenüber von Bonn gelegene Siebengebirge, das eine Fläche von etwa 10 x 5 km bei SO/NW-Orientierung aufweist und etwa 4.800 ha groß ist, liegt im Schnittpunkt mehrerer Störlinien im Untergrund, die letztlich auch den Einbruch der Niederrheinischen Bucht in den Mittelgebirgsgürtel vorbereiteten. Nur ist das Siebengebirge erdgeschichtlich wesentlich älter – seine Vulkane brachen schon vor etwa 25–18 Mio. Jahren während der Tertiärzeit aus. Genaueres Nachzählen seiner vielen Kuppen zeigt sofort, dass sich hier deutlich mehr als nur sieben Einzelerhebungen befinden. Der Name der Landschaft leitet sich offenkundig nicht von der Siebenzahl der markantesten Vulkanberge (Drachenfels, Petersberg, Wolkenburg, Löwenburg, Nonnenstromberg, Lohrberg und Ölberg) ab, sondern von dem in der Region in unterschiedlichem sprachlichen Gewand auftretenden Begriff „Siefen“, „Siepen“, „Seifen“ u. ä. für ein schluchtartig eingetieftes Tal. Tatsächlich sind es etwa 40 Kuppen und Kegel, von denen einige sogar auf der linken Rheinseite liegen. Die Godesburg im Bonner Stadtteil Bad Godesberg ruht demnach – geologisch betrachtet – auf einem Siebengebirgsgipfel. Bestandteile des weiteren Siebengebirgs-Vulkanfeldes sind auch die eigenartigerweise in schnurgeraden Reihen angeordneten Vulkanberge oberhalb von Linz im südlich anschließenden Vorderwesterwald.

Am vulkanischen Siebengebirge endet der (romantische) Mittelrhein.

Foto: BPK

sie bereits annähernd 15 km Breite. Vom meist über 300 m hohen Grundgebirge hebt sie sich durch ihre Höhenlage um 180–270 m deutlich ab. Das untere Mittelrheintal endet mit einer beeindruckenden landschaftlichen Kulisse: Seinen Hintergrund bildet das vulkanisch entstandene Siebengebirge, den Vordergrund die beiden vor Bad Honnef liegenden Rheininseln Grafenwerth (Rhein-km 640,5 –641,8, beim Rheinausbau vor 1870 durch Leitwerk an das rechte Ufer angebunden) und Nonnenwerth (Rhein-km 640,5–642,5), eine Klosterinsel mit eindrucksvollem Auengehölz. Über die unterstromige Inselspitze des Nonnenwerths verläuft die Landesgrenze zwischen Rheinland-Pfalz und Nordrhein-Westfalen. Für das Ende des Unteren Mittelrheins und den Beginn des Niederrheins fehlt eine eindeutige Landmarke. Manche Beschreibungen nehmen die Siegmündung gegenüber von Bonn bei Rhein-km 660 als Grenzpunkt an. Hier trägt der Rhein mit seinen einsetzenden Mäanderbögen aber schon klar den Charakter des Niederungsflusses. Sinnvoller erscheint es daher, den Übergang Mittelrhein/Niederrhein am Fuß des Drachenfelses bei Rhein-km 644 anzusetzen, weil ziemlich genau hier auf dem linken Ufer mit dem Godesberger Rheintaltrichter der südlichste Zipfel der Niederrheinischen Bucht beginnt.

7.5 Kiese, Schotter und Gerölle

In seinem ausgedehnten Strombett durchfließt der Rhein auch auf seiner Engtalstrecke mächtige Packlagen zuvor aufgeschotterter Lockermassen. Da die Stromsohle aber nur ausnahmsweise über dem blanken anste-

Unter den Rheinkieseln findet sich fast die gesamte Geologie des Rheinlaufs wieder.

Fotos: BPK

henden Devongestein verläuft, ist das heutige Flussbett fast überall mit einer Mischung aus älteren und jüngeren Geschieben und Geröllen angefüllt, die der Strom auf seinem langen Weg irgendwo abgerissen, aufgelesen und abtransportiert hat. Eine genauere Inspektion der Rheingerölle bei Niedrigwasser verspricht daher interessante Einblicke in die Geologie der Landschaftsräume, die der Rhein seit Jahrzehntausenden durchfließt.

Erwartungsgemäß dominieren im Mittelrheinabschnitt in den Kiesen und Schottern die unterdevonischen Sandsteine und Quarzite des Rheinischen Schiefergebirges, das die unmittelbare landschaftliche Nachbarschaft des Stromtals stellt. Eine Zuweisung zu einzelnen Schichtgliedern ist aber meist nicht möglich. Mit etwas Glück lassen sich in oder auf den schon weitgehend gerundeten Stücken die Abdrücke fossiler Tiere finden. Oft sind es die Schalen der zur Zeit des Devonmeeres sehr häufigen Brachiopoden. Häufig sieht man die münzähnlichen Reste von Stängelgliedern der Crinoiden, die man sich in etwa als festgewachsene, auf einem meterlangen Stiel sitzende Seesterne vorzustellen hat. Lange Transportstrecken überstehen wegen ihrer beachtlichen Härte auch die blauschwarzen Kieselschiefer (Lydite), die gewöhnlich aus unterkarbonischen Gesteinsschichten des Lahngebietes, aber auch aus den Vogesen oder dem Schwarzwald stammen könnten. Sogar silurische Kieselschiefer aus dem Frankenwald sind über den Main bis in den Mittelrhein gelangt.

Noch aus dem Erdaltertum stammende Vulkangesteine wie die dunkelgrünen Diabase aus Spessart und Odenwald sind ebenfalls vertreten. Helle, weißliche Milchquarzgerölle kommen dagegen wieder überwiegend aus dem Rheinischen Schiefergebirge selbst oder aus Gesteinskonglomeraten des oberrheinischen Buntsandsteins. Eigenartigerweise ist ihr Mengenanteil in den älteren Flussterrassen des Rheins deutlich höher als in den jüngeren Terrassenkörpern.

Das typenreiche Inventar der Rheinschotter ist damit aber noch längst nicht erschöpft. Neben Dutzenden verschiedener, mitunter nur sehr schwer einzuordnender Gesteine finden sich in den Ablagerungen fallweise Gerölle mit kleinen Achaten, Amethystdrusen, Jaspis oder anderen Halbedelsteinen, die allesamt aus dem Saar-Nahe-Raum stammen. In den Juraschichten Süddeutschlands kommen lagenweise schön und auffällig gefärbte silikatische Hornsteine bzw. Karneole vor. Auch sie sind als gerundete Scherben gelegentlich in den Terrassenschottern enthalten. Schließlich führen (nicht nur) die jüngeren Flussterrassen gelegentlich auch subfossile Hartteile (Knochen, Zähne, Geweihe, Gehörne) größerer Säugetiere als beeindruckende Zeugnisse der eiszeitlichen Tierwelt dieses Raumes. Für die Regionalarchäologie sind solche Fundstücke ausgesprochen aussagekräftig. Die Materialansammlungen am Rheinufer bieten somit einen überraschenden und recht respektablen Katalog an Gesteins- und Fossilherkünften aus dem gesamten Flussgebiet. Sie sind ebenso wie das Anstehende der Talwände und der rückwärtigen Schiefergebirgshöhen erlebbare Erdgeschichte zum Anfassen.

7.6 Wie aus Höhen Tiefen werden

Noch vor etwa 100 Jahren konnte man sich nicht so recht vorstellen, wie der Mittelrhein es geschafft hatte, sich canyonartig tief in das Rheinische

Schiefergebirge einzuschneiden. Heute gilt der tief in den Faltenrumpf von Taunus, Hunsrück, Eifel und Westerwald eingeschnittene Talzug als Musterbeispiel für ein sogenanntes antezedentes Flusstal innerhalb des westeuropäischen Riftsystems: Der früheste Urrhein fand noch kein fertiges Tal vor, sondern hat sich durch unablässiges Benagen des Gesteinsuntergrundes seine eindrucksvolle Tallandschaft erst allmählich selbst geschaffen – der fließende Strom ist demnach älter als seine heutige Eintalung. Das Schiefergebirge war bei dieser Landschaftsarchitektur ebenfalls beteiligt: Erdkrustenbewegungen beulten den alten Gebirgsrumpf langsam, aber stetig auf. Diese Aufwärtsbewegungen sieht man heute im Zusammenhang mit großräumigen plattentektonischen Bewegungen im kontinentalen Maßstab – genauer mit der Kollision der Afrikanischen und der Europäischen Kontinentalplatte. Die Gebirgshebung zwang den Fluss zu ständiger Erosionsarbeit und weiterer Ausformung seines jungen Tals. Nachdem sich der Gebirgsblock gehoben hatte, konnte der Urrhein die zuvor geschaffene Rinne nicht mehr verlassen und musste sich nunmehr immer tiefer einschneiden.

Erdgeschichte im Unteren Mittelrheintal: 1 Unter-Siegen, 2 Mittel-Siegen, 3 Ober-Siegen, 4 Siegener Südfazies (Unter-Ems), 5 jüngere Schichten des Ems, 6 tertiäres Vulkanfeld Siebengebirge, 7 Quartär der Flusstäler und Buchtlandschaften

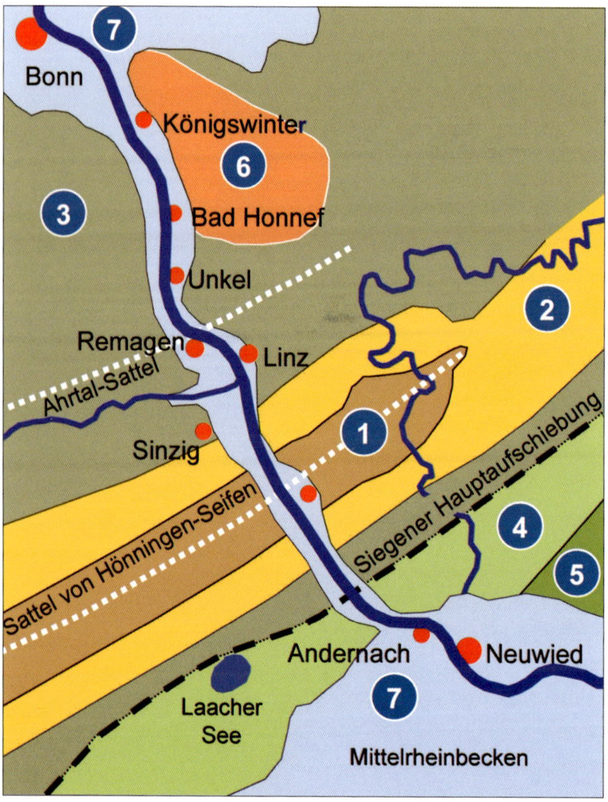

Im Gegensatz zum Mittelrheintal sind der Oberrheingraben sowie die Mittelrheinische und die Niederrheinische Bucht großräumig angelegte Senkungsgebiete, in denen das aus dem Paläozoikum stammende Schollenmosaik einbrach. Hier konnte der Rhein überwiegend Sedimentschüttungen zusammentragen. Die geländeformenden Vorgänge im Ober-, Mittel- und Niederrheingebiet verliefen demnach völlig entgegengesetzt. Landhebung und Taleintiefung durch Ausräumung im Gebirgsabschnitt stehen Absenkungen und Aufschüttungen in den Vorlandbereichen des Mittelgebirges entgegen.

Im heutigen Mittelrheingebiet ist seit etwa 20 Mio. Jahren (Miozän, oberes Tertiär) ein Fließwassersystem nachweisbar. Damals querte ein breiter, aus dem Oberrheingraben kommender Strom den heutigen Schiefergebirgsblock in Richtung Norden und bewegte sich in einer mindestens 10 km breiten, sehr flachen Fließrinne. Der heutige Alpenrhein und der Hochrhein gehörten noch nicht dazu (vgl. S. 59).

Während dieses Szenarios im ausgehenden Tertiär war der Schiefergebirgsraum noch eine weite Tiefebene knapp über Meeresspiegelniveau. Die breite Senke, in der sich allmählich die erste Talanlage entwickelte, ist vermutlich durch Störungen und Verwerfungen im Untergrund des Rift-

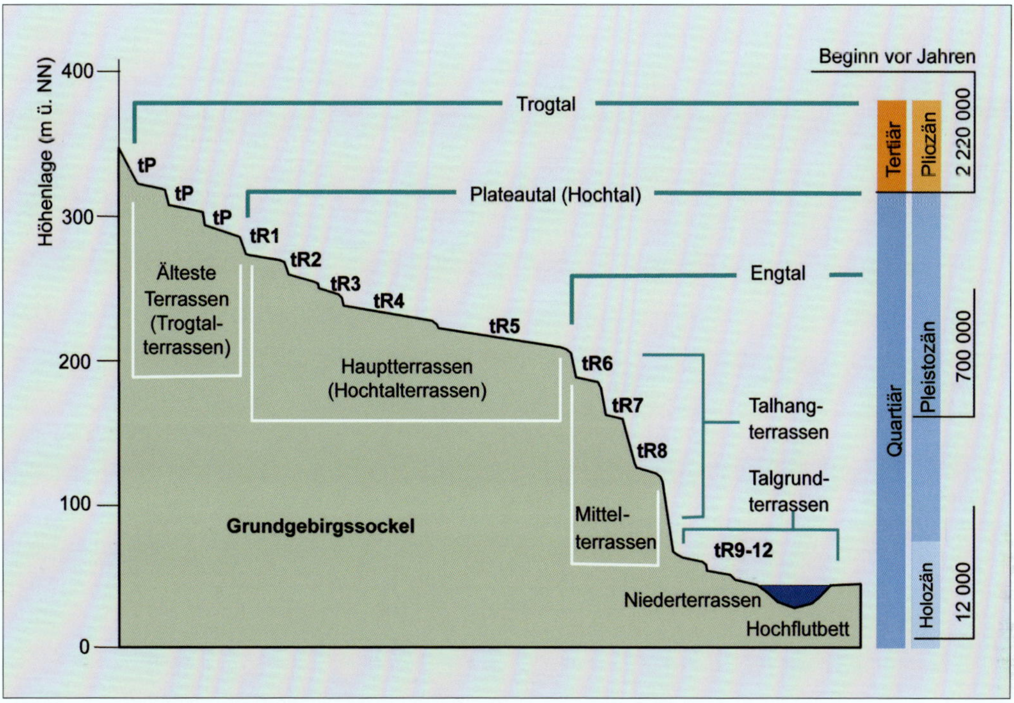

Schema der Talterrassen im Mittelrheingebiet
Grafiken: BPK

systems vorgezeichnet. Sie verbindet innerhalb des Riftsystems die ungefähr gleichaltrigen Bruchzonen des abgesunkenen Oberrheingrabens mit dem ausgedehnten Senkunsgraum der Niederrheinischen Bucht (vgl. Abb. S. 140). Während sich das Schiefergebirge tektonisch bedingt mit Millimeterbeträgen im Jahrhundert langsam, aber stetig hob, musste der Fluss jeweils Schritt halten und sich immer tiefer in den Untergrund einschneiden. Im heutigen Landschaftsbild zeichnet sich diese früheste Talanlage immer noch ab: Es sind die Trogflächen des frühesten (miozänen) Urrheintals (Trogtal, vgl. Abb. oben) mehr als 300 m über der jetzigen Talsohle bei etwa 360 m ü. NN. Erst bei etwa 400 m gehen sie allmählich über kaum auffallende Geländestufen in die alten Rumpfflächen des Schiefergebirges über.

Der größte Teil des Quartärs ist in der Erdgeschichte das Zeitalter der Eis- oder Kaltzeiten (Pleistozän). Im Mittelgebirgsraum kam es zwar nirgendwo zu Vergletscherungen wie in den Alpen oder in der norddeutschen Tiefebene, wohl aber waren viele mittelbare Eis- und Kälteeffekte wirksam. So führte die massive Frostschuttbildung im großen Einzugsbereich des damaligen Urrheins während der Kaltzeiten zu starker Sedimentbefrachtung des Stroms. Umgekehrt blieb der so gesteigerte Materialtransport im fließenden Wasser nicht ohne Folgen für Fließrinne und Uferbereiche. Zu Tal strömendes Geröll bearbeitete die anstehenden Felsufer wie mit kräftigen Hammerschlägen und schliff auch hier die Unterkanten weg. Damit konnten sich aus den überhängenden Wänden nach und nach größere Blöcke aus den Schichtverbänden lösen. Schrittweise verbreiterte die Seitenerosion so das Tal. Wenn die Transportkraft des fließenden Wassers bei niedrigeren Wasserständen nach-

Blick auf die fast tellerebene mittelrheinische Hauptterrassenflur im Bereich der Siegener Hauptüberschiebung

Die Hammersteiner Ley ist ein besonderer landschaftlicher Akzent im unteren Mittelrheintal. Auf dieser Burg wurden im Mittelalter die Reichsinsignien aufbewahrt. Auf der schmalen Niederterrasse drängen sich Siedlung, Straße und Schiene.

Fotos: BPK

ließ, kam es eher zur Materialaufschüttung. Damit erhöhte sich die Talsohle zeitweilig sogar wieder. Die Aufschotterung konnte jeweils so lange fortschreiten, bis der nächste Klimawechsel die Wasserführung des Rheins veränderte und erneut die Tiefenerosion in Gang setzte. Zwei unterschiedliche Ursachen haben demnach das Mittelrheintal allmählich herausmodelliert – das Zusammengehen von Erdkrustenbewegungen und die Folgen des eiszeitlichen Wechselklimas für die Wasserführung des Stroms. Genauso verliefen auch die Reliefbelebung und Ausräumung der Nebentäler.

Da es während der letzten 2,7 Mio. Jahre mehrere Eiszeiten und dazwischen jahrtausendelange Warmzeiten mit günstigerem Klima gab, erfolgten Aushobelung und Eintiefung der Talzüge ungleichförmig in rhythmischen Schüben. Die einzelnen Episoden der Talgeschichte sind daher an den in verschiedenen Höhen gelegenen Talterrassenstufen ablesbar, die man auch an ihrer Schotterführung unterscheiden kann.

Mit den ersten Eiszeiten im frühen Quartär (Pleistozän) entstand das im oberen Mittelrheintal 3–5 km breite Plateau-Tal mit seiner (stellenweise) mehrstufig gegliederten Hauptterrasse, die den heutigen Hochtalboden bildet (vgl. Abb. S. 121). Davon sind jedoch nur die beiden jüngsten Stufen besonders landschaftswirksam und bilden die rheinische Hauptterrasse schlechthin. Von allen hochgelegenen Aussichtspunkten ist die fast tellerebene, in Stromrichtung leicht geneigte Mittelrhein-Hauptterrassenflur sehr gut erkennbar. Vom oberen bis zum unteren Engtal wechselt jedoch ihre durchschnittliche Breite und damit auch ihr Anteil am Landschaftsbild.

Vor rund 700.000 Jahren und vielleicht auch schon deutlich früher war die Ausformung des Plateautals im Wesentlichen abgeschlossen. Während der nun anschließenden beiden Kaltzeiten (nach der neuesten Datierung: Elster-Kaltzeit: ca. 490.000–420.000 Jahre vor heute; Holstein-Warmzeit: 420.000–380.000 Jahre, Saale-Kaltzeit: 380.000–130.000 Jahre) tiefte sich das Engtal mit maximaler Geschwindigkeit ein, heute ablesbar an der unvermittelt steil ansetzenden Kante, mit der der Hochtalboden in den Engtal-Canyon abbricht. Die Eintiefung umfasst etwas mehr als 100 m – das entspricht einer jährlichen Erosionsrate von etwa 0,125 mm. Von den in dieser Zeit wiederholt erfolgten Aufschotterun-

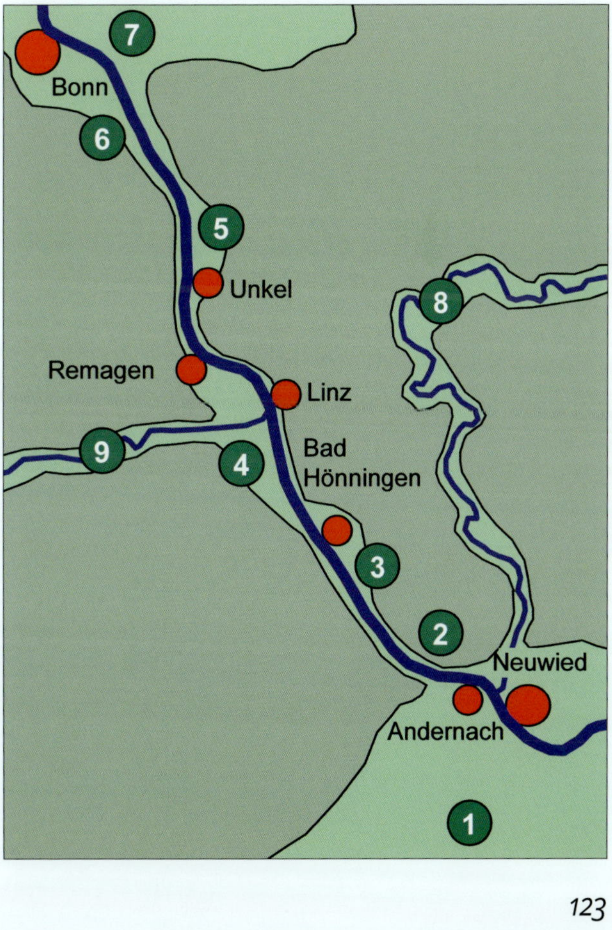

Talweitungen im Unteren Mittelrheintal: 1 Mittelrheinisches Becken, 2 Andernacher Talpforte, 3 Hönninger Talweitung, 4 Goldene Meile, 5 Unkel-Honefer Talweitung, 6 Godesberger Taltrichter, 7 Niederrheinische Bucht, 8 Wiedtal, 9 Ahrtal

gen sind im Mittelrheintal meist nur kleinere Talbodenreste (Talhangterrassen, Mittelterrassen) geblieben. Deren oberste Stufe ist der bevorzugte Standort der meisten Höhenburgen. In der ausklingenden letzten Kaltzeit (Weichsel-Kaltzeit: 115.000 – ca. 15.000 Jahre vor heute) nahm die Eintiefung des Engtals wiederum deutlich ab. Daher rückt die jüngste Talbodenterrasse (= ältere Niederterrasse) viel stärker an die untere Mittelterrasse heran. Der vertikale Abstand zwischen beiden Terrassenstufen beträgt meist nur noch etwa 25 m. Eine noch tiefere und jüngere Stufe der Niederterrasse, in älteren Talbeschreibungen auch noch als Inselterrasse ausgegliedert, ist nur noch um wenige Meter in die jüngeren Talbodenaufschotterungen eingetieft. Die mehrstufige mittelrheinische Terrassentreppe, die in schöner Vollständigkeit beispielsweise in der Umgebung von Boppard oder in der Linz-Remagener Terrassenbucht zu beobachten ist, findet ihren Abschluss mit dem Hochflutbett des Rheins, das er bei Spitzenhochwassern verlässt und dann auch auf die Niederterrasse übergreift.

Die Flora dieser Region fällt ungemein vielfältig aus und bildet eines der artenreichsten Gebiete in Deutschland.

7.7 Sonnig, trocken und warm – vom Leben auf den Talhängen

Die Unterschiede sind augenfällig: Die nach Süd bzw. SW exponierten Hänge der rechten Talflanke im Mittelrheintal tragen ein völlig andersartiges Pflanzenkleid als die vor allem nach Ost oder NO gerichteten und deswegen schattigeren Talhänge des linken Ufers. Linksrheinisch sind die Talflanken bis in den Hangfußbereich bewaldet. Auf den rechtsrheinischen Hanglagen gibt es dagegen keine geschlossene Bewaldung, sondern überwiegend schüttere, meist auch niedrigwüchsige Gebüschformationen oder früher noch ausgedehntere Rebfluren. Die rechtsrheinisch auf den sonnenexponierten und trockenen Hängen siedelnden Pflanzengesellschaften enthalten biogeografisch ungemein interessante Arten. Wegen ihrer ökologischen Profile und Standortvorlieben fasst man sie als Xerothermvegetation zusammen. Dieser Vegetationstyp ist überall in klimatischen Wärmeinseln mit kräftiger kontinentaler Tönung verbreitet. Im Unteren Mittelrheintal klingt er allmählich aus. Die hier vorkommenden Pflanzen haben ihr Hauptverbreitungsgebiet in Süd- oder Südosteuropa. Am Mittelrhein erreichen sie somit die Nord- oder Nordwest-Grenzen ihrer natürlichen Verbreitung in Europa. Im nördlichen Mittelrheingebiet verzahnen sie sich zudem mit Arten, die eher dem atlantischen Verbreitungstyp angehören. Die Flora dieser Region fällt daher ungemein vielfältig aus und bildet eines der artenreichsten Gebiete in Deutschland, weswegen Fachleute hier gern von einem „Hotspot der Biodiversität" sprechen. Einige der Naturschutzgebiete des Mittelrheingebietes sind eigens wegen ihrer wärmeliebenden Flora und der entsprechenden Kleintierfauna unter Schutz gestellt worden.

Zu den wärmeliebenden Gehölzarten gehören beispielsweise Felsenbirne,

Links oben: Zu den selteneren Arten gehört der Schild-Ampfer, ein Flüchtling aus früheren Burggärten.

Links unten: Färber-Waid ist eine frühere Nutzpflanze zur Gewinnung von Indigo.

Unten: Der Natterkopf – ein Spezialist für sehr trockene Standorte Fotos: BPK

Felsenmispel, Steinweichsel sowie Elsbeere. Im Kontakt der natürlichen Gehölzbestände zu den Rebfluren findet sich stellenweise der Speierling. Verschiedentlich finden sich auf den trockenwarmen Talhängen auch subspontane Vorkommen typischer Ziergehölze wie Goldregen, Flieder und – wie im Umfeld von Schloss Arenfels – der eigentlich auf der Alpensüdseite beheimateten Blumenesche. Krautige Arten auf Felsriegeln oder Steilhängen sind Diptam, Siebenbürger Perlgras, Blauroter Steinsame, Aufrechter Ziest und Goldaster. Alle diese Arten sind als Klimazeugnisse bedeutsam. Während bis zur Andernacher Talpforte noch ein respektabler Artenbestand wärmeliebender Formen vorkommt, nimmt die Artenzahl dieser Pflanzengruppe in Flussrichtung merklich ab. Im Übergangsgebiet zwischen Mittel- und Niederrhein endet das Verbreitungsgebiet dieser Pflanzen. Der nördlichste Vorposten der mitteleuropäischen Xerothermvegetation ist das Siebengebirge. Interessanterweise fällt diese Grenze mit der klimatisch bedingten Nordgrenze des Weinbaus (geschlossenes Weinbaugebiet) in Europa genau zusammen, denn am Rheinhang des Siebengebirges finden sich die nördlichsten Weinberge innerhalb des geschlossenen Anbauge-

Mauereidechsen gehören zu den seltenen Vertretern ihrer Verwandtschaft: links ein männliches Individuum, rechts ein Weibchen. Fotos: Monika Hachtel

Männchen der Westlichen Smaragdeidechse, die man neuerdings als eigene Art auffasst. Foto: Thomas Scheffel

Die Männchen der ebenfalls grünen Zauneidechse bleiben deutlich kleiner. Foto: Monika Hachtel

bietes. Besonders am Mittelrhein und in Teilen auch an den Unterläufen seiner Nebenflüsse Nahe, Lahn, Mosel und Ahr besteht die traditionelle Kulturlandschaft aus einem bunten, aber strukturreichen Flächenmosaik mit noch bewirtschafteten Weinbergen, vielen Weinbergsbrachen, den zahlreichen für den Steillagenweinbau schon allein aus statischen Gründen wichtigen Trockenmauern und eingestreuten, bloß liegenden Felsriegeln und -nasen. Diese aus der Talperspektive vielleicht ziemlich ungepflegt, vernachlässigt oder gar öde aussehenden Hangfluren sind allerdings ausgesprochen wertvolle und unentbehrliche Lebensräume zahlreicher Tierarten, für die gerade der Mittelrheinraum in Fachkreisen sehr berühmt ist. Hier haben beispielsweise verschiedene Reptilien ihren Verbreitungsschwerpunkt – neben der häufigen Zauneidechse auch die seltenere Mauereidechse und als größte heimische Art die prächtig gefärbte Smaragdeidechse. Auf den trockenen, nach Süden oder Südwest ausgerichteten Hängen hält sich auch sehr gern die Schlingnatter auf – häufig mit der Kreuzotter verwechselt, die jedoch im Mittelgebirgsraum von Natur aus nicht vorkommt. Charakterart im abwechslungsreichen Flächenmosaik mit Rebterrassen, Geröllhalden, Felsflanken, Gebüschen und Staudensäumen ist die seltene Zippammer, die nördlich bis zum Siebengebirge vorkommt. Auch wenn hier so spektakuläre Vogelarten wie Gänsegeier, Steinadler oder Rothuhn nicht mehr vorkommen, die der gelehrte Kölner Domini-

linksrheinisch	*Rhein-km*	*rechtsrheinisch*	*nächster Ort*	*Anmerkung*
Klopp	*529,0*		*Bingen*	*Wohnburg, Museum*
Mäuseturm	*530,0*		*Bingen*	*Zollburg*
	530,3	*Ehrenfels*	*Rüdesheim*	*Zollburg*
Rheinstein	*533,0*		*Reichenstein*	
Reichenstein	*543,5*		*Trechtingshausen*	*Raubritterburg; auch Falkenburg genannt*
Sooneck	*537,4*		*Trechtingshausen*	*Raubritterburg*
Hoheneck	*539,2*		*Niederheimbach*	*Trutzburg; auch Heimburg genannt*
	540,6	*Nollig*	*Lorch*	*Wehrburg*
Fürstenberg	*541,0*		*Rheindiebach*	
Stahleck	*543,0*		*Bacharach*	
Pfalzgrafenstein bei Kaub	*546,0*			*Zollburg*
	546,3	*Gutenfels*	*Kaub*	*Wohnburg*
Schönburg	*549,0*		*Oberwesel*	
	555,8	*Katz*	*St. Goarshausen*	*heißt eigentlich Neu-Katzenelnbogen*
Rheinfels	*557,0*		*St. Goar*	
	558,3	*Maus*	*Wellmich*	*heißt eigentlich Burg Thurnberg*
	566,5	*Liebenstein*	*Kamp-Bornhofen*	*„Feindliche Brüder“*
	566,6	*Sterrenberg*	*Kamp-Bornhofen*	*„Feindliche Brüder“*
	570,0	*Alte Burg*	*Boppard*	*Niederungsburg*
	574,8	*Wasserburg*	*Osterspai*	*Niederungsburg*
	575,0	*Liebeneck*	*Osterspai*	*Jagdschloss*
	579,8	*Philippsburg*	*Braubach*	*Renaissanceschloss*
	579,9	*Marksburg*	*Braubach*	*einzige unzerstörte Anlage; Burggarten*
	584,3	*Martinsburg*	*Lahnstein*	*Niederungsburg*
Stolzenfels	*585,1*		*Koblenz*	
	585,2	*Lahneck*	*Lahnstein*	
	592,0	*Ehrenbreitstein*	*Koblenz*	*Festungsanlage; Museen*
	613,0	*Andernach*	*Anderrnach*	*Niederungsburg*
	617,8	*Hammerstein*	*Hammerstein*	*Ruine*
Rheineck	*621,6*		*Bad Breisig*	
	624,5	*Arenfels*	*Bad Hönningen*	*Wohnschloss*
	627,6	*Leubsdorf*	*Leubsdorf*	*Niederungsburg*
	628,1	*Dattenberg*	*Dattenberg*	
	630,0	*Linz*	*Linz*	*Niederungsburg*
	630,8	*Ockenfels*	*Ockenfels*	
	636,2	*Vilszelt*	*Unkel*	*Wasserburg*
Rolandsbogen	*641,2*		*Rolandseck*	*Ruine*
	643,7	*Drachenfels*	*Königswinter*	*Ruine*
	644,2	*Drachenburg*	*Königswinter*	*Burgimitat*
Godesburg	*647,5*		*Bad Godesberg*	*nördlichste rheinische Höhenburg*

Tabelle 10: Mittelrheinische Höhen- und Niederungsburgen

kanermönch Albertus Magnus (1193–1280) in seinem „Buch der Natur“ nach Eigenbeobachtungen vom Mittelrhein beschreibt, hat die Vogelfauna doch mancherlei Raritäten zu bieten. Zumindest in den rheinnahen Seitentälern wurde der Uhu erfolgreich eingebürgert. Derzeit dehnen Kolkrabe und Schwarzstorch ihre Verbreitungsgebiete wieder in den mittelrheinischen Raum aus. Die Liste hervorhebenswerter Arten umfasst auch bei den Kleintieren viele Hundert Namen.

7.8 Talgestalt und Siedlungsformen

Der Terrassenbau des mittelrheinischen Hoch- und Engtals hatte natürlich für die Standortwahl der Siedlungen enorme Bedeutung. Lage und

Rheinburgen

Keine andere mitteleuropäische Kulturlandschaft ist so dicht mit Burgen besetzt wie das Mittelrheintal. Üblicherweise denkt man dabei vor allem an die malerischen Höhenburgen, die schon die Rheinreisenden früherer Jahrhunderte begeisterten. Sie thronen immer auf Felsspornen oder Hangterrassenleisten im Niveau der Mittelterrassen und wurden entweder als Herrschaftssitz, Verwaltungszentrum, Zollstätte, zur Territorialverteidigung, aus Gründen der Repräsentation oder für mehrere dieser Zwecke gleichzeitig errichtet. Neben den Höhenburgen gibt es im Mittelrheintal aber auch eine Anzahl Niederungsburgen direkt in Flussnähe auf dem Hochufer. Tabelle 10 (S. 127) listet sie alle auf. Schlösser sind nicht berücksichtigt. Die wenigsten Burgen sind original erhalten. Viele Anlagen wurden nach der Nutzungsaufgabe oder durch kriegerische Auseinandersetzungen zu Ruinen. Manche hat man im 19. Jahrhundert im neugotischen oder neuromanischen Stil wieder aufgebaut. Biologisch bemerkenswert ist, dass sich im direkten Umfeld der Burgen bis heute Pflanzenarten aus den früheren Burggärten finden. Beispiele sind die schmucke Holunder-Schwertlilie oder der dekorative Goldlack.

Oben: Burg Reichenstein mit Klemenskapelle bei Trechtingshausen
Rechts: Burg Pfalzgrafenstein auf der Insel Falkenau Kaub, im Hintergrund Burg Gutenfels
Fotos: BPK

Gestalt der einzelnen Siedlungen im oberen und unteren Engtal folgten fast immer der Form und Ausdehnung der Terrassenflächen. Je nach Breite und Höhe der einzelnen Terrassenglieder sind dabei verschiedene Möglichkeiten der Ansiedlung verwirklicht worden. Im einfachsten Fall liegt die Siedlung auf einer breiten Niederterrassenstufe wie im Fall der Koblenzer, Neuwieder, Bonner und Kölner Altstadt. Bei Spitzenhochwassern bringt diese Lage Probleme mit sich. Der Grundrissgestaltung der Ortslage sind kaum Beschränkungen auferlegt, solange die Ausdehnung der Terrassenfläche genügt. Zumindest die höhere Stufe der Niederterrasse bleibt weitgehend hochwasserfrei und schützt somit vor unliebsamen Überschwemmungen.

Im unteren Mittelrheingebiet rückt die Niederterrassenbesiedlung auch in den spitzen Winkel der halbmondförmigen Talweitungen vor den Gleithängen, wobei der Siedlungsraum

Burg Rheinstein gegenüber Assmannshausen

Blick von der Hammersteiner Ley zur Andernacher Talpforte und in das Mittelrheinbecken
Foto: BPK

Die Ahrmündung ist eine von nur zwei einigermaßen naturnah erhaltenen Nebenflusseinmündungen am gesamten Rhein in Deutschland.
Foto: Walter Müller

zwar naturgemäß kleiner ausfällt, dafür aber gewisse strategische Vorteile bietet. Rheinbrohl, Remagen oder Erpel sind derartige Talorte im Buchtwinkel. Bezeichnenderweise liegen alle linksrheinisch gelegenen römerzeitlichen Gründungen wie Bingen (Bingum), Oberwesel (Vosavia), Boppard (Bodobrica), Koblenz (Confluentes), Andernach (Antunnacum), Breisig (Brisiacum), Sinzig (Sentiacum) oder Remagen (Rigomagus) allesamt auf der höheren Stufe der Niederterrasse und somit in recht günstiger Positionierung.

Bei allen anderen Siedlungen, die nicht auf einer genügend geräumigen Niederterrassenflur unterzubringen waren, nimmt die Geländegestalt starken Einfluss auf die Siedlungsgrundrisse. Bei den wenigen Beispielen, die etwa vor Talverengungen (meist in neuerer Zeit) entstanden, handelt es sich durchweg um lang gestreckte, einstraßige Ortschaften, die den schmalen Saum der jüngeren Flussterrassen ausnutzen. Beispiele sind Kapellen-Stolzenfels, Hammerstein oder Rolandseck. Der sich bald einstellende Platzmangel ließ manche Orte auch in einmündende Seitentäler hineinwachsen. Typische Nebentalsiedlungen sind Bacharach-Steeg, Braubach, Vallendar oder Linz mit ihrer jeweils dem Strom zugewandten Schmalseite und einem Straßensystem, das sich fallweise über mehrere Terrassenstufen senkrecht zur Fließrichtung bzw. Haupttalorientierung aufbaut. Für manche dieser Orte brachte die Verkehrswegeentwicklung ab der zweiten Hälfte des 19. Jahrhunderts immer dann eine spürbare Abkopplung vom Rhein, wenn die Schienentrasse und/oder die Hauptdurchgangsstraße aus räumlichen Gründen vor der eigentlichen Kernsiedlung über die Niederterrasse geführt wurde: Bingen, Bacharach, Oberwesel oder Braubach liegen somit nur noch bedingt direkt erlebbar am Rhein. In Linz verläuft das Stre-

Gänseland Mittelrheingebiet

Auch das Mittelrheingebiet wird seit wenigen Jahren von verwilderten Gänsearten in großer Zahl aufgesucht, die im Bereich der Rheinauen brüten und ganzjährig hier anzutreffen sind. Die Vorkommen gehen auf gezielte Auswilderungen in Skandinavien zurück – wie im Fall der schmucken Kanadagans, die noch etwas größer ist als die heimische Graugans. Die ersten rheinischen Nachweise stammen aus den 1960er Jahren, als die Art sich am Niederrhein etablierte. Heute ist sie fast im gesamten Rheinland zu erleben. Eine deutlich jüngere Zutat zur rheinischen Gänsefauna ist die aus Ostsibirien und Nordchina stammende Schwanengans, deren domestizierte (und dann deutlich hellere) Formen auch als „Höckergans" bezeichnet werden. Sie bilden seit Jahren im Rhein-Neckar-Gebiet eine stabile Population und zeigen sich neuerdings auch in kleinen Trupps am Mittelrhein.

Zur Problemart hat sich unterdessen die erstmals 1986 am Niederrhein als Brutvogel nachgewiesene und heute fast überall weit verbreitete, ursprünglich als Ziergeflügel aus Afrika eingeführte, Nilgans entwickelt. Ein Frankfurter Ornithologe bezeichnet ihr oft aggressives Verhalten als „penetrant und biestig". Tatsächlich ist sie nicht so friedfertig oder scheu wie die übrigen Gänsearten, denn sie erobert die Liegewiesen städtischer Grünanlagen ebenso wie größere Privatgärten und attackiert Radfahrer wie Jogger.

Kanadagänse

Schwanengänse

Nilgänse Fotos: BPK

ckenband der Bahn auf einem hohen Viadukt direkt vor der historischen Altstadt.

Im Gegensatz zum Mittelrheinischen (Neuwieder) Becken gibt es im Unteren Mittelrheintal keine reinen Mittelterrassensiedlungen, da dieses Terrassenglied hier nur sehr lückenhaft und viel zu kleinflächig entwickelt ist. Als einzigartige Besonderheit verzeichnet die mittelrheinische Siedlungsgeografie dagegen eine Inselsiedlung: Niederwerth in der Mittelrheinischen Beckenlandschaft ist der einzige Inselort im gesamten Rheingebiet.

Anders als in den übrigen Rheinabschnitten dienen auf seiner Mittelgebirgsfließstrecke durch das Rheinische Schiefergebirge die rechts und links einmündenden größeren Nebenflüsse auch der geografischen Abgrenzung der einzelnen Teillandschaften, weil ein Flusstal nun einmal eine in der Landschaft wie im Kartenbild klar nachvollziehbare Grenzlinie darstellt. So ist es bei der Nahe, die eigentlich noch gerade zum hier endenden Oberrhein gerechnet werden müsste. Da sie aber so auffällig den Südrand des Rheinischen Schiefergebirges markiert und dieses vom Rheinhessischen bzw. Nordpfälzer Hügel- und Bergland trennt, gilt sie meist als Mittelrheinzufluss. Die Lahn bildet die geografische Grenze von Taunus und Westerwald, die Mosel diejenige von Hunsrück und Eifel.

Die relativ bescheidene Wied aus dem Westerwald und die Ahr sind keine Grenzflüsse zwischen zwei Schiefergebirgsteilen, bieten aber interessante Tallandschaften. Nur etwa 10 km lang, aber als Grenze ungleich wichtiger war der bei Rhein-km 623 einmündende Vinxtbach. Er markierte jahrhundertelang die militärische Verwaltungsgrenze der römischen Provinzen Obergermanien (Germania superior, Hauptstadt Mainz) und Niedergermanien (Germania inferior, Hauptstadt Köln). Am gegenüberliegenden Rheinufer, zwischen Bad Hönningen und Rheinbrohl, begann der berühmte obergermanisch-raetische Limes als Außengrenze des römischen Reiches gegen das freie Germanien. Durch Westerwald und Taunus verlief er zunächst parallel zum Mittelrhein und bog erst auf Höhe von Bad Schwalbach kurz vor dem Rheingau nach Osten ab, um nach insgesamt 550 km in Eining bei Regensburg auf die Donau zu stoßen. Als größtes deutsches Bodendenkmal ist der obergermanische Limes seit Juli 2005 UNESCO-Weltkulturerbe. Der unscheinbare Vinxtbach kennzeichnete später die Grenze zwischen den Erzbistümern Trier und Köln, und heute trennt er das ripuarische vom moselfränkischen Sprachgebiet.

Bei Rhein-km 629,5 direkt gegenüber von Linz trifft man auf ein landschaftlich besonders hervorhebenswertes Element im unteren Mittelrheingebiet. Die Ahrmündung ist nämlich von allen 41 kleineren und größeren Nebenflussmündungen des Rheins auf deutschem Staatsgebiet einer der beiden noch weitgehend unverbauten und einigermaßen natürlich erhaltenen Mündungsbereiche. Aus gutem Grunde ist der Ahrmündungsbereich seit 1961 ein 63 ha großes Naturschutzgebiet.

Auch die Ahr ist ein aktuelles Lachslaichgewässer (vgl. S. 165). In einem Großvorhaben zur Renaturierung wurden seit 1997 insgesamt 40 alte Wehre, Bodenschwellen oder sonstige Gewässereinbauten entfernt, um typischen Wanderfischarten wie Lachs und Meerforelle, aber auch dem Flussneunauge wieder den Aufstieg zu ihren ehemaligen Laichplätzen im Oberlauf zu ermöglichen. Auch dem

Südhälfte der „Goldenen Meile" bei Sinzig: Die große Talweitung in der Mitte zwischen Mittelrheinbecken und Niederrheinischer Bucht zeigt alle Nutzungsformen der modernen Kulturlandschaft. Ein besonders auffälliges Landschaftselement sind die weitflächigen Auskiesungen auf der Niederterrasse und ihre Folgeseen. Die gezeigten Flächen waren schon zur Römerzeit Kulturland. Das gegenüberliegende Rheinufer gehörte dagegen zum freien Germanien.

Foto: Walter Müller

Aal, der zum Ablaichen ins Meer zurückwandert, kommt dieser Gewässerrückbau sehr entgegen.

Für die erfolgreiche Wiederbesiedlung des Rheins mit den hier früher verbreiteten Wanderfischarten ist es entscheidend, ob die Tiere den Weg vom Ober-, Mittel- und Niederrhein durch das niederländische Rheindelta in die freie Nordsee bzw. auch wieder zurück schaffen. Immerhin sind fast alle Mündungsarme des Rheindeltas (vgl. Abb. S. 186) kurz vor der Nordsee durch flutsichernde Absperrwerke komplett abgeriegelt. Tatsächlich bleiben den Wanderfischen nur zwei frei passierbare Wege, einen durch die Häfen von Rotterdam und einen weiteren über den Nieuwe Waterweg. Mit einer ausgeklügelten Untersuchungsmethode, welche bestimmte Ionenverhältnisse in den Schuppen analysiert, lässt sich relativ sicher feststellen, ob und wann ein Fisch ins Meer wechselte und wann er wieder ins Flusswasser zurückkam. Bei den im Rheingebiet erfolgreich wieder angesiedelten Nordseeschnäpeln zeigte sich überraschend, dass der größere Teil der Tiere tatsächlich im Süßwasser verblieb und im Ijsselmeer mit seinen guten Nahrungsbedingungen zur Geschlechtsreife heranwuchs.

Auenlandschaft am Niederrhein
Foto: Katharina Moos

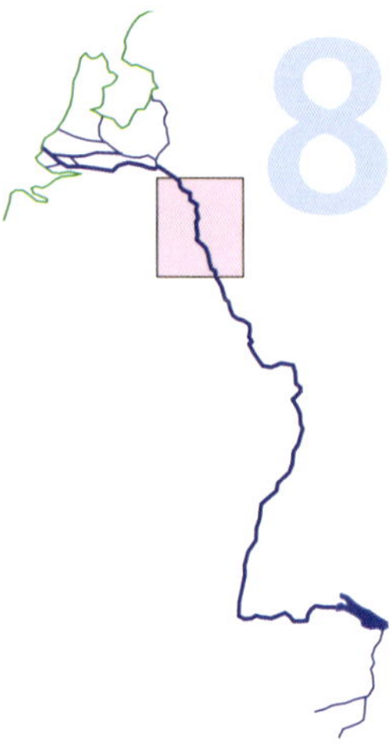

8 Bei uns am Niederrhein

„Bei dem freundlichen Bonn hört die eigentlich schöne Rheingegend auf", schrieb 1805 Friedrich Schlegel – Philosoph, Dichter und Mitauslöser der Rheinromantik – nach einer gerade abgeschlossenen Mittelrheinreise.

Für den besonderen, vielleicht abschnittweise auch etwas melancholischen landschaftlichen Reiz der rheinabwärts folgenden Flusslandschaft, der von Natur aus die schroffen Felsen und folglich auch die trutzigen Burgruinen fehlen, hatte der sonst so schwärmerische Romantiker offenbar überhaupt keine Antenne. Ein überzeugter Niederrheiner wird diese aus seiner Sicht reichlich bornierte Feststellung nicht unwidersprochen hinnehmen. Andererseits hat die beschreibende Rheinliteratur für die letzten Rheinabschnitte bisher keine allzu bewegenden Worte gefunden. Selbst der in Düsseldorf hochverehrte Heinrich Heine, den wiederum die übrigen Rheinländer nicht so recht mögen, hat sich zur unbestrittenen landschaftlichen Schönheit des Niederrheins nicht geäußert.

Mit dem Gebirgsaustritt des Mittelrheins in Höhe des Siebengebirges gegenüber den südlichen Bonner Stadtteilen (etwa Rhein-km 644) wechselt die den Strom begleitende Landschaft. Die bislang auf den Engtalstrecken das Ufer unmittelbar flankierenden Höhen treten immer weiter zurück. Rechtsrheinisch folgt der Schiefergebirgsrand des Bergischen Landes in gewissem Abstand bis etwa auf die Höhe von Düsseldorf und bleibt zumindest noch als fernere Kulisse wirksam. Linksrheinisch dagegen schert der Eifelnordrand weit nach Westen aus. Die zunehmend breitere und landschaftsbestimmende Rheinaue ist Niederungsgebiet – der Mittelrhein ist zum Niederrhein geworden und durchfließt nun von Bonn bis zu seiner Mündung den ausgedehnten europäischen Tieflandgürtel, der sich küstenparallel von Westfrankreich bis ins Baltikum erstreckt. Manche Rheindarstellungen lassen den Niederrhein auch bei der Einmündung der Sieg (Rhein-km 659,3) beginnen, wofür gewisse

Starker Auftritt für den Niederrhein: paradiesische Auenlandschaft im Gebiet der Siegmündung

Südlichster Abschnitt des Niederrheins bei Bonn – mit der markanten Kulisse des Siebengebirges

Ohne flankierende Gebirgskulisse nimmt der Rhein den Charakter eines behäbigen Tieflandstroms an. Fotos: BPK

Kapitel 8

Welch ein Kontrast wenige Kilometer stromabwärts: Industrielandschaft bei Wesseling

Karte der historischen Laufverlagerungen des Niederrheins bei Dormagen

Rheinisches Amt für Bodendenkmalpflege

Grafik: R. Strasser

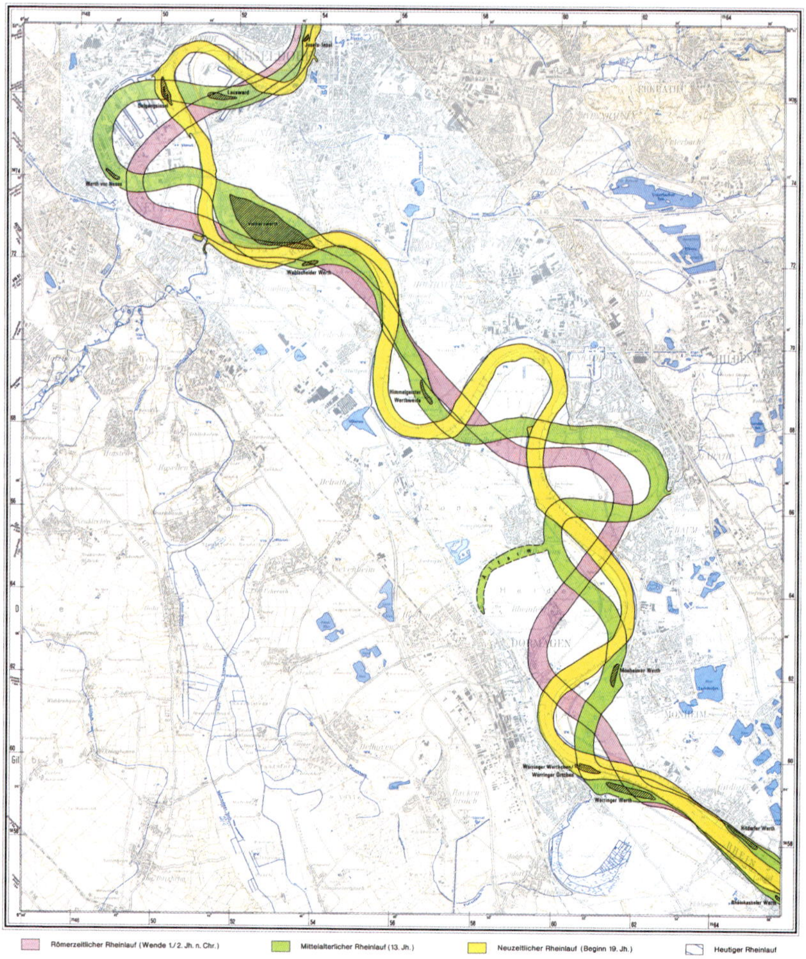

praktische Gründe sprechen könnten. In älteren verkehrsgeografischen Übersichten beginnt er erst in Köln, weil hier früher die Rhein-See-Schifffahrt endete. Die hier vorgenommene Grenzziehung berücksichtigt jedoch in erster Linie die umgebende Landschaft, vor allem den nicht zu übersehenden Übergang zwischen den beiden europäischen Großlandschaften Mittelgebirge und Tiefland.

Sprachlich bemerkenswert ist übrigens, dass dieser Rheinabschnitt tatsächlich Niederrhein und nicht etwa Unterrhein heißt, so wie man beispielsweise von Untermain, Untermosel oder Unterahr spricht. Nicht einmal die Kennzeichnung „Unterer Rhein“ ist üblich. Allenthalben liest oder hört man die geografische Abgrenzung als „Unterer Niederrhein“, wenn das Gebiet nördlich der Linie Aachen – Düsseldorf gemeint ist. Für manche Regionalfreaks beginnt hier überhaupt erst der Niederrhein und nicht schon am Mittelgebirgsrand. Für noch härter Gesottene liegt der Anfang des Niederrheins übrigens erst unter der Rheinbrücke der A 40 an der Linie Moers – Duisburg.

Über die Frage, wie weit denn der Niederrhein nach Nordwesten reicht, könnte man ebenfalls ausgiebig diskutieren. Vielfach und vor allem in der Behördenpraxis ist es üblich, die Abgrenzung mit der deutsch-niederländischen Grenze bei Rhein-km 865,515 (linkes Ufer bei Bimmen) vorzunehmen – auf dem rechten Ufer liegt sie ein paar Kilometer weiter südwestlich bei 857,940 nahe Emmerich. Damit ist der Niederrhein auf jeden Fall eine rein nordrhein-westfälische Angelegenheit, während die Ufer der

Weit weg von jeglicher Rheinnatur – die spektakulären neuen Kranhäuser in der südlichen Kölner „Rheinaue“
Fotos: BPK

Erdbeben am Niederrhein

Das Bruchfeld der Niederrheinischen Bucht entstand zwar schon vor langer Zeit im oberen Tertiär, aber seine Schollen sind nach wie vor in Bewegung. Die fortdauernden Fließ- und Kriechbewegungen entlang der Schollenränder können aber auf Dauer nicht glatt ablaufen, sondern führen zu inneren Reibungen. Schon allein die unregelmäßige Flächengestalt der einzelnen Krustenteile lässt nicht zu, dass sie einfach aneinander entlanggleiten. Vielmehr verhaken sie sich und bringen sich damit gegenseitig in die Klemme. Überschreiten die Druck- oder Schubkräfte an irgendeiner Stelle die inneren Widerstände, weil die Puzzle-Teile das Gezerre und Geschiebe nicht mehr durch Verbiegen ausgleichen können, erfolgt ein plötzlicher Bruch, der sich über die gesamte blockierte Stelle ausbreitet. Auf beiden Seiten verschieben sich dann die beteiligten Gesteinspartien ruckartig. An der Oberfläche sind solche Ereignisse als Erdbeben spürbar. Jeden Tag ereignen sich in der Niederrheinischen Bucht mehrere Dutzend sogenannter Kleinbeben, die man nur an den Messstellen mit empfindlichen Seismometern registrieren kann. Seit 1980 haben die 13 Erdbebenstationen im Niederrheingebiet über 1.000 stärkere Beben registriert. Ab etwa Bebenstärke 2 sind sie direkt fühlbar. Ein Jahrhundertereignis war das Roermond-Beben vom 13. April 1992, das um 3.20 Uhr etwa 15 Sekunden lang das gesamte Niederrheingebiet und den angrenzenden Mittelgebirgsraum heftig erschütterte. Es hatte die für das Gebiet ungewöhnliche Stärke 5,9 auf der Richter-Skala und verursachte Schäden von etwa 40 Mio. Euro. Bis Mai 1992 wurden etwa 150 schwächere Nachbeben registriert. Beim Hauptbeben brachen vom Kölner Dom fünf steinerne Kreuzblumen ab. In mehr als 12 km Tiefe südwestlich von Roermond hatten sich zwei Großschollen der Bucht um 18 cm vertikal gegeneinander versetzt. Ein weiteres Schadenbeben mit der Stärke 4,8 ereignete sich am 22. Juli 2002 bei Aachen. Das bisher stärkste Beben fand mit der Stärke 6,3 am 18. Februar 1756 im Raum Düren statt. Beben bis Stärke 7 sind in der Region möglich.

Die jeweils aktuelle Erdbebenstatistik für das gesamte Rheingebiet kann man unter www.seismo.uni-koeln.de abrufen.

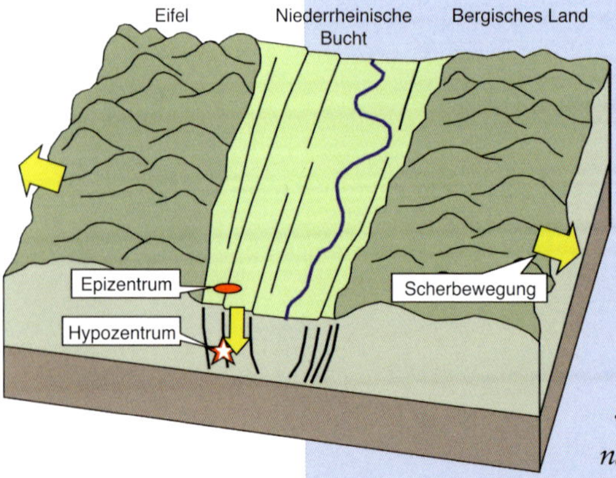

Blockbild des Niederrheingebietes: Entstehung von Erdbeben
Grafik: BPK

übrigen Rheinabschnitte immer mehreren Bundesländern oder sogar verschiedenen Staaten angehören. Nun beginnt nur etwa 2 km hinter der Staatsgrenze bei Bimmen auf niederländischem Gebiet nahe der Ortschaft Millingen die Verästelung in die verschiedenen Arme des Rheindeltas, zunächst in die Waal und über den Pannerdense Kanaal in den Nederrijn. Da sich Naturräume selten bis gar nicht an politische Grenzen halten, lassen wir den nach hydrografischen Gesichtspunkten eindeutig festlegbaren, weil unverzweigten Niederrhein daher tatsächlich bis Rhein-km 868,0 fließen. Mit seiner Fließstrecke von somit knapp 225 km ist er beträchtlich kürzer als der Oberrhein (362 km; vgl. Tabelle 5), aber deutlich länger als der Mittelrheinabschnitt (124 km). In der Luftlinie beträgt die Südost-Nordwest-Erstreckung von Bonn bis Bimmen sogar nur 146 km. Auf dieser Strecke gibt er nur noch wenig Höhe ab: Vor dem Siebengebirge liegt der durchschnittliche Wasserspiegel bei 57 m ü. NN, bei Köln nur noch auf 37 m und an der deutsch-niederländischen Grenze nur noch bei 10 m. Mit diesem bemerkenswert geringen Gefälle ist der Niederrhein nun wirklich zum behäbigen Tieflandstrom geworden. Zwischen minimal etwa 550 und maximal 12.200 m^3/s Wasser bei Wasserstandschwankungen bis 11,5 m fließen hier ab. Bis zum Eintritt in sein niederländisches Delta hat der Rhein bereits knapp 88 % (oder rund 160.800 km^2) seines gesamten Einzugsgebietes entwässert. Auf Nordrhein-Westfalen entfallen knapp 13 % (= 22.795 km^2) des Rheineinzugsgebietes. Dessen deutlich größerer Anteil erstreckt sich auf die rechte Rheinseite und umfasst hier die Teileinzugsgebiete von Sieg, Wupper, Emscher, Ruhr sowie Lippe (Tabelle 12).

8.1 Von der Bucht zum Tiefland

Jede geologische Karte von Deutschland zeigt das Rheinische Schiefergebirge als Gebilde von ungefähr schmetterlingsförmigem Umriss: Die beiden Vorderflügel sind das Ardennen-Eifel-Gebiet bzw. das Bergische Land, das Sauerland und das Rothaargebirge, während Hunsrück und Taunus die kleineren Hinterflügel stellen. Im Städtedreieck Aachen-Bonn-Düsseldorf hat der Schiefergebirgsblock allerdings eine auffallende Fehlstelle – es ist die Niederrheinische (Gebirgs-) Bucht, vor allem von süddeutschen Radiosendern auch als Kölner Bucht bezeichnet. In diesem Verteilungsbild von Mittelgebirgsrandhöhen und Buchttiefland drückt sich wiederum das große europäische Riftsystem aus, dem der Rhein auch auf seiner Tieflandstrecke folgt. Die Niederrheinische Bucht ist die direkte Fortsetzung des tektonisch vorgezeichneten Mittelrhein-Engtals. Ähnlich wie beim breiten Oberrheingraben ist die Niederrheinische Bucht ein Grabenbruchsystem: Die devonischen Schiefergesteinsfolgen, die man im angrenzenden Bergischen Land bzw. in der Nordosteifel an der Oberfläche antrifft, liegen etwa unter Köln in mehr als 400 m Tiefe. Weiter westlich betragen die Sprunghöhen sogar bis zu 800 m. Die Buchtränder zeichnen damit die Bruchlinien nach. Nach neueren Messdaten zeigen die Randverwerfungen der Niederrheinischen Bucht eine jährliche Bewegungsrate von etwa 1 mm. Das sind sogar verblüffend schnelle Bewegungen, die über dem langfristigen Mittelwert der tertiär- und quartärzeitlichen Buchtabsenkung liegen.

Nun ist aber die gesamte Niederrheinbucht nicht als einheitliches Ganzes in den Gebirgsrahmen eingebrochen. Vielmehr hat sie sich dabei

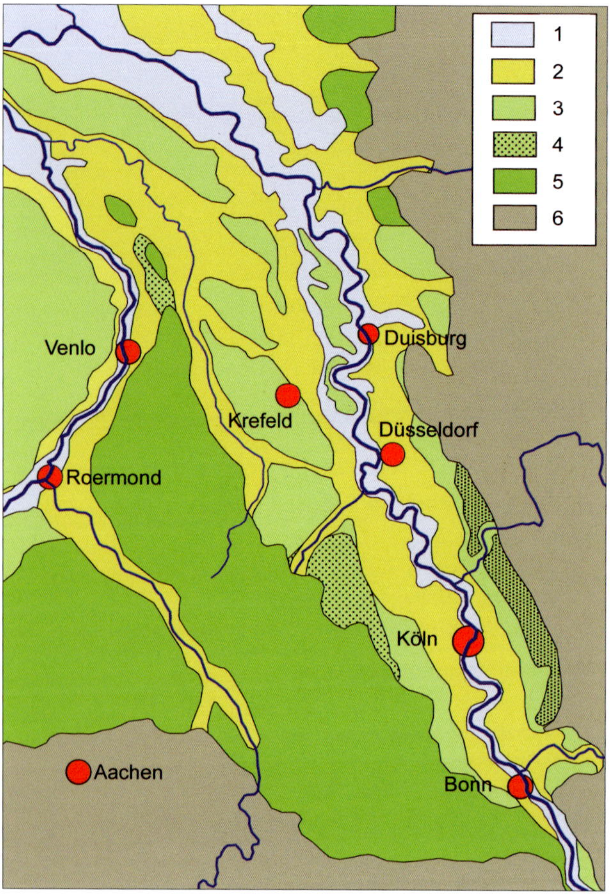

Terrassenlandschaft am Niederrhein. 1 Hochflutbett von Rhein und Maas, 2 Niederterrassen, 3 untere Mittelterrassen, 4 obere Mittelterrassen, 5 Hauptterrassenstufen, 6 vorquartäre Umrahmung der Niederrheinischen Bucht *Grafik: BPK*

in mehrere Schollen zerlegt, was sich im heutigen Landschaftsbild in Form deutlicher Geländestufen abzeichnet. Eine dieser Schollen, die das Absinken der übrigen Buchtteile langsamer mitvollzogen hat und dabei um etwa 100 m Höhendistanz zurückblieb, ist der rund 90 km lange Ville-Rücken. Im Stadtgebiet von Bonn setzt er höhengleich an den Eifelnordostrand an und zeigt sich im Kartenbild wie dessen fingerartige, nach Nordwesten ausgestreckte Fortsetzung. Sein rheinseitiger, ziemlich dicht besiedelter Hang ist das Vorgebirge. An seinem nordwestlichen Ende bei Grevenbroich ist er dagegen nur noch eine relativ undeutliche Geländeschwelle. Im Untergrund besteht die Ville aber wie die übrige Buchtfüllung durchweg aus tertiärzeitlichen Lockermaterialien und führte bei Brühl sogar oberflächennah abbauwürdige Braunkohleflöze, die hier im 19. Jahrhundert angeblich von wühlenden Wildschweinen entdeckt worden sein sollen. Westlich des Ville-Rückens liegen die weitaus tiefer versetzte Erft-Scholle sowie die Rur-Scholle, die auf ihrer heutigen Oberfläche die ackerbaulich intensiv genutzten niederrheinischen Lössbörden (Jülich-Zülpicher Börde) tragen. Der rheinbegleitende Ville-Rücken und ein großer Teil des Bördenlandes zwischen Ville und Nordeifel gehören zum Naturpark Rheinland, der bis 2006 „Naturpark Kottenforst-Ville" hieß.

8.2 Lössdecken links, Sanddünen rechts

Rheinterrassen im geowissenschaftlichen Sinne sind die weiten Treppenflächen, die den Rhein von seinem Gebirgsaustritt südlich von Bonn (= Nordgrenze Mittelrhein / Beginn Niederrhein) bis weit in das Niederrheingebiet begleiten und sich dabei in nördlicher Richtung fächerförmig verbreitern. Zwei Prozesse haben auch hier wie im Mittelrheingebiet (vgl. S. 121) die terrassenförmige Modellierung des Geländes verursacht – die unablässige Erosionstätigkeit des Rheinstroms und die Klimaschwankungen während der letzten 2 Mio. Jahre mit ihren Kalt- oder Eiszeiten (Pleistozän).

Die Hauptterrassenglieder sind vor dem Bergischen Land nur als schmaler Saum erhalten. Linksrheinisch lassen sie sich dagegen in ansehnlicher Breite bis nördlich von Mönchengladbach verfolgen. Besonders wirksam für die Landschaft der Niederrheinischen Bucht ist allerdings nur die jüngere und deshalb tiefer liegende

Mittelterrassenflur. Am südlichen Niederrhein zeigt sie sich links- und rechtsrheinisch als Landschaft völlig unterschiedlich. Linksrheinisch trägt sie eine fruchtbare Lössdecke, eine feinkörnige, oft viele Meter mächtige Aufwehung aus staubtrockenen Phasen der Zwischen- und Nacheiszeit. Wegen ihrer großräumigen Ausdehnung bezeichnet man diese Gebiete auch als rheinische Lössplatten. Vom Nordwestrand bei Bonn bis etwa zur Linie Bachem-Lindenthal erstreckt sich das Band der Brühler Lössplatte (Höhenlage zwischen 70 und 55 m). Ihr Übergang zum Ostabhang des Villerückens ist mehrfach bogig gebuchtet – es ist die ehemalige, rund 200.000 Jahre alte Uferlinie des Rheins. Weit über 5 m Mächtigkeit weisen die Löss- und Lösslehmdecken auf. Die daraus entwickelten Parabraunerden gehören zu den besten Böden Deutschlands.

Nach Norden bzw. Nordwesten setzt sich die linksrheinische Mittelterrasse in die Brauweiler Lössplatte fort. Hier bestimmen weniger die Intensiv- und Sonderkulturen des Siedlungsbandes Vorgebirge, sondern der Zuckerrüben und Getreideanbau das Bild der Agrarlandschaft.

Völlig anders als das landwirtschaftlich intensiv genutzte Vorgebirgs-Mittelterrassenband präsentiert sich die rechtsrheinische Mittelterrasse vor den Bergischen Randhöhen. Hier fehlt die mächtige Lössauflagerung; stattdessen überdecken Flugsande mit bogigen Binnendünen die Terrassenoberfläche. Wegen der Ertragsarmut ihrer Böden ist sie bis in unsere Gegenwart nahezu unbesiedelt geblieben. Daher herrschen in dieser Landschaft immer noch weite Wald- und Heideflächen vor, über staunassem Grund von Nieder- und Heidemooren durchsetzt. Die bis zu 4 km breite und fast 50 km lange Terrassenleiste zwischen Sieg und Wupper heißt auch „Bergische Heideterrasse“. Sie beginnt mit der Lohmarer Heide bei

Auch naturschutzwürdige Stillgewässer auf der Niederterrasse gehen am Niederrhein meist auf menschliche Aktivitäten zurück: NSG Stallberger Teiche in der Siegburger Bucht. Foto: BPK

Durch die Wälder, durch die Auen: Hier und da führen beschauliche Wanderwege durch die Auenwälder.

Auch am Niederrhein gibt es stellenweise prächtige Auenwälder: rechtsrheinische Hartholzaue zwischen Bonn und Köln.

Werden und Vergehen in der Weichholzaue Fotos: BPK

Siegburg, schließt die Wahner Heide ein und reicht im Norden bis zur Schlebuscher bzw. Hildener Heide. Diese niederrheinische Teillandschaft ist unter anderem auch aus biogeografischen Gründen interessant: Hier verlaufen die südöstlichen Verbreitungsgrenzen mehrerer atlantischer Pflanzen- und Tierarten.

Den größten Teil des Niederrheingebietes stellen die Niederterrassen. Sie sind zwischen Bonn und Köln etwa 10 km breit. Ihre Außenränder scheren in nordwestlicher Richtung immer weiter auseinander und sind im Raum Wesel schon annähernd 40 km voneinander entfernt. Jüngstes Stadium der strombedingten Landschaftsformung ist das heutige Hochflutbett des Rheins, das um 5 bis 7 m und meist ziemlich steil in die beiderseits angrenzende Niederterrassenflur eingeschnitten ist. Seine Breite schwankt innerhalb der Niederrheinischen Bucht zwischen einigen Hundert Metern und ungefähr 1 km. Nördlich von Köln ist es noch rund 4 km breit, bei Düsseldorf schon über 6 km, bei Duisburg-Ruhrort etwa 10 km und an der deutsch-niederländischen Grenze immerhin rund 25 km. Das Hochflutbett ist die eigentliche Rheinaue der Naturlandschaft, in der sich der Fluss nahezu frei entfalten konnte. Aber auch diese Talflächengeneration ist in sich differenziert. An vielen Stellen, so beispielsweise südlich von Köln im Weißer Rheinbogen, lassen sich aus der Zeit zwischen 10.000 und 5.000 Jahren vor heute gleich mehrere Auenterrassen unterscheiden. Es sind die Zeitzeichen vieler nacheiszeitlicher Rheinbettverlagerungen. Meist unterscheiden sich diese Terrassenglieder in der Höhenlage jedoch nur um ein paar Dezimeter. Seit Beginn der Nacheiszeit vor rund 12.000 Jahren hat sich der Rhein mit seiner Überschwemmungsaue (Hochflutbett) insgesamt um etwa 13 m in die Niederterrasse eingeschnitten.

8.3 Kurvenreiche Strecke

Während das Engtal des nördlichen Mittelrheins vom Neuwieder Becken durch den Schiefergebirgsblock bis zum Godesberger Taltrichter nahezu geradlinig verläuft, beginnt der Niederrhein – jetzt nicht mehr durch das beidseits aufragende Talwandkorsett sichtlich eingeengt – bereits innerhalb seiner zunehmend breiten Aue mit zahlreichen Mäanderbögen zu schwingen. Die Altstadt von Bonn liegt am Außenbogen einer noch vergleichsweise wenig ausgereiften Mäanderschleife. Die nächste Rheinschleife bei Wesseling ist schon wesentlich ausgreifender, und weitere 10 km stromabwärts findet sich mit dem großen Weißer Rheinbogen im südlichen Kölner Stadtgebiet bereits eine komplette 180°-Rundung mit vergleichsweise engem Radius. Bis zur Landesgrenze folgen nördlich von Köln 14 weitere Mäanderschleifen mit zum Teil sehr engen Radien, wobei sich der Rhein abschnittweise – wie im südlichen Düsseldorf – sogar wieder ein Stück nach Südosten wendet. Insgesamt lassen sich im flachen Sohlental des gesamten Niederrheins fünf verschiedene aufeinander folgende Talbodenformen unterscheiden. Bevor der Niederrhein in den Niederlanden in seinem heutigen Delta wieder ein Furkationsgebiet mit zahlreichen Verästelungen erreicht, hat er eine ansehnliche Mäanderstrecke zurückgelegt, die das gesamte Flussbild dominiert. Die Reihung von Mäander- und Furkationszone ist im Niederrheingebiet also umgekehrt wie am Oberrhein, wo die Mäanderstrecke stromabwärts auf die Verzweigungszone folgt. Insgesamt zeichnet sich die niederrheinische Mäanderstrecke im Bild der Flusslandschaft wesentlich deutlicher ab als beim Oberrhein, womit man vermuten könnte, dass hier in der Vergangenheit

Stromtypen am Mittel- und Niederrhein: 1 gestreckt, 2 gewunden, 3 mäandrierend, 4 unverzweigt mit bergbaulich bedingter Seenlandschaft, 5 verzweigt mit Nebengerinnen
Grafik: BPK

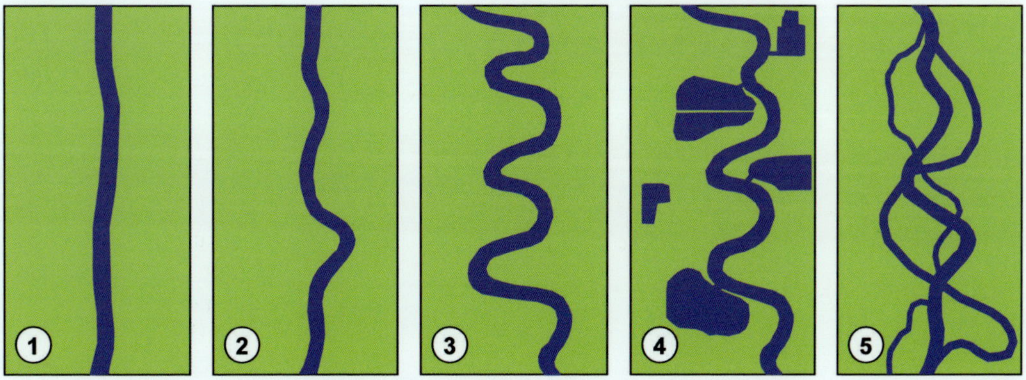

Der Kölner Dom – ein unerwartet spannender Lebensraum

Der Dom – ein künstliches Gebirge in der Niederrheinlandschaft

Überall auf dem Strebewerk findet sich eine organismische Patina.

Fotos: BPK

In der südlichen Niederrheinlandschaft ist der Kölner Dom zweifellos die auffälligste Komponente. Von welcher Richtung man sich der einzigen Millionenstadt des Rheinlandes auch nähert – den Dom hat man fast immer im Blick. Seine aufgetürmte Gesteinsmasse stellt in der urbanen Umgebung ein beachtliches Kunstgebirge dar. Steinbrecher, Steinmetze und Bauleute haben in den knapp 350 Jahren Gesamtbauzeit buchstäblich Berge hierher versetzt.

Das nimmt die Stadtnatur nicht reaktionslos hin. Tatsächlich ist der Dom mit seinen reich gegliederten Fassaden ein ungewöhnlich einladendes Biotop. Vorsichtige Schätzungen gehen davon aus, dass auf seinen Außenflanken etwa 1000 t lebender Biomasse beheimatet sind – von mikroskopisch kleinen Bakterien über einzellige Algen, Moose, Farne, krautige Blütenpflanzen bis hin zum Jungwuchs von Bäumen. Vor allem die Mikroorganismen unter den Dombesetzern machen einen großen Teil der auffälligen Gesteinsschwärzung aus, die nach üblicher Einschätzung unzutreffend als Schmutzeintrag vom benachbarten Bahnbetrieb verstanden wird. Die meisten Blütenpflanzen auf dem Dom sind Arten mit flugfähigen Samen oder Früchten, die auch in der übrigen rheinischen Landschaft als Pioniere auftreten, darunter Sal-Weide, Zitter-Pappel oder Weiß-Birke. Die Samen des aus Ostasien stammenden Schmetterlingsflieders sind nicht flugfähig, und dennoch hat sich auf dem südlichen Langhaus ein unterdessen prächtiges Exemplar ansiedeln können. Eine weitere Pflanzenart ist ein kulturgeschichtliches Relikt ersten Ranges: Auf dem Dom kommt auch das Mauer-Glaskraut vor. Diese Spezies haben definitiv die Römer ins Rheinland verschleppt, denn sie kommt in Deutschland fast nur entlang des Rheins im Bereich ehemaliger Römerkastelle vor.

Ein weiterer biogeografischer Aspekt verdient Beachtung: Auf dem Dom sind jetzt nicht nur von Natur aus mittel- oder südeuropäische Blütenpflanzen beheimatet, sondern auch Arten, die erst nach der Entdeckung der Neuen Welt durch Christoph Kolumbus (1498) als pflanzliche Migranten den Weg nach Europa fanden und daher als Neophyten (Neubürger der heimischen Flora) bezeichnet werden. Hierher gehören die beiden aus dem nördlichen Südamerika stammenden Franzosenkraut-Arten, das ursprünglich nur in Südafrika beheimatete Schmalblättrige Kreuzkraut oder das aus Nordamerika eingeschleppte Kanadische Berufskraut. Bis auf Australien wären somit auf dem Dom sämtliche Kontinente vertreten.

Detailliert bekannt ist die Vogelfauna des Doms, wobei in der öffentlichen Wahrnehmung die Dom(vorplatz)tauben bei Weitem überwiegen. Kaum bemerkt, haben sich auf dem Dom aber auch einige Brutpaare der heimischen Ringeltaube angesiedelt, was insofern bemerkenswert erscheint, weil diese Art von Natur aus ein Baum- und eben kein Felsbrüter ist. Das Gleiche gilt für ein hier fest beheimatetes Brutpaar der Rabenkrähe. Das avifaunistische Highlight unter den Domvögeln ist neben einer Schleiereule, die ihren Tageseinstand am südlichen Langhaus wählt, natürlich der Wanderfalke, der nach erfolgreicher Wiederansiedlung unterdessen eine gesunde Population im Rheinland aufgebaut hat. Er brütet zurzeit nicht in den Domtürmen, jagt aber regelmäßig im direkten Domumfeld und verstreut seine Beutereste überall auf den Außengerüsten und in den Dachtraufen.

Gelegentlich huscht durch die geöffneten Seitenportale auch schon einmal eine städtische Hausmaus in den Dom. Sie sieht allerdings einem herben Schicksal als arme Kirchenmaus entgegen, weil die Dombesucher nicht einmal grammweise Backwerkkrümel in das Gotteshaus importieren. Die einzigen wirklich regelmäßig im Domumfeld agierenden Säugetiere sind dagegen mehrere Arten von Fledermäusen.

Sal-Weide zwischen Fialen und Kreuzblumen
Foto: Iris Günthner

Flechten bedecken auf dem Domgestein insgesamt viele Dutzend Quadratmeter.
Foto: BPK

Gestein treibt Blüten: Mauer-Leinkraut in einer Domfassadenfuge.
Foto: BPK

Sogar eine Schleiereule hat auf dem Dom Quartier bezogen.
Foto: Frank Hecker

Tabelle 11: Talboden- bzw. Landschaftsformen im Niederrheingebiet

Talbodenform	*Rhein-km*	*Stromabschnitt*	
unverzweigter, gestreckter Tieflandstrom	640 – 654	*Königswinter – Bonn*	*Schiefergebirgsaustritt bis Siegmündung*
schwach gewunderer Tieflandstrom	654 – 701,5	*Bonn – Leverkusen*	*Siegmündung bis oberhalb Wuppermündung*
mäandrierender Tieflandstrom mit Nebengerinnen	701,5 – 775	*Leverkusen – Duisburg*	*Wuppermündung bis oberhalb Ruhrmündung*
verzweigter, mäandrierender Tieflandstrom mit Nebengerinnen	775 – 813	*Duisburg – Wesel*	*Ruhrmündung bis oberhalb Lippemündung*
häufig verzweigter, mäandrierender Tieflandstrom mit zahlreichen Nebengerinnen	813 – 865,5	*Wesel – Bimmen*	*Lippemündung bis zur Stromspaltung in Waal und Nederrijn*

die verschiedenen gewässerbaulichen Maßnamen entweder weniger zahlreich oder wesentlich zurückhaltender vorgenommen wurden. Ein kurzer Blick in die Geschichte der regulierenden Eingriffe zeigt indessen ein etwas anderes Bild.

Beginnend bei Bad Breisig am unteren Mittelrhein war der gesamte anschließende Niederrhein bis zur Nordseemündung des Deltaarms Oude Rijn bei Katwijk jahrhundertelang die römische Reichsgrenze der Provinz Niedergermanien. Das linke Rheinufer bildete den Niedergermanischen Limes als Flussgrenze. Daher wurde er nicht so stark ausgebaut wie sein obergermanisches Gegenstück zwischen Rheinbrohl und Regensburg. Überwiegend sicherten hier kleinere und größere Kastelle das reichsrömische Interessengebiet. In den heutigen Namen bedeutender Orte stecken immer noch die Reste römischer Benennungen. Beispiele sind Dormagen (Durnomagus), Neuss (Novesium), Krefeld-Gellep (Gelduba), Moers-Asberg (Asciburgum), Nijmegen (Noviomagus), Utrecht (Trajectum) oder Alphen (Alabaniana).

8.4 Regulierter Niederrhein

„Mäander stehen nicht still. So wie sie sich einst aus mehr oder weniger geradem Verlauf zum weiten Schwung aufgeschaukelt haben, so wandern sie talab wie die Schwingungen eines horizontal gespannten Seiles, die sich vom Schwingenden zum ruhigen Ende hinbewegen. Je heftiger der Abfluss, desto lebhafter die Wanderung, das heißt, desto stärker die Gesteinsumlagerung am Ufer. Bei randvollem Flussbett ist die Umlagerung am größten. Bei Hochwasser, also bei Überflutung der Aue, wird dazu die Auenoberfläche umgestaltet: Am Flussbettrand wird ein Uferwall aufgeworfen“, schreibt der Düsseldorfer Quartärgeologe Wolfgang Schirmer in seiner

Fast alle Rheininseln des Niederrheingebietes wurden an die Ufer angebunden. Das Altwasser der Zündorfer Groov in Köln ist jetzt ein großer Auensee.

detailreichen Arbeit über die Flussgeschichte des Rheins in der Nacheiszeit. Die genauere Verteilung von Rheinstrom und einbettender Niederterrasse ist also in der Naturlandschaft jeweils nur eine Momentaufnahme. So verwundert es nicht, dass es selbst in historischer Zeit beträchtliche Strombettverlagerungen gegeben hat (vgl. Abb. S. 136). Die einzelnen Stromschlingen verlagern sich hochwasser- und strömungsbedingt mit etwa 5 bis 12 m im Jahr flussabwärts. Im Jahre 1707 hat der Rhein sogar die Stromspaltung in Waal und Nederrijn aus dem Gebiet von Schenkenschanz um etliche Kilometer nordwestlich bis nach Pannerden verlegt. Im Jahre 1647 durchbrach der Rhein beispielsweise einen zu schmal gewordenen Mäanderhals und brachte die Stadt Rheinberg in arge Bedrängnis. Die Ortschaft Birten wurde durch Hochfluten bzw. Eisgang zerstört, später aber wieder an sichererer Stelle aufgebaut, ebenso Uerdingen oder Werrich. Das Kirchdorf Halen wurde bei einer Flutkatastrophe komplett abgeschwemmt – seine Lage vermutet man

Die kleinen Sandbuchten an den Rheinufern wie in Köln-Niehl locken an heißen Sommertagen viele Badegäste an.

Fotos: BPK

> ### Seltsame Ortsnamen
>
> *Die Niederrheiner kennen das: Wenn Regionsfremde etwa bei offiziellen Anlässen niederrheinische Ortsnamen aussprechen müssen, kommt schon mal Heiterkeit auf. Man könnte fast darauf wetten, dass „Baerl", „Grevenbroich", „Rheurdt", „Schaephuysen" oder „Vluyn" bei solchen Gelegenheiten lautlich ziemlich danebengeraten. Der Grund ist die so nur der niederrheinischen Schreibung eigene Verwendung von Dehnungsbuchstaben. Ein Dehnungs-e wie in „Baerl" und in „Wittlaer" verlängert das „a" und formt es keineswegs zum Umlaut „ä", das Dehnungs-i nach „o" wie in „Hoisten" oder in „Korschenbroich" ergibt jeweils ein langes „o". Bei „Orsoy" wird die Endung allerdings „au" gesprochen. Bei „Duisburg" oder „Gruiten" gibt es am Niederrhein niemals Zweifel – diese Kombination wird immer zum langen Umlaut „ü", ebenso wie in den niederrheinischen Varianten mit „y" wie bei „Schaephuysen" oder „Vluyn".*

unter der heutigen Rheinbrücke bei Duisburg-Baerl. Ähnlich erging es den Dörfern Rhynum gegenüber Rheinberg oder Sulen nördlich von Rees. Die Strombettverlagerungen des Rheins führten außerdem dazu, dass Siedlungen ihre direkte Lage am Fluss verloren und dadurch wirtschaftliche Vorteile einbüßten. Neuss und Duisburg erging es so, ferner Rheinberg sowie der alten Zollstätte Griethausen. Die ehemals strategisch wichtige Festung Schenckenschanz in der früheren Rheingabelung wurde nach deren Nordwestverlagerung völlig bedeutungslos. Es gibt kaum eine Siedlung auf der gesamten Niederrheinstrecke, die nicht durch Hochfluten bedroht oder zumindest teilweise zerstört wurde.

Eine solch unberechenbare sowie ständig aus- und umgestaltende Hochwasserdynamik ist jedoch ausgesprochen siedlungsfeindlich und in der Kultur- bzw. Zivilisationslandschaft nicht tolerabel. Angesichts der zahlreichen Flutkatastrophen mit dem Verlust ganzer Siedlungen und Hofschaften begannen am Niederrhein spätestens im 18. Jahrhundert und somit deutlich früher als am Oberrhein die Versuche, den ungebärdigen Fluss zu bändigen und in ein dauerhaft festes Bett zu zwingen. Zwei Phasen sind dabei zu unterscheiden: Die vor 1800 vorgenommenen Eingriffe dienten ausschließlich dem Hochwasserschutz und der Ufersicherung. Erst nach 1850 stand dagegen (auch) der Ausbau des Rheins zur Großschifffahrtstraße im Vordergrund. Neben der Uferbefestigung galt das Interesse jetzt vor allem der Schaffung einer zuverlässigen und möglichst dauerhaften Fahrrinne mit garantierter Fahrwassermindesttiefe.

Schon 1677 und damit wesentlich früher als am Oberrhein erfolgte oberhalb von Rees der erste Mäanderdurchstich, um den bei Hochwasser besonders reißendem Niederrhein von der bedrohten Ortschaft abzulenken. Drei weitere Mäanderhalsdurchstiche mit abkürzenden Kanälen legte man erst im folgenden Jahrhundert an, 1784 bei Büderich, dann 1788 bei Bislich (wodurch das heute linksrheinisch gelegene Naturschutzgebiet Bislicher Insel entstand, während das namengebende Dorf rechtsrheinisch blieb) und schließlich 1819 bei Grieth. Die ehemaligen Fließrinnen sind im Kartenbild sehr klar und auch in der Landschaft bis heute erkennbar. Der weitere ufersichernde Ausbau am unteren Niederrhein erfolgte ab 1740 in der Regierungszeit des hier als Landesherr nunmehr zuständigen Preußenkönigs Friedrich II. In dieser Phase setzte man erstmals am Rhein senkrecht oder im Winkel in den Strom vorgestreckte Buhnen als regulierende Bauwerke ein – sie sollten sich als Strömungsabweiser und Sedimentfänger außerordentlich bewähren. Später baute man sie auch an anderen Uferstrecken aus. Im Mittelrheingebiet, wo sie zahlreich vertreten sind, nennt man die zum Teil über 100 m langen Buhnen meist „Kribben". Die Buhnen- oder Kribbenfelder versandeten relativ rasch und sind heute auch bei Niedrigwasser nicht immer zu erkennen, aber als Untiefen durch Schifffahrtszeichen markiert (vgl. S. 239).

Ein auf größeren Strecken lebhaft mäandrierender Stromabschnitt wie der Niederrhein sollte eigentlich auch einige Inseln aufweisen. Das moderne Kartenbild zeigt allerdings nichts davon – der Rhein ist hier praktisch ein einheitlich durchlaufender Schlauch (vgl. Tabelle 7). Im Zuge der frühen flussbaulichen Umgestaltungen wurden nämlich bis 1785 sämtliche 25 Inseln des unteren Niederrheins an das Ufer angebunden, weil man sie als besonders gefährdet und gefährlich einschätzte. Der Uferanschluss erfolgte jeweils so, dass man einfach den oberstromig gelegenen Rheinarm durch Steindämme im Mittel- oder Hochwasserniveau verschloss. Diese ehemaligen Inseln, darunter beispielsweise der Werthauser Ward oder der Römerward bei Wesel, sind in der Niederrheinlandschaft heute als Inselkörper kaum noch auszumachen.

Auch im südlichen Niederrheingebiet stellten sich Anzahl und Verteilung der Rheininseln früher erheblich anders dar. Die gesamte Bonner Altstadt liegt beispielsweise auf einer alten Rheininsel. Der ehemals westlich daran vorbeiführende Stromarm ist sogar noch im modernen Oberflächenbild der Stadt zwischen den Stadtteilen Friesdorf und Tannenbusch zu erkennen. Alte Kartendarstellungen, darunter die berühmte „Hydrographisch und militärische Karte von dem Nieder Rhein von Lintz bis unter Arnheim" des Oberstrombau-Inspektors Wiebeking aus dem Jahre 1796 zeigt unter anderem die ursprüngliche Verteilung von Land und Wasser auch

Die grünliche Färbung des Rheinwassers lässt auf eine intensive sommerliche Planktonentwicklung schließen. Foto: BPK

Die Kölner Altstadt um Groß St. Martin liegt auf einer früheren Rheininsel. Foto: BPK

im Bereich der Siegmündung: Das gesamte Gebiet zwischen dem rechtsrheinischen Bonner Stadtteil Beuel, einer alten Fischer- und Schiffersiedlung, sowie dem Mündungsbereich der Sieg ist aus fast einem halben Dutzend Rheininseln zusammengewachsen. Über deren ungefähre Lage geben heute nur noch etliche Flurnamen Auskunft. Im Gelände zeichnen sich die ehemaligen Inselkörper allenfalls als flache Erhebungen oder Bodenwellen ab. Der 1852 nach mehreren regulierenden Eingriffen zur Halbinsel umgestaltete Kemperwerth direkt vor der Siegmündung bestand ursprünglich aus zwei getrennten Inseln. Zur ufergebundenen Halbinsel wurde beim Rheinausbau um 1850 auch der nördlich der Siegmündung gelegene Rheidter Werth. Nur den langgestreckten Herseler Werth zwischen Rhein-km 661,1 und 662,3 hat man auf ausdrücklichen Wunsch der Bewohner als einzige beidseits umströmte Niederrheininsel belassen. Auch Köln hatte früher seine Rheininseln. Ein Teil der Kölner Aldtstadt liegt daher streng genommen nicht am, sondern im Rhein: Die rheinseitige römische Stadtmauer verlief etwa vom Ostchor des Doms schnurgerade nach Süden entlang eines Rheinarms, der bei der heutigen Severinsbrücke abzweigte und das Gebiet südlich und nördlich vom Alter Markt durchflutete. Die Römer nutzten ihn als Rheinhafen. Zwischen dem römischen Köln und dem Hauptstrom lag also eine rund 1 km lange Insel (mit Nordspitze im Bereich des heutigen Hauptbahnhofs). Schon in spätrömischer Zeit versandete dieser Rheinarm; bei der ersten Stadterweiterung (948 n. Chr.) wurde das verschüttete Gebiet in die mittelalterliche Stadtmauer einbezogen. Auf der ehemaligen Rheininsel entstanden Heumarkt und Martinsviertel. Das historische Kölner Rathaus steht demnach auf dem ehemaligen Rheinufer; der davor liegende Alter Markt ist eine ehemalige Flutrinne. Vor dem südlichen mittelalterlichen Köln lag die Insel

Werthchen. Beim Rheinausbau 1849 hat man sie direkt beim alten Befestigungsbauwerk Bayenturm an das linke Ufer angebunden, aber zwischen 1890 und 1898 komplett für das Hafenbecken des Rheinauhafens abgebaggert. Der Aushub wurde 75 m weiter östlich im Rhein wieder zur neuen Insel für Hafenverwaltung und Speichergebäude (darunter das berühmte „Siebengebirge“) aufgeschüttet. Heute trägt die künstliche Insel das spektakuläre städtebauliche Neuprojekt Rheinauhafen.

So wie das Kölner Werthchen verschwanden im weiteren Rheinlauf erst während des 19. Jahrhunderts auch die Rheininseln Kirberger Ort bei Baumberg oder die Zonser Insel durch Uferanbindung. Ähnlich verfuhr man mit der Ölgangsinsel oberhalb von Heerdt, der Golzheimer Insel unterhalb von Düsseldorf und der Bodberger Insel bei Uerdingen. Mithin ist der gesamte Niederrhein unterhalb von Rhein-km 663 heute durchgängig inselfrei. Außerdem hat der Rhein hier ein geschlossenes Bett, aus dem er bei normaler Wasserführung nicht mehr spontan aussteigen kann. Ein Übergreifen der Hochwasser auf die ausgedehnte Niederterrasse ist auch deswegen nicht mehr zu erwarten, weil das frühere Hochflutbett mit einem durchlaufenden Deichsystem gesichert wurde. Der weitaus größte Teil der früheren Niederrheinaue ist also heute ein lückenlos abgepoldertes Gebiet. Für das Abflussverhalten der immer noch zu erwartenden Hochwasserwelle ist diese Situation nicht unbedingt vorteilhaft. Nach den Extremhochwassern 1993 und 1995 hat aber ein Umdenken eingesetzt: Unterdessen sind an mehreren Stellen (so beispielsweise bei Orsoy) die Deiche rückverlegt worden, um für den Bedarfsfall Fluträume zu schaffen.

8.5 Der Niederrhein und die Eiszeit

Schon in seinem alpinen Ursprungsgebiet durchläuft der junge Rhein mit seinen zahlreichen Quellarmen eine Landschaft, die ihre wesentlichen Züge während der zurückliegenden Eiszeiten erhalten hat. Die Talzüge von Alpenrhein und Hochrhein sowie die Landschaftsformen des Bodensees

Bergbau senkt die Sohle ab

Ein besonderes Problem betrifft den Niederrhein im unteren Stromabschnitt: Die untertägige Gewinnung von Bodenschätzen im sogenannten Bruch-Bergbau hinterlässt Hohlräume, die sich beim Zusammenbrechen nach Jahren oder Jahrzehnten bis zur Oberfläche durchpausen und hier eventuell größere Geländesenken entstehen lassen. Daher ist auch der Niederrhein auf der Strecke von Duisburg bis Xanten Bergsenkungsgebiet. Im Gebiet des Steinkohlenbergbaus (Rhein-km 775–805), der auch den Rhein unterfahren hat, sind unterdessen Sohlenabsenkungen bis fast 10 m aufgetreten. Auch nach der Schließung der letzten Zeche (Walsum 2008) werden sich die Absenkungen im Gerinnebett noch eine Zeit lang fortsetzen. Im Salzbergbau im Umkreis von Wesel (Rhein-km 810–813) liegen die Senkungsbeträge bei 1 bis 3 cm im Jahr bei einer Senkungszeit von 100 bis 600 Jahren. Die Geländesenkung hat bereits jetzt eine Aufweitung der Aue bewirkt und wird die Wasserscheide Rhein – Maas um etwa 5 km nach Westen verlagern. Für das Abflussverhalten des Niederrheins sind solche Stromsohlenabsenkungen natürlich nicht einfach hinnehmbar. In den letzten Jahren haben die zuständigen Wasser- und Schifffahrtsämter im benannten Bereich etwa 14 Mio. t Festmaterial zur Sohlenstabilisierung eingebracht. Außerdem erfordern die Bergsenkungen eine besonders aufmerksame Beobachtung der Deichanlagen.

sind direkt unter der hobelnden, schleifenden und schürfenden Wirkung des Gletschereises entstanden. Auf den übrigen Abschnitten waren die langen Kaltzeiten des Holozäns eher indirekt an der Talausformung beteiligt (vgl. S. 140). Hier hat die phasenweise unterschiedliche Wasserführung des Rheins entweder die Aufschüttung ausgedehnter Schotterkörper geleistet oder dem fließenden Strom die einschneidende Tieferlegung seines Tals ermöglicht. Zeugnisse dieser Aktivitäten sind die den Rhein begleitenden Höhen-, Hang- und Talterrassen mit ihren typischen Sedimenten, die jeweils verschiedene Klimaabschnitte der letzten Jahrhunderttausende darstellen.

Die dem Rhein aus dem Bergischen Land zufließenden Bäche verlaufen stellenweise auf steil aufgerichteten Devonschichten.

Am Niederrhein ist es wiederum ähnlich wie in der Umgebung des Bodensees: Hier zeigen sich in der Landschaft direkte Spuren von Gletscherschub in Gestalt von Stauchmoränen. Besonders landschaftswirksam war dabei die vorletzte Eiszeit, die vor etwa 240.000 Jahren einsetzende Saale-Kaltzeit. In ihrem unteren Abschnitt, den man nach einem niederländischen Flüsschen „Drenthe-Stadium" nennt, erreichte das nordeuropäische Inlandeis in drei Vorstößen den Norden der Niederrheinischen Bucht. Das etwa 100 m mächtige Eis schob sich aus ungefähr nördlicher Richtung in das schon lange bestehende, von vielen Stromrinnen durchzogene Flussbett des Rheins. Die nicht vom fließenden Wasser überspülten Sand- und Kiesbänke waren zu dieser Zeit massiv durchgefroren, während die überströmten Sedimentschichten weitgehend gleitfähig blieben. Die Gletscherstirn schob die fest gefrorenen Partien wie ein Bulldozer vor sich her und presste sie dabei zu langgezogenen, in der Landschaft girlandenförmig aufgereihten Wällen auf, die wir heute als Stauchmoränen bezeichnen. Die gefrorenen Sande und Kiese verhielten sich dabei wie Betonplatten, zerbrachen beim Vorschub in einzelne Teile, wurden gekippt, verstellt und übereinandergetürmt. Der weiteste Gletschervorstoß überfuhr den Rhein und reichte südlich bis zur Linie Venlo – Düsseldorf und westlich bis zur Linie Kaarst – Xanten – Kleve. Auffällige Stauchmoränen in diesem Raum sind beispielsweise die Schaephuysener Höhen westlich von Moers oder der Höhenzug westlich von Xanten. In den Stauchmoränen erkennt man immer noch charakteristische Einkerbungen. Durch diese Öffnungen floss das Schmelzwasser des Inlandeises in das westliche Vorland ab. Auf diese Weise entstanden die flach nach Westen geneigten, den Stauchmoränen jeweils vorgelagerten Sanderflächen. Besonders eindrucksvolle niederrheinische Beispiele bieten die Bönninghardt nordwestlich von Rheinberg und der Reichswald bei Kleve. Außer den Stauchendmoränen, die bis heute die äußerste Eisrandlage nachzeichnen, finden sich im östlichen Niederrheingebiet auch sogenannte Grundmoränen als Hinterlassenschaft des Materials, das der fließende saale-

Das Gebiet der Siegmündung mit seinen Altarmen (Naturschutzgebiet) gegenüber von Bonn gilt als eine der besonders naturnah erhaltenen Nebenflusseinmündungen. Fotos: BPK

zeitliche Gletscher auf seiner Sohle mit sich führte. Die Gletscher der letzten Eiszeit (Weichsel-Kaltzeit), die vor etwa 12.000 Jahren zu Ende ging, erreichten das Niederrheingebiet nicht mehr, sondern überfuhren nur noch das heutige Schleswig-Holstein. Die der Saale-Kaltzeit vorangehende Elster-Kaltzeit reichte lediglich bis an den Nordrand der Westfälischen Bucht und blieb somit für das Niederrheingebiet ebenfalls bedeutungslos.

Weitere beeindruckende Zeugnisse des Materialtransports durch die Eismassen sind die als „Findlinge“ oder „erratische Blöcke“ bezeichneten und gewöhnlich aus Skandinavien stammenden „Fremdlinge“ aus Gestein. Sie zeigen mancherlei Schrammen und Schrunden von ihrem weiten Weg durch Norddeutschland. Lange Zeit blieb ihre Herkunft und Natur rätselhaft. Erst seit 1875 ist der Zusammenhang mit den kaltzeitlichen Gletschervorstößen bekannt. Ein solcher Findling von etwa 9,3 t Gewicht steht beispielsweise im Kantpark im Stadtzentrum von Duisburg. Er besteht aus grobkörnigem Granit und lag ursprünglich wohl im Duisburger Stadtwald. Dort befindet sich ein weiterer, etwa 5,6 t schwerer Block aus Biotitgneis. Ein 7,6-t-Block ist auf dem Heilmannshof an der Uedemer Straße in Sonsbeck-Labbeck zu sehen. Im gesamten ehemals vergletscherten Nordrhein-Westfalen finden sich heute noch etliche Dutzend weiterer Findlinge. Sie gelten als interessante Naturdenkmale.

Zum atlantisch geprägten Klima des Niederrheins gehört es, dass die überwiegend aus westlicher Richtung herandriftenden, feuchtegesättigten Luftmassen vor allem über den angrenzenden Mittelgebirgen abregnen. Das südliche Niederrheingebiet liegt daher spürbar im Regenschatten von Ardennen und Eifel. Die bis auf 900 m ü. NN hochragenden Gebiete kämmen die feuchten, vom Atlantik herangeführten Luftmassen bereits weitgehend aus. In östlicher Richtung klingt die Niederschlagsneigung somit auffällig ab, nimmt zum rechtsrheinischen Schiefergebirge hin aber wieder zu. Das Jülich-Zülpicher Bördenland ist mit rund 550 mm/Jahr eine der trockensten Regionen in Westdeutschland. Die rechtsrheinischen Stadtgebiete Kölns empfangen dagegen jährlich schon etwa 800 bis 850 mm (Messstation Deutzer Friedhof), noch weiter östlich sogar schon 850 bis 900 mm (Messstation Ostfriedhof). Im nur wenige Kilometer entfernten Bergischen Land steigern sich die Regenmengen sogar auf über 1.200 mm.

Die großräumige Niederschlagsverteilung lässt sich nun nicht unerwartet auch dem Fließgewässerbild entnehmen: Dem Niederrhein fließen seine größeren Nebenflüsse vor allem von der rechten (östlichen) Seite zu. Der einzige nennenswerte linksrheinische Zufluss ist die aus der Nordeifel abfließende Erft. Die meisten über der westlichen und zentralen Hocheifel fallenden Niederschläge gehen ent-

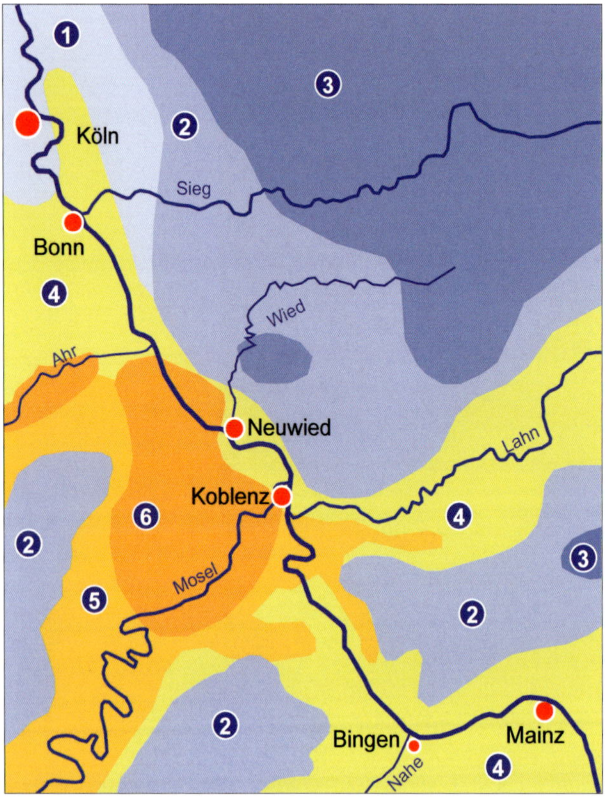

Klima zwischen Ober- und Niederrheingebiet: 1 Ozeanisches Tieflandklima, 2 Ozeanisches Hügellandklima, 3 Ozeanisches Berglandklima, 4 Kontinentales Klima der Becken und Tallagen, 5 Kontinentales Klima der feuchteren Leelagen, 6 Kontinentales Klima der trockeneren Leelagen Grafik: BPK

Flussname	Länge (km)	Quellgebiet und Quellhöhe (m ü. NN)	Mündung bei Rhein-km Mündungshöhe (m. ü. NN)/ Höhenunterschied (m)	Einzugsgebiet (km^2)	Abflussmenge (m^3/s)
Sieg	155	Ederkopf/Rothaargebirge 603	Bonn-Beuel 659,3 50/553	2.875	52
Wupper	116	Marienheide/Bergisches Land 441	Leverkusen-Rheindorf 701,5 34/407	920	15
Erft	106	Holzmühlheim/Eifel 422	Neuss-Grimlinghausen 740,2 36/386	1.914	5
Ruhr	219	Ruhrkopf/Hochsauerland 666	Duisburg-Ruhrort 780,1 21/645	4.485	79
Emscher	83	Holzwickede/Haarstrang 147	Dinslaken-Eppinghoven 797,6 20/127	847	16
Lippe	220	Bad Lippspringe 134	Wesel 814,4	4.891	46

Tabelle 12: Nebenflüsse des Niederrheins

Schmucke Erscheinung am Rheinufer zu allen Jahreszeiten: Der Wasser-Schneeball trägt seinen Namen zu Recht. Foto: BPK

weder über die Rur in die Maas oder sind bereits dem Mittelrhein über die Moselnebenbäche zugeflossen.

Südlichster Niederrhein-Nebenfluss ist die Sieg. Sie entspringt am Ederkopf im Rothaargebirge, nur 2,5 km südlich der Lahn-Quelle und etwa 3 km nordöstlich vom Quellgebiet der Eder, die jedoch zum Flussgebiet der Weser gehört. Die Mittelgebirgsfließstrecke der Sieg, deren etwas seltsam klingende Bezeichnung zu den ältesten regionalen Flussnamen aus vorgermanischer Zeit gehört und „schneller Fluss" bedeutet, weist zahlreiche naturkundliche (vor allem geologische) Besonderheiten auf, die wir hier übergehen müssen. Rheinökologisch hervorhebenswert ist allerdings ihr Mündungsgebiet, leicht nordöstlich versetzt gegenüber von Bonn. Trotz zahlreicher wasserbaulicher Eingriffe vermittelt die rheinnahe Siegaue mit ihren Altarmen, Mäanderschleifen und Auengewässern immer noch das Bild einer naturnahen Nebenflusseinmündung, neben der Ahrmündung heute die einzige mit diesem besonderen ökologischen Profil. Zu Recht hat man sie schon vor Jahren als Naturschutzgebiet ausgewiesen. Das Guiness-Buch der Rekorde vermerkt für die Sieg übrigens eine seltsame Weinflaschenpost, die 1993 bei Hennef „aufgegeben" wurde, den gesamten Weg durch das Niederrheingebiet in die Nordsee schaffte und 1996 nach einer Nordatlantikpassage an der Ostküste der USA bei Falmouth (Cape Cod, Massachussetts) gefunden wurde.

Die Wupper ist der einzige Rheinzufluss, der im Oberlauf anders heißt als im Unterlauf: Sie entspringt als „Wipper" und mündet als „Wupper".

8.6 Leben im Rhein

Biologische Vergleiche des heutigen Rheins mit der vorindustriellen Situation des frühen 18. Jahrhunderts sind nicht ohne Weiteres nur auf der Grundlage von älteren und neueren Artenlisten möglich, weil sich in den verschiedenen Flussabschnitten während der vergangenen rund 150 Jahre mit dem Beginn der Regulierungsarbeiten die Voraussetzungen für das organismische Besiedlungsbild erheblich gewandelt haben. Außer der zunehmenden Befrachtung des Rheins mit industriellen und kommunalen Abwässern ist der fast ausschließlich nach technischen Gesichtspunkten betriebene Gewässerausbau zu benennen. Der Ausbau zur Großschifffahrtsstraße hat unter anderem die gesamte natürliche Abflussrhythmik und -dynamik des Rheins verändert und auf weiten Strecken auch die Struktur der Stromsohle. Daher ist heute eine biologische bzw. nach Lebensgemeinschaften vorzunehmende Längsgliederung, wie sie zu Beginn des 20. Jahrhunderts Robert Lauterborn in seiner berühmten Rheinmonografie erarbeitet hat, kaum noch zu erkennen. Die im gesamten Rheingebiet an den Ufer- oder Inselflanken errichteten Buhnen (Kribben) oder in den Fluss eingebaute Sohlschwellen und Stromleitwerke veränderten neben den Strömungsverhältnissen auch die Sedimentation und den Geschiebetransport im Flussbett. Dadurch verschoben sich die Artenspektren von Organismen, die eine bestimmte Stromsohlenstruktur oder besondere Sedimenteigenschaften bevorzugen. Mit der Einrichtung einer durchgängig breiten Fahrrinne wurden Kiesbänke, Sandinseln, Stromriffe und andere typische Strukturen aus dem alten Strombett des Rheins entfernt. Die Ufer sind heute fast überall durch Steindeckwerke festgelegt, womit die natürliche Form- oder Besiedlungsdynamik unterbunden ist. Die moderne Großschifffahrt beeinflusst außerdem durch rein mechanische Wirkungen wie Wellenschlag bzw. Sog- und Schwalleffekte die organismische Besiedlung auf der Stromsohle ebenso wie in den Uferbereichen. Das Erscheinungsbild des Rheins ist somit auf weiten Strecken technisch überprägt. Naturnahe Resträume beschränken sich in der Talaue und im Strombett bei genauerem Hinsehen auf nur wenige besonders schutzwürdige Abschnitte, von denen heute die wichtigsten eine besondere Aufmerksamkeit erfahren und auch als Naturschutzgebiete ausgewiesen sind.

Ökologisches Rheinlabor

Als einzige Hochschule am Rhein verfügt die Universität zu Köln über ein eigenes Forschungslabor direkt auf dem Wasser: Das „Ökologische Rheinlabor" gehört zum Zoologischen Institut, ist ein am linken Rheinufer fest vertäutes Schiff und liegt in Köln-Marienburg bei Rhein-km 684,5. Der Schiffsrumpf stellt ein echtes Recyclingobjekt dar: 1954 wurde er aus

Ökologisches Rheinlabor – eine besondere Forschungseinrichtung der Universität zu Köln Foto: BPK

zwei im Krieg zerstörten Schiffen zusammengeschweißt. Das Vorderschiff lieferte die 1885 gebaute „Baden", den hinteren Teil die 1912 auf Kiel gelegte „Desdemona". Zunächst diente das Schiff als Bootshaus für die Sporthochschule Köln. Nach einer technischen Grundüberholung findet seit 2002 wieder aktuelle Flussforschung im „Rheinlabor" statt. Der enorme Vorteil dieser Einrichtung ist, dass man mit modernem methodischen Repertoire direkt am Objekt arbeiten kann.

8.6.1 Klein, aber aufschlussreich

Besonders aussagekräftig für den biologischen Wert sind die in einem Fließgewässer lebenden Kleintiere, vor allem die Insekten und deren Larven. Von den rund 110 um die vorletzte Jahrhundertwende nachgewiesenen rheintypischen Insektenarten

Winziger Formenzauber

Normalerweise nimmt man sie nur als leicht glitschigen Belag auf Steinen und anderen ufernahen Objekten im Rheinwasser wahr: Zu den völlig verkannten, aber besonders faszinierenden Rheinbewohnern gehören auch die zahllosen Kleinstorganismen, die nur das Mikroskop zeigen kann. Die hier erstmals abgebildeten Vertreter haben sich auf Objektträgern angesiedelt, die auf einer speziellen Arbeitsplattform des Ökologischen Rheinlabors direkt im Rheinwasser ausgebracht wurden.

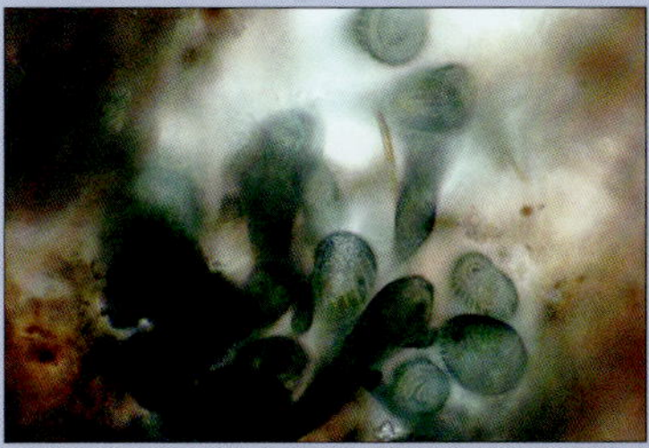

Blaue Trompetentierchen

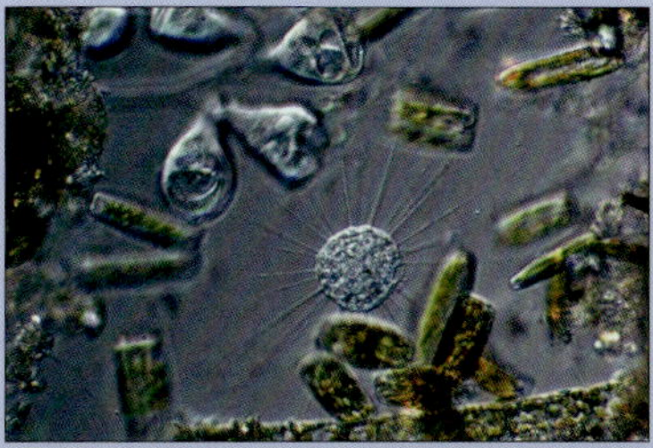

Sonnentierchen zwischen Kieselalgen

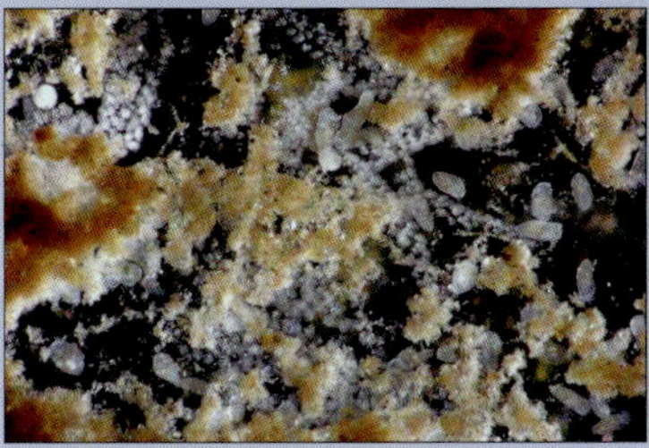

Winzige Wimpertiere zwischen Feinstsediment aus dem Rheinwasser

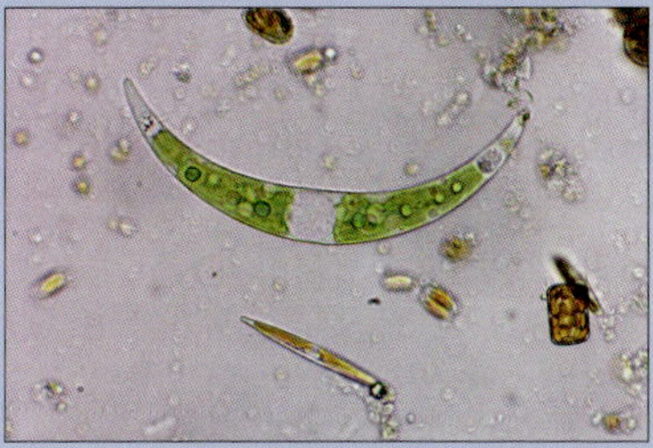

Mondsichelalge – eine im Rhein früher unbekannte Art

Verschiedene Cyanobakterien, Grün- und Kieselalgen

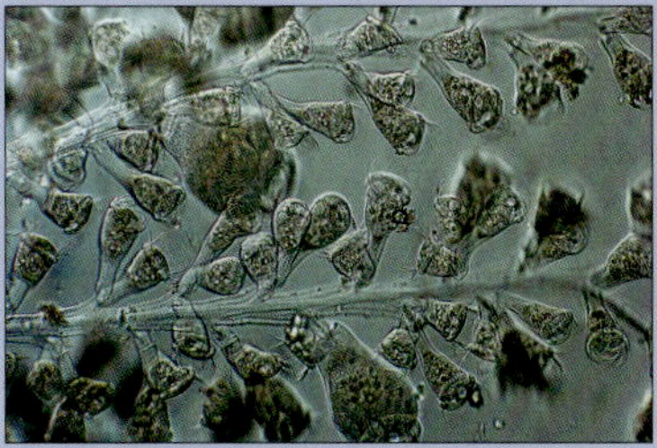

Bäumchenartig verzweigte Kolonie von Glockentierchen Fotos: BPK

Schwarzblauer Moorbläuling an Großem Wiesenknopf – seltener Falter in den Hochstaudenfluren der Auen Foto: Monika Hachtel

Gelegentlich findet man im Auengrünland die apart gezeichnete Raupe des Wolfsmilchschwärmers.

Eintagsfliegen sind eher unauffällig, aber in der Larvenzeit als Fischnährtiere bedeutsam.

Zu den unscheinbaren, aber wichtigen Arten gehören auch die Köcherfliegen (wie die abgebildete Art Phrygaena grandis).

Großer Eisvogel. Seine Raupe lebt an der Zitter-Pappel.

Paarungsrad der Gebänderten Prachtlibelle

Fotos: Frank Hecker

verschiedener Lebensgemeinschaften am oder im Sediment des Flussbetts blieben bis 1971 tatsächlich nur fünf Arten übrig. Inzwischen nehmen die Artenzahlen auch dieser bedeutenden Tiergruppen wieder zu. Nach neueren Stromsohlenuntersuchungen hat der Rheinboden jetzt wieder ein Gesamtinventar von etwas mehr als 170 Arten. Zu seiner typischen Wirbellosenfauna zählen wieder Süßwasserschwämme, Roll- und Schneckenegel, Flussflohkrebse sowie einige Stein-, Eintags- und Köcherfliegen-Arten.

Auch die rheintypische Weichtierfauna zeigt wachsende Populationen: In den meisten Rheinabschnitten kann man jetzt wieder die Gewöhnliche Kahnschnecke, die Abgeplattete Teichmuschel, ferner die Gewöhnliche Malermuschel und die Dicke Flussmuschel antreffen. Andere, ehemals sehr häufige und dann nahezu ausgelöschte Arten wie die Kugelmuschel breiten sich gegenwärtig im Mittel- bzw. Niederrhein wieder aus.

Ebenso wie bei den Fischen steht auch bei den wirbellosen Tieren den Vertretern der ursprünglichen Arteninventare eine Anzahl sogenannter neozoischer Arten gegenüber, die sich durch Einwanderung oder Verschleppung erst im Laufe des 19. und 20. Jahrhunderts eingebürgert haben. So sind beispielsweise Keulenpolyp, Gefleckter Strudelwurm, Süßwassergarnele, Mittelmeer-Wasserassel, Chinesische Wollhandkrabbe, dazu auch Zwergdeckelschnecke, Spitze Blasenschnecke sowie die abschnitt- und

Kamberkrebse stammen aus Nordamerika und wurden von Aquarianern in die heimischen Fließgewässer entlassen.

Fotos: Frank Hecker

Der Bisam ist die größte Wühlmaus der Welt. Die ersten kanadischen Exemplare wurden 1915 bei Prag ausgesetzt. Heute ist die Art am gesamten Rhein verbreitet.

Die salzverträgliche Wollhandkrabbe aus China wandert vom Meer weit flussaufwärts.

Der Zander, ein geschätzter Speisefisch, war ursprünglich nur im Donaugebiet heimisch. Im Rhein ist er jetzt überall eingebürgert.

Hypbridpappelforst und Strauchweidenaue am Niederrhein bei Spijk
Foto: Katharina Moos

zeitweise massenhaft auftretende Wandermuschel auffällige Beispiele für Tierarten, die früher im Stromgebiet des Rheins nicht heimisch waren. Diese Arten stammen entweder aus dem Schwarzmeergebiet (Pontokaspis), aus Nordamerika, Ostasien oder sogar aus Neuseeland. Im Hauptstrom des Rheins stellen die Zuwanderer unterschiedlicher Verwandtschaftsgruppen heute einen Faunenanteil von bis zu 40 %.

Echte Schwarz-Pappeln und Hybrid-Pappeln sind am Blattwerk nur schwer unterscheidbar.
Foto: BPK

Ein besonders auffälliges Beispiel aus der jüngsten Invasionsgeschichte des Rheinstroms bieten die seit einigen Jahren auch im Mittelrhein in großer Anzahl vorkommenden Körbchenmuscheln, die eventuell zwei verschiedenen, aber nicht klar unterscheidbaren Arten (*Corbicula fluminea* und *C. fluminalis*) angehören. Noch während der Tertiärzeit war diese Verwandtschaftsgruppe über ganz Europa verbreitet. Die zurückliegenden Kaltzeiten drängten die Art(en) ins Kaspische Meer, nach Vorderasien und nach Nordafrika zurück. Aus diesen Gebieten wurden Körbchenmuscheln um 1939 vermutlich mit Bilgen- oder Ballastwasser in Schiffen nach Nordamerika verschleppt, und von dort gelangten sie 1980 auf demselben Wege wieder nach Europa zurück, zunächst nach Portugal und Südfrankreich, dann schließlich auch ins Rheindelta. Bis 1990 hatten sie sich bereits den gesamten Nieder- und Mittelrhein erobert und sind 1997 erstmals auch in der Donau gefunden worden.

Eine recht bemerkenswerte Artengruppe sind die Flusskrebse. Der heimische Edelkrebs war wohl ursprünglich auch im Rhein beheimatet, ist aber heute ebenso wie der selten gewordene Steinkrebs allenfalls auf wenige kleinere und sehr saubere Rheinzuflüsse beschränkt. Im Rhein selbst kommt in größerer Zahl der gegen Ende des 19. Jahrhunderts aus Nordamerika eingeführte Kamberkrebs vor – er besiedelt auch alle Nebenflüsse und Kanäle und ist in Nordrhein-Westfalen heute die mit Abstand häufigste Großkrebsart. Bedauerlicherweise wurde mit den Besatzkrebsen auch eine für die heimischen Arten immer tödlich verlaufende Infektionskrankheit eingeschleppt. Aktuell kommen in nordrhein-westfälischen Gewässern außer den beiden heimischen vier gebietsfremde Flusskrebsarten vor.

So hat sich der Rhein auch unterhalb der Wasserlinie innerhalb weniger Jahrzehnte zu einem biozönotisch völlig anders strukturierten Fließwasserbiotop entwickelt. Hier Ursprünglichkeit herstellen zu wollen, ist völlig aussichtslos, aber Naturnähe mit guten Entwicklungspotenzialen für Flora und Fauna ist auf jeden Fall möglich.

8.6.2 Die Fischfauna im Rhein

Für die biologische Beurteilung eines großen Fließgewässers besonders aufschlussreich ist seine Fischfauna, weil große und relativ einfach zu erfassende Organismen eben einen besonderen ökologischen Indikatorwert aufweisen. Die ersten bekannten Aufzeichnungen zur Fischfauna des Rheins finden sich bereits in den Schriften des römischen Dichters Ausonius (4. Jahrhundert n. Chr.). Er unterschied 14 Fischarten – allerdings vorwiegend nach kulinarischen Gesichtspunkten. Später fiel das Bild infolge verbesserter Artenkenntnis natürlich deutlich detaillierter aus. Bis 1890 (vorläufiger Abschluss des Ausbaus, Beginn gezielter Besatzmaßnahmen, Einsetzen der industriellen Nutzung) kamen im Rhein insgesamt 47 verschiedene Arten Rundmäuler und Fische vor, davon auf dem Flussabschnitt von Bingen bis Emmerich 34 Arten.

Nach dem ursprünglichen Artenbild gehörte der Mittelrhein bis in den Raum Bonn / Köln zur Barbenregion, der anschließende Niederrhein ab Köln bis in das Deltagebiet zur Brachsenregion. Zur typischen Fischfauna von Mittel- und Niederrhein gehörten auch Wanderfischarten („Anadrome" genannt – sie ziehen zum Laichen flussaufwärts) wie Lachs (= Rheinsalm), Meerforelle, Maifisch, Finte, Nordseeschnäpel oder Flunder. Sie stiegen jedes Jahr regelmäßig und früher in größerer Anzahl aus dem Meer zu ihren oberstromig gelegenen Laichplätzen auf. Der Aal ist dagegen eine katadrome Fischart – er zieht zum Ablaichen ins Meer zurück und wandert bis in den zentralen Atlantik (Sargasso-See).

Bis etwa 1775 (erste Mäanderdurchstiche) herrschten im Rhein weitgehend natürliche Verhältnisse. Die zu diesem Zeitpunkt übliche Fischerei stellte keine nennenswerte Beeinträchtigung der Fischfauna dar. Etwa 125 Jahre später zeigten sich die nachteiligen Wirkungen der Rheinkorrektionen: Erosionen, Verbauung von Nebenflüssen, Verlust von Überflutungsflächen als Laichgebiete vieler Fischarten sowie erste stärkere Verunreinigungen ließen die Artenspektren schrumpfen. Nach dem Zweiten Weltkrieg, in den Jahren 1945–1952, brach die Wirtschaft (Industrie und Gewerbe) fast völlig zusammen. Das Wasser im Rhein war jetzt wieder sauberer als zwischen den beiden Weltkriegen, und entsprechend erholten sich die Fischbestände. Die Rheinfischer fingen im gesamten Rhein immerhin rund 58 t Fisch – schon viel weniger als zu Beginn des 20. Jahrhunderts, denn unterdessen zeigten auch Ausfischung und Veränderungen der Stromsohle durch Ausbau deutliche Wirkungen. In die Jahre 1952–1970 fällt der wirtschaftliche Aufschwung (Wirtschaftswunderzeit). Während dieser Phase vernachlässigte man weitgehend die nötige Abwasserklärung, sodass aus dem relativ sauberen Fischgewässer Rhein ein vergiftetes Abwassergerinne wurde. Ablesbar ist diese Entwicklung an den Fangerträgen: 1950 kamen im Mittelrhein nur noch 26 Fischarten vor; 1975 erreichte die Fischfauna mit höchstens 23 Arten in wenigen Stromabschnitten den historischen Tiefststand.

Vom Rückgang besonders betroffen waren die benannten, vom Meer zu ihren Süßwasserlaichplätzen aufsteigenden Arten sowie solche Fischarten, die an besondere Strombettstrukturen gebunden sind, darunter Bitterling, Quappe, Schmerle und Schneider. Im Jahre 1984 dominierten nur noch die

Der Europäische Aal war lange Zeit einer der wichtigsten Nutzfische im Rheingebiet.

Flussbarsche sind im gesamten Rheingebiet wieder relativ häufig.

Flundern sind Meeresplattfische, ziehen aber auch im Rhein nicht selten weit flussaufwärts.

Die Barbe ist der Leitfisch des Mittelrheins, kommt aber auch im Niederrhein vor. Fotos: Frank Hecker

Der raschwüchsige Götterbaum stammt aus Ostasien und hat sich unterdessen auch die Niederrheinufer erobert. Fotos: BPK

Das als Neophyt auftretende Drüsige Springkraut bildet in den Rheinauen ausgedehnte Bestände.

drei Arten Rotauge, Brachse und Hasel die Fischfauna des Rheins, die gegenüber Wasserverschmutzungen relativ unempfindlich sind und abschnittweise weit über 80 % des Gesamtfischbestandes ausmachten. Im Jahre 1963 fingen die wenigen verbliebenen Berufsfischer im Rhein nur noch rund 5 t Fisch. Die letzten Flundern und Flussneunaugen sah man im Rhein 1966. Die Berufsfischerei auf dem Rhein brach endgültig zusammen.

Erst nach 1970 setzte allmählich ein ökologisches Umdenken ein. Nun begann auf der Basis wasserwirtschaftlicher Neugesetze der Bau leistungsfähiger Kläranlagen. Schrittweise verbesserte sich die Gewässergüte. Im Jahre 1982 tauchten überraschend wieder die ersten Meerforellen, 1984 auch Flussneunaugen und Flundern auf. Vor allem unter dem Eindruck der Brandkatastrophe im Baseler Chemiekonzern Sandoz (November 1986) beschlossen die Rheinanliegerstaaten das „Aktionsprogramm Rhein" (APR)

Die Weichholzaue besteht auch am Niederrhein überwiegend aus Hybridpappelbeständen.

zur Sanierung des Flusses. Seither kann man von einer Renaturierung des Rheins sprechen. Im Jahre 1997 kamen im Rhein wieder 48 Fischarten vor, im Jahre 2000 waren es – einschließlich der eingewanderten oder eingeführten – 67 Arten. Sogar der seltene Nordseeschnäpel (= Wandermaräne), der früher zum Ablaichen bis zur Wied aufstieg und seit 1940 nicht mehr nachgewiesen wurde, kommt jetzt nach gezielten Besatzmaßnahmen wieder vereinzelt im Rhein vor. Die seit über 60 Jahren verschollene Finte tritt ebenfalls wieder auf. Einst war gerade dieser Fisch sehr populär und wirtschaftlich bedeutsam. Vor dem Einsatz der heutigen Großfähren verkehrte bis in die 1960er Jahre zwischen Linz und Re-

Museum der Fischerei-Bruderschaft zu Bergheim an der Sieg

Der Aalschokker „Maria Theresia“ von 1894 auf dem Diescholl in der Siegmündung

Foto: BPK

Die am Mittel- und Niederrhein einzigartige Fischerei-Bruderschaft entstand im hohen Mittelalter aus einer Gemeinschaft von 14 Fischerfamilien. Das nahe Kloster Vilich verlieh ihnen die Fischrechte für die Siegmündung und die rechte Rheinseite zwischen (Bonn-)Beuel und (Troisdorf-)Mondorf. Nach und nach entwickelte sich eine zunftähnliche Bruderschaft, und sie wurde zu einer Lebens-, Glaubens- und Arbeitsgemeinschaft.

Auch seit dem Ende der beruflichen Fischerei um die Mitte des 20. Jahrhunderts besitzt die Bruderschaft nach wie vor die Fischereirechte. Sie nimmt heute wichtige Aufgaben in den Bereichen Bildung, Traditionspflege und Naturschutz in der Siegaue wahr.

Anlässlich ihres 1000-jährigen Bestehens eröffnete die Bruderschaft 1987 am Ufer des alten Siegarms Diescholl ein eigenes Museum zur Darstellung der traditionellen Berufsfischerei im Gebiet der unteren Sieg. Nach erheblicher Erweiterung um einen Neubau und inhaltlich wie konzeptionell erneuerter Präsentation wurde das Haus im Jahre 2010 neu eröffnet. Das Ganze versteht sich als umfassend informierende Ausstellung zur Kulturhistorie der Fischerei im Gebiet mit ihrem besonderen Sozialgefüge, als Besucherzentrum und Portal zum bedeutenden Naturschutzgebiet Siegaue sowie als außerschulischer Lernort mit einem eigenen Schülerlabor. Größtes Ausstellungsobjekt ist das 1894 in den Niederlanden gebaute Aalfangboot (Aalschokker) „Maria Theresia“, das im Siegarm Diescholl auf der Höhe des Museums vor Anker liegt.

Nachtigallenweg 39, 53844 Troisdorf, www.fischereimuseum-bergheim.de

Öffnungszeiten: Sa von 14.00 bis 18.00 Uhr und So von 12.00 bis 18.00 Uhr

magen-Kripp eine kleine Zweitfähre dieses Namens – eine Benennung, mit der selbst die meisten Anwohner nichts mehr verbinden konnten. Damit sind bis auf den in Deutschland vermutlich ausgestorbenen Stör alle Fischarten wieder vorhanden – wenn auch in stark veränderten Populationsgrößen.

Von den heutigen Rheinfischen gehören 38 Arten der ursprünglichen Rheinfauna an. Sterlet, Regenbogenforelle, Moskitofisch und Blaubandbärbling sind Beispiele für Besatzfische. Auch der ursprünglich aus dem Flussgebiet der Donau stammende Zander hat sich inzwischen im gesamten Stromgebiet des Rheins ebenso ausgebreitet wie der Wels. Zährte, Zobel und vier Grundel-Arten sind unterdessen aus der Donau über den 1992 eröffneten Rhein-Main-Donau-Kanal bis über das Niederrheingebiet hinaus zugewandert. Die vorindustrielle Ausgangssituation im Artenbild ist also auch auf diesem Hintergrund nicht mehr herstellbar.

8.6.3 Der Lachs im Rhein

Das Bild kennt man: Bären staksen, eventuell sogar scharenweise, durch wild schäumende Stromschnellen und warten nur darauf, dass ihnen die wandernden Lachse gleichsam zwischen die Zähne springen – so live zu erleben im Norden Kanadas und in Alaska. Vor knapp 200 Jahren waren ähnliche Szenen auch in Mitteleuropa zu sehen, denn Lachse gab es reichlich und einige Bären auch noch. Andererseits isolierte 1869 der junge Tübinger Biochemiker Friedrich Miescher (1844–1895) aus Lachssperma eine Verbindung, die später die gesamte Biologie revolutionierte: Er entdeckte nämlich die heute so benannte Desoxyribonukleinsäure (DNA), den stofflichen Träger der Erbanlagen.

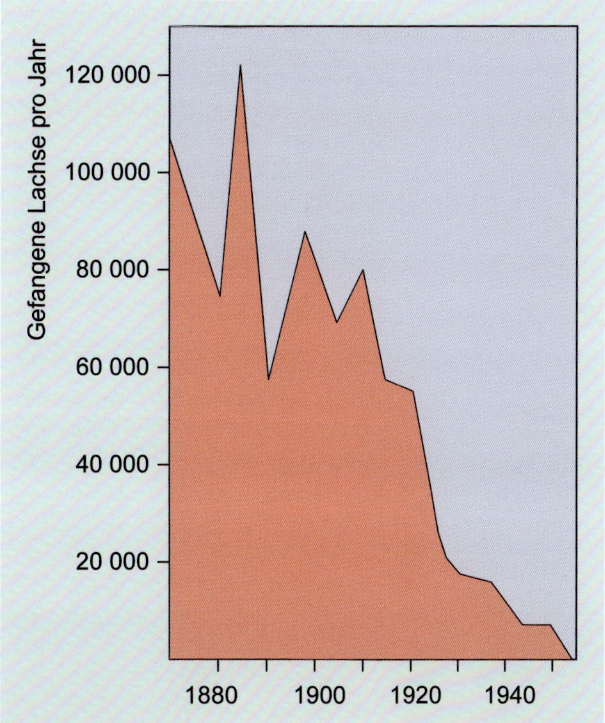

In der ersten Hälfte des 20. Jahrhunderts ging der Lachsfang rapide zurück.
Grafik: BPK

Deren Bedeutung für die Genetik erkannte man allerdings erst Jahrzehnte später (1944).

Heute ist es kaum noch vorstellbar, dass der Fischfang im Rhein bis ins 20. Jahrhundert von großer wirtschaftlicher Bedeutung war. Gerade die Lachse, im Rheingebiet früher meist „Salm“ genannt, leisteten einen erheblichen Beitrag zur Ernährung der Bevölkerung. Noch im 19. Jahrhundert setzte in Köln das Hauspersonal durch, nicht mehr als zweimal in der Woche mit Lachs beköstigt zu werden. An den Felsen und Stromschnellen im Loreleygebiet lagen die europaweit bedeutendsten Fanggründe für Lachs. Man fing ihn mit Flachnetzen an langen Stangen, sogenannten Salmwaagen, oder per Stellnetz vom Boot aus. Durch Überfischen wurde der Salmfang allerdings nach und nach völlig unrentabel. Im Jahre 1937 stellte man ihn an der

Loreley schließlich ganz ein. Der letzte Rheinlachs wurde 1952 am Niederrhein gefangen. Heute ist die ursprüngliche Population ausgestorben. Außer der Überfischung sind die weiteren Gründe für diesen dramatischen Rückgang wohlbekannt: Während der frühen Industrialisierungsphasen konnten empfindliche Fischarten in den zunehmend vergifteten Gewässern nicht mehr existieren. Außerdem waren viele Laichgründe in den Oberläufen der Rheinnebenflüsse zerstört, unter anderem durch die früher weithin praktizierte Flößerei. Schließlich konnten die Lachse ihre Laichgründe nicht mehr erreichen, weil die inzwischen zahlreich in die Flüsse eingebauten Stauwehre ihnen den Weg versperrten. Christian Morgenstern hat diese Situation 1910 in seinem Gedicht sarkastisch, aber treffend beschrieben.

Der Salm

Ein Rheinsalm schwamm den Rhein
bis in die Schweiz hinein.

Und sprang den Oberlauf
von Fall zu Fall hinauf.

Er war schon weißgottwo,
doch eines Tages – oh! –

da kam er an ein Wehr:
das maß zwölf Fuß und mehr!

Zehn Fuß – die sprang er gut!
Doch hier zerbrach sein Mut.

Drei Wochen stand der Salm
am Fuß der Wasseralm.

Und kehrte schließlich stumm
nach Deutsch- und Holland um.

Christian Morgenstern (1910)

Klare Nebenflüsse von Nieder- und Mittelrhein und ihre Bäche sind typische Lachslaichgewässer.
Foto: BPK

Laichreife Lachsmännchen erkennt man ihrem typisch hakenförmigen Unterkiefer.
Foto: Frank Hecker

Unter dem Eindruck der Sandoz-Katastrophe vom November 1986, als der Rhein zwischen Basel und Bingen so gut wie tot war, vereinbarten die zuständigen Umweltminister der Anrainerstaaten 1987 ein Aktionsprogramm, zu dem auch das Maßnahmenpaket „Lachs 2000" gehörte: Bis zum Jahre 2000 sollte der Lachs als wichtige und in der Öffentlichkeit bekannte Leitart eines ökologisch gesundeten Fließgewässers auch wieder im Rhein heimisch werden. Dieses Ziel ist unterdessen erreicht. Nach vielen gezielten Besatzmaßnahmen mit west- und nordeuropäischen Individuen sowie Rückbau von unpassierbaren Wehren in geeigneten Laichgewässern kehrten schon 1990 die ersten laichreifen Lachse wieder in das Rheinsystem zurück. Nachgewiesen hat man sie unter anderem in den Nebenflüssen Sieg, Ahr, Sayn, Lahn und Wisper.

Die 1977 errichtete Stauhaltung Iffezheim (vgl. S. 75) war für Wanderfische zunächst völlig untauglich, weil sie nur nach technischen Gesichtspunkten konstruiert war. Seit Sommer 2000 ist hier ein geeigneter Fischpass eingerichtet, der den Tieren den Aufstieg ermöglicht. Seither wandern die Lachse auch in größerer Zahl wieder in die franzöische Ill und in die Rench zurück. Rheinnebenflüsse, die sowohl geeignete Laichgründe als auch Jungfischlebensräume aufweisen, sind im Niederrheingebiet Sieg (mit Agger), am Mittelrhein Ahr, Saynbach, Mosel (mit Sauer, Our, Prüm und Kyll), Lahn (mit Laasphebach) und die Wisper. Im Oberrheingebiet sind es in erster Linie Lauter, Murg, Rench und Kinzig, am Hochrhein Wiese, Birs und Ergolz.

Der bis 45 kg schwere Atlantische Lachs ist ein typischer anadromer Fisch – die Junglachse wandern aus den Laichgebieten im Oberlauf sauberer Bäche ins Meer und kehren als ausgewachsene Fische zum Ablaichen in das Süßwasser zurück, meist in der Zeit zwischen Juli und November. Das Weibchen richtet in Seitenlage durch Schwanzschläge eine Laichgrube ein und legt dort eine Portion von etwa 100 Eiern ab, die vom Männchen – erkennbar an dem charakteristisch hakenförmigen Unterkiefer – sofort besamt werden. Die Laichperiode dauert etwa zwei Wochen, bis insgesamt etwa 15.000 Eier abgelegt sind. Die klebrigen Eier verbleiben über Winter zwischen den Steinen am Gewässergrund, die Larven entwickeln sich erst im folgenden Frühjahr.

Bei Aufstieg und Laichgeschäft verlieren die Elternfische bis zu 40 % ihres

Rheinmuseum Emmerich

Das vom Emmericher Geschichtsverein getragene und direkt am Rhein gelegene Museum zeigt anhand von 130 Schiffsmodellen die Entwicklung der Rheinschifffahrt während der letzten 2.000 Jahre. Über eine Radaranlage kann man den aktuellen Schiffsverkehr auf dem Rhein beobachten. Im Museumsgarten werden ein Segelkutter, ein Rheinruderboot und weitere Großexponate wie Bojen, Anker und Schiffsschrauben präsentiert. Ein besonderer Schwerpunkt ist die Dokumentation der gewerblichen Rheinfischerei.

Rheinmuseum Emmerich
Martinikirchgang 2, 46446 Emmerich
Öffnungszeiten: Mo – Mi, So 10.00 – 12.30 und 14.00 – 16.30 Uhr, Do 10.00 – 12.30 und 14.00 – 18.00 Uhr, Fr 10.00 – 12.30 Uhr

Blässgänse fallen ein.

Saat- und Blässgänse sind auch unter Feldbedingungen gut zu unterscheiden.

ursprünglichen Gewichtes. Viele gehen daher ein, wenige überwintern in tieferem Flusswasser, kehren ins Meer zurück und erholen sich hier rasch. Nur etwa 5 % der Weibchen laichen ein zweites, nur etwa 1 % auch ein drittes Mal.

8.7 Arktische Gänse am Niederrhein

Hinreißende Naturerlebnisse assoziiert man oft nur mit weit entfernten Regionen oder gar anderen Kontinenten. Fallweise bietet die Natur jedoch direkt vor der Haustür selbst im dicht besiedelten Nordrhein-Westfalen ein beeindruckendes saisonales Schauspiel, das Fachleute unterdessen ebenso begeistert wie Naturfreunde – und sogar Medieninteresse weckt: Von Oktober bis Februar halten sich Zehntausende Wildgänse aus der Arktis im Niederrheingebiet auf, um hier zu überwintern.

Die halbjährlichen Zugbewegungen vieler Vogelarten zwischen den nördlichen Brut- und südlichen Überwinterungsgebieten sind sicher eines der

Weißwangengänse sind am Niederrhein vor allem im Spätwinter zu beobachten.
Fotos: Hans Glader

auffälligsten Ereignisse in der heimischen Tierwelt, insbesondere bei großen Arten, die wie die Kraniche in lautstarken Verbänden mit bis über 300 Individuen über den Himmel ziehen. Im Frühjahr und Herbst queren über 50.000 Kraniche das Rheinland im vergleichsweise schmalen Korridor zwischen dem Niederrhein und dem Lahn- / Mosel-Gebiet. Bei vielen anderen Vogelarten verläuft das jahreszeitliche Zuggeschehen für den Beobachter dagegen weitaus unspektakulärer. Zu den besonders faszinierenden und aufmerksam verfolgten Phänomenen gehört die Überwinterung von Arten, die ab Spätsommer ihre nördlichen bzw. nordöstlichen Brutreviere verlassen und zum Überwintern nicht wesentlich über Nordwestdeutschland hinaus nach Südwesten ziehen. Lange bekannt ist beispielsweise das regelmäßige Auftreten von Zwerg-, Mittel- und Gänsesäger auf den strömungsberuhigten Wasserflächen des Rheins, im Bereich der wenigen Nebenflusseinmündungen, auf Bagger- und Tagebaurestseen aus dem Braunkohleabbau sowie den zahlreichen Talsperren im räumlich nahen Mittelgebirge. Auch das Auftreten nordischer Gänsearten ist für das Rheinland dokumentiert, seitdem es überhaupt umfassende Darstellungen zur Vogelwelt der rheinischen Landschaftsräume gibt.

8.7.1 In hellen (und dunklen) Scharen

Die in Europa ursprünglich heimischen Gänsearten lassen sich in drei Artengruppen aufteilen: Die sogenannten Feldgänse (Gattung Anser), die überwiegend in abgestuften Nuancen grau- bis erdbraun gefiedert sind, umfassen neben der Graugans, der Stammform aller Hausgänse, die weiteren Arten Bläss-, Kurzschnabel-, Saat- und Zwerggans. Dagegen sind die Meergänse (Gattung *Branta*) betont grauschwarz und weiß gemustert. Hierher gehören als heimische Arten die Weißwangengans (= Nonnengans), die Ringelgans und, als Zuwanderer, die Kanadagans. Eine dritte Gruppe bilden die sogenannten

Gans viel los: Gänsescharen im Auengrünland
Foto: Hans Glader

Halbgänse mit der heimischen Brandgans sowie den Neozoen Nil- und Rostgans.
Eine „gänslich" überraschende Dynamik der im Rheinland überwinternden Teilpopulation(en) zeigt vor allem die Blässgans aus der Feldgansgruppe. Während bis zur ersten Hälfte des 20. Jahrhunderts aus dem Niederrheingebiet nur wenige Einzelnachweise vorliegen und die Art somit als seltener Gast galt, nahm die Zahl überwinternder Individuen seit etwa 1970 stetig zu. Die breite Rheinaue zwischen Duisburg und Nijmegen hat sich somit trotz der urban-industriellen Verdichtung innerhalb weniger Jahrzehnte zum wichtigsten Überwinterungsquartier dieser Gänseart entwickelt.
Am Niederrhein erscheinen die nordischen Wildgänse ab Oktober. Schon ab Ende Januar zeigt sich bei den Gänsescharen eine gewisse Unruhe, und die ersten Tiere verlassen das Rheinland nach Nordosten. Bis Anfang März ist der größte Teil über Ostdeutschland, das Baltikum und Weißrussland wieder in Richtung Tundra abgezogen. Die durchschnittliche Flugstrecke der sibirischen Gänse zwischen Brut- und Überwinterungsgebiet misst je Route bis etwa 6.000 km, fallweise sogar bis 9.000 km. Je 100 km Flugstrecke verbrauchen die Tiere etwa 10 g von ihrer Fettreserve. Den für den Rückflug und den Start des Brutgeschäftes erforderlichen Fett- bzw. Energievorrat müssen sie sich während der Winterwochen auf dem saftigen niederrheinischen Grünland anmästen. Tagsüber sieht man die Gänse daher fast immer bei der Nahrungsaufnahme. Sie zupfen bis zu 100-mal pro Minute die 1 cm lange Spitzenregion frischer Gras- oder Getreideblätter ab – täglich bis etwa 70 % ihres Eigengewichtes. Trotz dieser erheblichen Biomasseentnahme ist der Frieden mit der Landwirtschaft unterdessen hergestellt: Auf den Grünlandflächen werden die Verluste durch den Düngeeffekt der tierischen Ausscheidungen kompensiert, und für

etwaige Ertragseinbußen auf den Getreideparzellen leistet das Land NRW Entschädigungszahlungen.

8.7.2 Drei Arten, drei Entwicklungen

Blässgänse, in der bei uns üblicherweise auftretenden westsibirischen Unterart, erkennt man an ihrem rosafarbenen Schnabel, einer schneeweißen Federblässe zwischen Schnabelgrund und Stirn sowie einer auffälligen dunkelbraunen Querstreifung im Bauchgefieder. Bei Jungtieren aus der letzten Brutsaison, die sich auch im niederrheinischen Winterquartieren üblicherweise bei ihren Eltern aufhalten, fehlen die weiße Blässe und die Bauchstreifung. Die Art ist somit leicht erkennbar und mit keiner anderen Gänsespezies zu verwechseln.

Bis in die 1980er Jahre war die Saatgans mit bis zu 60.000 Exemplaren die häufigste am Unteren Niederrhein überwinternde nordische Wildgans. In den zurückliegenden Wintern blieben die Zahlen jedoch durchweg unterhalb von 20.000 Individuen. Saatgänse unterscheiden sich von den übrigen Feldgänsen durch ihren schwarzgelben Schnabel und das dunkle erd- bis fast schokoladenbraune Kopfgefieder. Außerdem fehlen ihnen die hellgrauen Flügelfelder und die markante Streifung im Bauchbereich. Ihren Namen trägt diese nordische Wildgans zu Recht: Nach dem Eintreffen im Winterquartier halten sich die Tiere vorwiegend auf abgeernteten Mais- und Rübenäckern auf, um Nachlese bei den Ernterückständen zu halten, beäsen dann erst das Wintergetreide und ernähren sich schließlich kurz vor dem Beginn des Rückfluges fast ausschließlich vom Gras des Grünlandes. Nur in ihrem westeuropäischen Überwinterungsgebiet ist die Saatgans damit ebenso wie die Blässgans ein typischer Kulturfolger.

Während Bläss- und Saatgans das Niederrheingebiet lediglich als Überwinterer aufsuchen, ist die Graugans, der größte Vertreter innerhalb der grauen Feldgänse, eine ursprünglich heimische Art. Man erkennt die Tiere in den häufig gemischten Trupps vor allem an ihrem großen leuchtend orangeroten Schnabel. Die westdeutschen Vorkommen waren nach ungezügelter Bejagung bis Ende des 19. Jahrhunderts nahezu ausgelöscht, und die frühen avifaunistischen Erhebungen stuften die Graugans entsprechend als seltenen Durchzügler ein. Aus jagdlichem Interesse hat man in den 1960er Jahren einige Dutzend Junggänse ausgesetzt. Seither ist die Graugans auch am Unteren Niederrhein wieder heimisch und umfasst jetzt einen Bestand von etwa 1.000 Brutpaaren. Während die Art in früheren Jahrzehnten jedoch regelmäßig Winterquartiere in Südspanien aufsuchte, wandern die neu angesiedelten Tiere offenbar nicht mehr oder ziehen in kälteren Wintern lediglich in

Gänse-Exkursionen

Mitarbeiter der Biologischen Station im Kreis Wesel und der NABU-Naturschutzstation Kranenburg bieten interessierten Besuchern, darunter auch Schulklassen, die Möglichkeit, die überwinternden Gänse in umweltgerechter Weise während geführter Exkursionen zu gut erreichbaren Plätzen zu beobachten. Termine und alle weiteren Informationen unter: www.bskw.de Biologische Station Kreis Wesel sowie www.nabu-naturschutzstation.de (NABU-Naturschutzstation Kranenburg bei Kleve)

Am Niederrhein längst ausgerottet, aber bald wieder zu Hause? Die Chancen für den Fischotter stehen nicht schlecht.
Foto: Hans Glader

Gebiete mit eisfreien Gewässern. Für die zu den Meergänsen gehörende Weißwangen- bzw. Nonnengans zeichnet sich im Niederrheingebiet ebenfalls eine faszinierende Entwicklung ab. Während früher nur wenige Exemplare vor allem mit den Blässgänsen ins Niederrheingebiet flogen, lässt sich jetzt ein verändertes Zugverhalten beobachten: Beim Frühjahrsrückzug fliegt ein größerer Teil der Tiere nicht direkt entlang der Nordseeküste nach Schweden, Finnland und Weißrussland, sondern folgt zunächst dem Rheinlauf nach SW und schwenkt dann erst über das Binnenland auf die NO-Route ab. Entsprechend treten die schmucken Weißwangengänse am Niederrhein vor allem ab der zweiten Januarhälfte auf.

8.7.3 Exoten auch am Niederrhein

Außer den erwähnten sind im Niederrhein weitere Gänsearten zu beobachten. Selten sind hier sibirische Rothalsgänse zu sehen, die eigentlich in Südosteuropa überwintern und sich offenbar versehentlich den nach Westen ziehenden Blässgänsen anschließen. Während auch Kurzschnabel- und Ringelgans im Gebiet bisher nur selten auftreten, weist die Regionalfauna eine Anzahl eingebürgerter oder eingeschleppter Arten auf, die auf gezielte Auswilderung oder auf Zoo- bzw. Parkflüchtlinge zurückgehen. Seit den 1990er Jahren ist beispielsweise die Nilgans Brutvogel – von Natur aus ist diese Art nur in den Gebieten südlich der Sahara heimisch. Die mitteleuropäischen Winter erträgt sie offenbar sehr gut und erweist sich in der Nistplatzwahl als ausgesprochen flexibel: Die Palette reicht von Kaninchenbauten bis zu alten Bussardhorsten. Aus Südeuropa und Zentralasien stammt die im Gebiet ebenfalls vorkommende Rostgans. Kanadagänse, die zu den grauschwarzen Meergänsen gehören, wurden ab etwa 1930 in Schweden eingebürgert und haben hier unterdessen eine expansive Population von etwa 50.000 Brutpaaren aufgebaut. Einige Tiere sind nun ganzjährig auch am Niederrhein zu sehen. Weitaus seltener treten einzelne Individuen der aus Mittelasien stammenden Streifengans und der nordamerikanischen Schneegans auf.

Den zu Zehntausenden überwinternden Gänsen steht am Niederrhein theoretisch ein etwa 24.000 ha großes Gebiet zur Verfügung. Tagsüber halten sich die Tiere in Trupps von mehreren Dutzend bis zu einigen Tausend Individuen relativ flussnah im weitläufigen Auengrünland und auf dem benachbarten Ackerland mit Wintergetreideeinsaat auf. Von der Blässgans sind hier mindestens 30 % des gesamten Weltbestandes versammelt. Dieser Sachverhalt unterstreicht die Bedeutung des Niederrheingebietes für den internationalen Vogelschutz, der sich auch in der Schutzgebietsausweisung nach der Ramsar-

Konvention (1971) dokumentiert. Zudem gehört der Untere Niederrhein zu den Schutzgebieten besonderer Bedeutung nach der EG-Vogelschutzrichtlinie (1979) bzw. zu den Flächen nach der Flora-Fauna-Habitat (FFH)-Richtlinie (1992) der Europäischen Gemeinschaft. Die Region ist somit großräumiger Bestandteil des Schutzgebietssystems Natura 2000. Trotz dieser Schutzbelegung zeigt der Landschafts- und Naturschutz auch im Niederrheingebiet noch beachtliche Vollzugsdefizite.

In der Naturschutzpädagogik und Umweltbildung nehmen die überwinternden Gänse am Niederrhein unterdessen einen besonderen Rang ein. Mit ihren täglichen Flugbewegungen zwischen den wechselnden Äsungsplätzen und den Nachtquartieren, die sie gern auf einem nahe gelegenen Altrheinarm oder einem der zahlreichen Baggerseen wählen, bieten sie zur Freude der Naturfreunde ein höchst eindrucksvolles Spektakel, das einen nicht unerheblichen Natur-Tourismus ausgelöst hat. Die Beobachtung der Gänse aus dem Auto oder sogar aus einem parkenden Bus ist überraschend ergiebig und bedeutet für die äsenden Tiere (fast) keine

Niederrheinische Seenplatte?

Der Blick auf die amtliche Topografische Karte, vor allem auf Blatt L 4304 Wesel, zeigt für die Niederrheinaue nördlich des Ruhrgebiets eine auffällig veränderte Landschaft: Über 15.000 ha Land hat man bisher vor allem im Bereich ehemaliger Mäanderbögen für den Kiesabbau geopfert. Weitere knapp 10.000 ha sollen nach dem Wunsch der abbauenden Unternehmen in den kommenden Jahr(zehnt)en folgen. Nach Ausräumung der vom Fluss über Jahrhunderttausende zusammengeschwemmten Lockersedimente für die nimmersatte Bauwirtschaft füllen sich die Restlöcher mit Grundwasser und bilden künstliche Auenseen mit oft eigenartig schnurgerade verlaufenden Ufern, hier und da überspannt von schmalen Stegen, über die Wirtschaftswege oder Verbindungsstraßen zwischen den kleineren Niederrheinorten verlaufen. So entstanden recht eigenwillige Gebilde, beispielsweise die Xantener Nord- und Südsee. In der Bevölkerung regt sich heftiger Widerstand gegen weitere Auskiesungen. Natur- und Landschaftsschützer beurteilen die Vielzahl der neuen Stillgewässer kritisch, obwohl Seen im Prinzip ein Gewinn für eine Landschaft sein können. Bei vielen der bis 20 m tiefen Kiesgrubenseen hat man bei der landschaftlichen Einbindung aber häufig eine naturangenäherte Ufergestaltung mit flacheren Böschungswinkeln unterlassen, sodass sich hier nicht die typischen Uferlebensgemeinschaften einer Verlandungszone entwickeln können. Einige der Baggerseen, vor allem solche mit direkter Verbindung zum Rhein, sind wegen ihrer Bedeutung für die Fisch- und die Wasservogelfauna unterdessen als Naturschutzgebiete ausgewiesen.

Störung. Zum Problem werden dagegen einzelne oder in Gruppen auftauchende Spaziergänger auf Fotosafari sowie Jogger, die sich einem Gänsetrupp oft völlig ungeniert nähern. Die Fluchtdistanz der relativ scheuen und außerordentlich wachsamen Tiere ist groß und beträgt gewöhnlich mehr als 200 m – nach noch dichterer Annäherung fliegen nicht nur die unmittelbar beunruhigten, sondern gleich alle Gänse der äsenden Scharen auf und suchen auf dem Luftweg das Weite.

8.7.4 Auch andere schwärmen für den Rhein

Die zwar in der Artenzusammensetzung erheblich veränderte, jedoch wieder recht reichhaltige Tierwelt unterhalb der Wasserlinie des Rheins ist der direkten Beobachtung meist kaum zugänglich. Dagegen sind außer den überwinternden Wildgänsen auch viele weitere Vögel des Ufersaums, der Wasserzonen, der Auenbereiche und der Inseln ein augenfälliger Hinweis auf die am und im Rhein vorhandenen Nahrungsressourcen, die der Strom heute wieder zu bieten hat. Zu den Vogelarten, die seit einigen Jahren wieder das Bild bereichern, gehört neben dem Graureiher der Kormoran. Bis etwa 1980 nahmen die Bestände dieser fischfangenden Wasservogelart in Westdeutschland durch rigorose Bejagung stetig ab, sodass sie sogar als stark gefährdete Art eingestuft wurde. Durch nationale und internationale Schutzbemühungen haben sich die Bestände inzwischen wieder erholt. Im Gegensatz zu vielen anderen rheinbewohnenden Tierarten ist der Kormoran kein Zuwanderer oder Neubürger, sondern ein Rückkehrer – er nimmt heute als natürliches Faunenelement der Region wieder sein ursprüngliches Areal des 19. Jahrhunderts ein. Seit 1992 ist er im Gebiet auch wieder Brutvogel. Obwohl die

Grenzwertiges

Das Niederrheingebiet queren zwei bedeutsame kulturlandschaftliche Grenzen. Die eine davon kann man schmecken, die andere hören. Bei Rhein-km 710 trennt die von Heinsberg ziemlich genau west-östlich an den Rhein tretende und dann rechtsrheinisch etwas nach Nordosten bis Wuppertal abknickende Dormagen-Monheimer Linie ziemlich strikt die Getränkelandschaften des Kölsch- und des Altbiergebietes. Geomorphologisch gesehen ist „Kölsch" also eher das traditionelle Getränk der Niederrheinischen Bucht und „Alt" das regionaltypische Bier des unteren Niederrheins. Beide sind obergärige Biere, die man ganzjährig brauen kann, während die untergärigen Biere vom Pils-Typ deutlich niedrigere Temperaturen benötigen. Vor der Erfindung der Kühlmaschine durch Carl Linde (1876) war man auf Natureis angewiesen, und das stand im wintermilden Niederrheingebiet selten in größeren Mengen zur Verfügung. Etwas weiter nördlich zieht bei Rhein-km 721 die Benrather Linie über den Rhein, die als Lautverschiebungsgrenze für die Einteilung der deutschen Dialekte besonders wichtig ist. Sie trennt die niederrheinischen Dialekte im Raum Heinsberg – Düsseldorf – Solingen und Gummersbach vom südlich davon gesprochenen Ripuarischen mit Köln im Zentrum. Um bei der wirtschaftsgeografischen Kölsch-Alt-Grenze zu bleiben: Der Unterschied zwischen „Bierken" und „Bierschen" ist absolut nicht zu überhören.

Niederrheinimpression

Foto: Hans Glader

Sportfischer den wieder erstarkten Kormoranbestand als erheblichen Konkurrenten ansehen und vehement für seine erneute Bejagung eintreten, zeigen Langzeituntersuchungen übereinstimmend, dass ökologische Schäden nicht eingetreten und auch nicht zu erwarten sind.

Auch für viele andere wassergebundene Vogelarten hält die zumindest abschnittweise naturnah belassene Rheinauenlandschaft eine hervorragende Nahrungspalette bereit. Eine besondere Bedeutung haben dabei die durch Buhnen (Kribben) strömungsberuhigten Uferbereiche oder die Flachwasserzonen abseits der Fahrwasser rund um die Rheininseln. Während der Vogelzugzeiten kann man hier rastende Watvögel wie Flussuferläufer, Alpenstrandläufer, Rotschenkel, Kiebitzregenpfeifer und Dunkle Wasserläufer erleben. Wasservogelarten aus dem nördlichen und östlichen Europa sind nicht nur Durchzügler, sondern auch Überwinterer. Dazu gehören neben Gänsesäger und Zwergsäger auch noch seltenere Arten wie Schellente und Zwergtaucher. Wo sich in den Auskiesungsgebieten der Rheinaue größere Baggerseen entwickelt haben, sind auf den Wasserflächen ziemlich regelmäßig Haubentaucher, Tafelenten und Reiherenten sowie sehr selten auch Stern- oder Prachttaucher zu sehen.

8.8 Niederrheinlandschaft

Die heutige Kulturlandschaft am Niederrhein mag manchen Besuchern zunächst etwas monoton erscheinen. Wald ist hier kein Thema. Die freie Landschaft ist weithin und überwiegend von Grünland und anderen Agrarfluren geprägt. Auch ist hier – am Rande des nordwesteuropäischen Tieflandes – kein nennenswertes Relief mehr zu erwarten. Ein paar Geländekanten, eine Anzahl früherer Flussrinnen, seit etlichen Jahrzehnten auch ein kilometerlanges Deichsystem – und sonst nur wenig, was den Blick von Horizont zu Horizont aufhält. So könnte man die Niederrheinlandschaft tatsächlich, wenn auch etwas boshaft, kommentieren. Und doch findet sich vor den Säumen der städtisch-industriellen Zentren und erst recht in den weniger dicht besiedelten Freiräumen dazwischen eine überraschende Fülle erlebniswerter Natur. Im Landkreis Wesel gibt es über 60 Naturschutzgebiete – so viele wie sonst kaum in einem vergleichbaren Gebiet. „Faszination Niederrhein" ist daher zu Recht der Titel eines erfolgreichen Buches für erklärte, aber vielleicht noch etwas unentschlossene Niederrheinfans, das viel Unvermutetes und Überraschendes bereithält. Selbst die der Natur überlassenen Industriebrachen wie im Fall des geradezu spektakulären Landschaftsparks Duisburg-Nord haben sich in erstaunlich kurzer Zeit zu ungemein bedeutenden Artenrefugien entwickelt. Der Niederrhein ist also auf jeden Fall eine hinreißend schöne Erlebnisregion.

Wollte man die niederrheinische Landschaft nun mit einem besonderen Merkmal genauer kennzeichnen, kämen wohl neben den ausgedehnten Grünlandbereichen und vielen Gewässern vor allem die charakteristischen Kopfbäume in Frage. Außer in Teilen des Münsterlandes findet man die schönsten und eindrucksvollsten Kopfbaumbestände tatsächlich am Niederrhein. Stilisierte Kopfweiden zieren immerhin das Wappen des Kreises Wesel.

8.8.1 Bäume mit Charakterkopf

Die meist schweren, weil lehmigen Böden der fluss- oder bachbegleitenden Niederungslandschaft eignen sich oft nicht zum Ackern oder für den Anbau von Feldfrüchten. Stattdessen hat sich auf solchen Flächen schon vor Jahrhunderten die bäuerliche Grünlandwirtschaft entwickelt. Da die Böden unter Wiesen und Weiden trotz zahlreicher Entwässerungsgräben immer noch grundwassernah sind und damit Standorte einnehmen, die in der Naturlandschaft ein Auenwald mit seinen verschiedenen Gehölzformationen bestocken würde, finden sich an den weniger intensiv genutzten Stellen der umgewandelten Auen gewöhnlich die typischen Gehölze einer Weichholzaue ein. Es sind meist dieselben Gehölzarten, die unter ungestörten Bedingungen quadratkilometergroße Waldbestände aufbauen würden (vgl. S. 92). Silber-Weiden, aber auch Schwarz- und Zitter-Pappeln gehören daher zum kennzeichnenden Gesamteindruck eines flussflankierenden Auengrünlandes. Reihenweise wachsen solche Baumgehölze und ihre strauchförmigen Jugendstadien auch entlang von Gräben, an Altwassern oder Wasserlöchern.

Irgendwann haben die Menschen beim Zurückstutzen das enorme Regenerationsvermögen gerade der Pappeln oder Weiden entdeckt. Setzt man nämlich eine Silber-Weide oder eine Schwarz-Pappel bei der Holzernte „auf den Stock", nimmt ihr also einen größeren Teil der reich verzweigten Krone, ohne den Baum zu fällen, entwickeln sich an der Schnittstelle sehr rasch neue Triebe mit verstärktem Längenwachstum. Bald schon nutzte man die raschwüchsigen, gertenschlanken Stockausschläge auch planmäßig – als Futterlaub für Weidetiere, aber auch zur gezielten Ernte der langen, biegsamen Weidenruten. Die schlanken, noch unverzweigten Zuwächse der Weiden lassen sich ohne aufwendige Zusatzbearbeitung hervorragend für allerhand Flecht- und Bindearbeiten verwenden. Natürlich bezog auch das heute weithin ausgestorbene Handwerk der Korbflechterei sein Arbeitsmaterial aus den Ruten regelmäßig geschnittener Weiden. Die heimische Korb-Weide erhielt nach dieser technischen Nutzung sogar ihre Artbezeichnung.

Zwei Betriebsformen entwickelten sich aus der Nutzung von Weichholzbeständen: Beim Schneiteln bleibt der Baumstamm weitgehend unverletzt, weil man dabei nur seitlich abgehende

Kopfbaumlandschaften sind zu allen Jahreszeiten attraktiv und fotogen.

Alte Kopfweiden – Lebensbaum mit Lebensraum Fotos: Hans Glader

Zweige (unter anderem auch für die Brennholznutzung) entnimmt, während beim Köpfen der Stamm in etwa 1 bis 4 m Höhe abgetrennt wird. An der Verletzungsstelle, zumal bei häufiger, periodisch erfolgender Entnahme der Stockausschläge, verdicken sich die so behandelten Bäume kopfartig – sie werden zu Kopfbäumen. Forsttechnisch gesehen ist die Kopfholznutzung eine Sonderform der Niederwaldwirtschaft, denn die Verjüngung der Bestände erfolgt fast ausschließlich durch die Stockausschläge und nicht durch Neupflanzung ungefähr gleichaltriger Sämlinge. Außer bei Weiden und Pappeln kann man eine ausgesprochen charakteristische Kopfbildung auch bei anderen heimischen Laubbaumarten erzwingen, beispielsweise bei Esche, Ulme, Rotbuche, Hainbuche, Bergahorn sowie Schwarzerle und auch bei den heimischen Lindenarten. Kopfweiden nehmen unter den landschaftsprägenden Kopfbäumen allerdings den größten Anteil ein.

Regelmäßiges Zurechtstutzen fördert die Dickköpfigkeit.
Fotos: BPK

Windmühlen am Niederrhein

Der Niederrhein ist (auch) eine Windmühlenlandschaft. „Ich begrüße die schwarzweißen Kühe auf den Weiden, die Windmühlen und die Pappeln als die unveräußerlichen Bestandteile meiner heimatlichen Landschaft", schrieb die vom Niederrhein stammende Journalistin und Reiseschriftstellerin Vilma Sturm. Um 1900 fanden sich hier noch etwa 300 dieser faszinierenden technischen Denkmäler, die ungefähr 1.000 Jahre Technikgeschichte verkörpern. Heute sind es noch rund 170, von denen jedoch nur noch wenige betriebsbereit sind oder tatsächlich arbeiten. Vielfach sieht man nur noch die längst umgenutzten Turmgebäude, denen man schon vor langer Zeit die Flügel abmontiert hat. Mit etwas weniger als der Hälfte aller rund 390 in Deutschland noch auffindbaren Windmühlen ist der Niederrhein neben Schleswig-Holstein, Niedersachsen und Teilen des Münsterlandes die windmühlenreichste Kulturlandschaft Deutschlands. Zudem kann man hier alle wichtigen Typen und Entwicklungsreihen erleben. Der sehr rührige Verein Niederrhein (VN) hat eine ausführliche Mühlendokumentation herausgegeben, die auf verschiedenen Routen auch erlebnisreiche Windmühlenwanderungen und -fahrten vorschlägt (Vogt 2005). Ein Parallelband befasst sich mit der ebenfalls bemerkenswerten Wassermühlenlandschaft am Niederrhein; zudem gibt es einen aktuellen illustrierten Windmühlen-Führer zum Niederrhein mit zahlreichen Fotos (Poppe/Silla 2014).

Windmühlen gehören zur Niederrheinlandschaft wie Kühe und Kopfweiden.

Foto: Katharina Moos

8.8.2 Hohler Kopf mit reichem Innenleben

Was zunächst einmal wie eine völlig unsensible Verstümmelung imposanter Baumgehölze aussieht, erweist sich als gänzlich unerwartete Bereicherung der Kulturlandschaft. Kopfbaumbestände sind unglaublich artenreiche Kleinlebensräume, in denen sich sonst in der freien Landschaft nicht allzu häufig auftretende Arten konzentrieren. Alte Kopfbäume oder Kopfbaumreihen stellen somit nicht nur bilderbuchreife Dekorationsstücke der alten Kulturlandschaft dar, sondern gehören aus ökologischer Sicht zu den Anreicherungselementen, mit denen man im Nutzland die dringend benötigte Artenfülle gezielt fördern bzw. erhalten kann. Die Kopfbaumbestände der Niederungslandschaft sind nach ihrer Bedeutung für die Durchgliederung und Bereicherung des Nutzlandes ähnlich zu bewerten wie die dorfumsäumenden Streuobstwiesen in der Mittelgebirgsregion.

Der besondere ökologische Wert alter Kopfbäume hängt damit zusammen, dass die immer wieder zurechtgestutzten Kopfstämme mit der Zeit weitgehend hohl werden. Unter den Schnittstellen fault das frei liegende, bei Pappeln oder Weiden nicht allzu widerstandsfähige Holzgewebe leicht zurück. Anfangs entstehen nur tiefere Astlöcher und -höhlen. Nach wenigen

Jahren erreichen die Faulstellen den Stamm und schaffen auch hier Hohlräume beträchtlicher Ausdehnung. Pilze, darunter vor allem Schwefelporlinge, leiten das raumschaffende Zerstörungswerk ein. Meist sind an der Zersiedelung des Totholzes auch die Larven zahlreicher Insektenarten beteiligt. Die Raupen des selten gewordenen Weidenbohrers fressen beispielsweise fingerdicke Gänge. Kleinere Tunnel gehen gewöhnlich auf die Larven des Weidenbocks zurück. Außer diesem Käfer leben die Jugendstadien von weit mehr als 100 weiteren Käferarten überwiegend oder ausschließlich im Holz von Weiden. Jeder Fraßgang, den einer von ihnen hinterlässt, findet sofort einen Nachmieter. Hummeln und Wildbienen nehmen die Gangsysteme gern als Wohnröhren an.

Der Steinkauz – einer der vielen Nutznießer von Kopfbäumen
Foto: Hans Glader

Wo die Hohlräume schon größer geworden sind, richten sich Fledermäuse wie Wasser- und Fransenfledermaus, Abendsegler und Braunes Langohr wohnlich ein. Zumindest während des Sommers nutzen sie die hervorragend getarnten Ast- und Stammhöhlen bizarrer Kopfweiden als Tagesverstecke, mitunter aber auch als Kinderstube zur Nachwuchsaufzucht. Gerade in Gewässernähe, dem Standort der meisten Kopfweiden, finden die nachtaktiven Tiere ein besonders reiches Nahrungsangebot – wenn beispielsweise Eintags- oder Köcherfliegen, dazu auch Mücken und zahlreiche andere Insektengruppen, ihre Larvenentwicklung im Wasser abgeschlossen haben und scharenweise in den Luftraum aufsteigen. Weniger gern gesehen sind hier Steinmarder, denn ihre erwiesene Gefräßigkeit bringt für die übrigen Mitbewohner der Kopfbäume mancherlei Verluste mit sich, darunter auch für den selten gewordenen Siebenschläfer, der durchaus nicht nur die Baumhöhlen von Streuobstbeständen bewohnt.

Selbstverständlich sind Kopfbäume auch ein besonderes Wohnparadies für die Avifauna. Eine typische Bewohnerin ist die zierliche Weidenmeise, eine der kleinsten heimischen Meisenarten. Im morschen oder zumindest weichen Holz der Weiden zimmert sie sich ihre Bruthöhle ausnahmsweise selbst oder richtet sich vorhandene Hohlräume entsprechend her. Die Zimmermannsarbeiten übernimmt fast immer nur das Weibchen. Im gleichen Lebensraum kann auch die Zwillingsart, die zum Verwechseln ähnlich sehende Sumpfmeise, vorkommen. Sumpfmeisen beziehen vor allem fertige Wohnquartiere und zimmern nur sehr wenig an den Ästen oder Stammteilen herum.

Nachmieter in vorhandenen Bruthöhlen sind unter anderem Wendehals oder Gartenrotschwanz, die selbst keine Höhlen anlegen können. Nicht selten bewohnt auch der Steinkauz die Charakterbäume der Kopfweidenlandschaften. Der größte Teil der nordrhein-westfälischen Steinkauzpopulation brütet in Kopfbäumen. Gele-

Auch am Niederrhein muss man manchmal mit heftigem Gegenwind rechnen. Fotos: Hans Glader

Niederrhein – zu allen Jahreszeiten ein Erlebnis

De Gelderse Poort –
Die Niederrheinische Pforte

Unter dieser Bezeichnung wurde unlängst ein grenzüberschreitendes deutsch-niederländisches Landschaftsentwicklungsprojekt begründet. Benannt wurde es nach dem Gebiet zwischen Emmerich, Kleve, Nijmegen und Arnhem, wo sich der Niederrhein nach dem Ende der letzten Eiszeit einen neuen Weg durch die Wälle der zuvor angehäuften Stauchendmoränen bahnen musste.

Der eigentliche Pfortenbereich liegt zwischen Eltenberg und Kleve. Das Projektgebiet ist insgesamt 21.000 ha groß, davon liegen rund 10.000 ha auf deutscher Seite. Hier geht es um die Bewahrung und erneute Lebensraumvernetzung einer der interessantesten Flusslandschaften Mitteleuropas, die längst auch als Feuchtgebiet internationaler Bedeutung entsprechend der Ramsar-Konvention anerkannt ist. Auf deutscher Seite ist eines der Kerngebiete die Düffel bei Kleve, wo man durch Vertragsnaturschutz mit extensiver landwirtschaftlicher Nutzung die typischen Kennzeichen der Niederrheinlandschaft mit Hecken, Kopfbäumen und Blänken fördert.

In mehreren Informationszentren wird interessierten Besuchern die ökologische Bedeutung dieser Flächen und Maßnahmen zu ihrer Erhaltung verdeutlicht. Auf der niederländischen Seite gibt es Besucherzentren in Millingen, im Natuurmuseum Nijmegen und in Huis Aerdt in Herwen. Über das bemerkenswerte Gesamtprojekt liegt eine sehr anregende und informative Buchveröffentlichung (Bekhuis J. et al. 2002) vor, die im Literaturverzeichnis benannt ist.

Infozentrum Keeken
Spicker 45
47533 Kleve (Rhein)
NABU-Naturschutzstation Niederrhein e. V.
Im Hammereisen 27 e
47559 Kranenburg

gentlich findet man auch die Nester von Enten auf den Kopfbäumen. Hier ist der brütende Altvogel ziemlich sicher vor Überraschungsangriffen durch Füchse.

Das überaus reichhaltige, räumlich hochgradig unterschiedliche Lebensraumangebot von Kopfweiden und anderen Kopfbäumen ist in der Kulturlandschaft allerdings nur dann erhaltungsfähig, wenn ein regelmäßiger Pflegeschnitt die Astentwicklung der betreffenden Bäume deutlich unter Kontrolle hält. Etwa alle 10 Jahre sollte der pflegliche Rückschnitt erfolgen, wobei man tunlichst nicht den gesamten vorhandenen Bestand in einer einzigen Aktion kuriert, sondern über mehrere Monate oder Jahre zeitversetzt vorgeht, um den im Alt- und Totholz siedelnden Arten die Möglichkeit zum Ausweichen einzuräumen. Hochragende Äste, in die beispielsweise der heftige Herbstwind fährt, entwickeln beachtliche Hebelkräfte und lassen einen ohnehin durch Aushöhlung bereits geschwächten Baum leicht auseinanderbrechen. Verschiedene Naturschutzorganisationen kümmern sich im Niederrheingebiet in vorbildlicher Weise auch um diesen Teil der Kulturlandschaftspflege. Ohne deren mühevollen Einsatz wäre es um die ökologisch und landschaftlich so bemerkenswerten Kopfbaumvorkommen mit Sicherheit nicht gut bestellt. In der Erhaltung oder Wiederbegründung von Kopfbaumbeständen findet die Kulturlandschaftspflege gleich ein doppeltes Aufgabenfeld. Hier geht es einerseits um die Bewahrung kulturhistorischer Zeugnisse, andererseits aber auch um die Wiederbelebung von Landschaft oder Landschaftsteilen, die durch Ausräumung und Vereinheitlichung vielleicht schon vor längerer Zeit ihr Gesicht verloren haben.

Niederrhein nördlich von Emmerich – kurz vor der Gelderse Poort

Bergland am Niederrhein? Stauchendmoräne bei Elten Fotos: Katharina Moos

Am breiten Strom
Foto: Katharina Moos

9 Vielarmig zur Nordsee – das niederländische Rheindelta

Nach Holland an den Rhein fahren zu wollen, ist deswegen kein so ganz einfaches Unterfangen, weil zunächst einmal zu klären ist, welcher der vielen Stromarme denn nun Planungsziel des Vorhabens ist.

Unmittelbar hinter der deutsch-niederländischen Grenze ändert sich das Strombild des Rheins nämlich grundlegend: Der Fluss tritt hier in ein weit aufgefächertes, erdgeschichtlich noch sehr junges Sedimentationsgebiet ein, das im Wesentlichen erst in der Nacheiszeit (Holozän) während der letzten rund 10.000 Jahre entstanden ist. Zur besseren Unterscheidung vom Rheindelta am östlichen Bodensee (vgl. S. 47), wo der Alpenrhein endet, bezeichnet man das auf den Niederrhein stromabwärts folgende Gebiet wegen der gemeinsamen Flussgeschichte auch als Rhein-Maas-Schelde-Delta oder – etwas vereinfachend – als niederländisches bzw. nördliches Rheindelta. Dieser vom fließenden Wasser und seinen komplexen Materialdepots geprägte Landstrich ist der bedeutendste Naturraum der Niederlande. Durch jahrzehntelange Forschungsarbeiten an der Abteilung für Physische Geografie der Universität Utrecht ist die Sedimentations- und damit auch die Verteilungsgeschichte der zahlreichen Flussläufe aus etwa 200.000 Bohrkernen recht detailliert bekannt. Danach ist das Rheindelta bis in die jüngste Vergangenheit ein außerordentlich dynamischer und sehr häufigen, oft geradezu radikalen landschaftlichen Wechseln unterworfener Raum. Einer der Schlüsselprozesse ist die Aufgabe eines bestehenden Flussbettes zugunsten eines neuen – in der Geografie als „Avulsion“ bezeichnet. Für die letzten 5.000 Jahre sind knapp 100 solcher Avulsionen nachgewiesen und genauer lokalisiert. Im Durchschnitt hatten die einzelnen Flussarme und größeren Nebengerinne weniger als 300 Jahre Bestand. Der größte Teil des Deltas ist sogar unverhältnimäßig jung: Beträchtliche Flächen des heute landfesten Gebietes sind erst der Neulandgewinnung seit dem 14. Jahrhundert zu verdanken. Bis in die frühe Neuzeit folgte der Küstenverlauf der Nordsee etwa der Linie Rotterdam – Dordrecht – Bergen op Zoom – Antwerpen. Vorgelagert war lediglich die Kette der größeren und kleineren Inseln Zeelands. Wir lassen den zweifellos interessanten, aber ziemlich unübersichtlichen Werdegang der niederländischen Provinz Zeeland weitgehend außer Acht und beschränken uns vielmehr auf die wichtigsten Umrisse des gegenwärtigen Bildes, an dem neben den natürlichen Abläufen auch zahlreiche, schon seit über 1.000 Jahren vorgenommene wasserbauliche Veränderungen beteiligt sind.

Unabhängig von der Definition eines Flussdeltas, wie sie die Geowissenschaften etwas uneinheitlich vornehmen, zeichnet sich das niederländische Rheindelta durch die mehrfache Aufspaltung des Niederrheins aus, der zunächst noch als einheitlicher Wasserkörper die Staatsgrenze übertreten hat. Die Orientierung in der nun anschließenden Furkationszone ist allerdings dadurch etwas erschwert, dass die einzelnen Flussarme keine einheitlich durchlaufenden Bezeichnungen tragen, einige Namen auch mehrfach verwendet oder fallweise aus historischen Gründen beibehalten wurden.

9.1 Die wichtigsten Deltagewässer

Für die erste grobe Vororientierung genügt die Vorstellung, dass als Ergebnis der Flussteilung des Niederrheins beim niederländischen Millingen drei Hauptgewässerarme mit unterschiedlichen Abschnittnamen ungefähr von Ost nach West durch das Delta ziehen:

- Waal → Obere Merwede → Neue Merwede
- Nederrijn → Lek → Nieuwe Maas → Nieuwe Waterweg
- Pannerdensch Kanaal → Gelderse Ijssel

Die erste Flussteilung spaltet den Niederrhein etwa 2 km jenseits der Staatsgrenze in die Waal, die als Hauptstrom im Durchschnitt etwa 67 % des Rheinwassers erhält, und in den Pannerdensch Kanaal, der nur etwa ein Drittel des Rheinwassers

Am Beginn des Rheindeltas: Abzweigung des Pannerdensch Kanaal (hinten) von der Waal (im Vordergrund)

Fotos: *Katharina Moos*

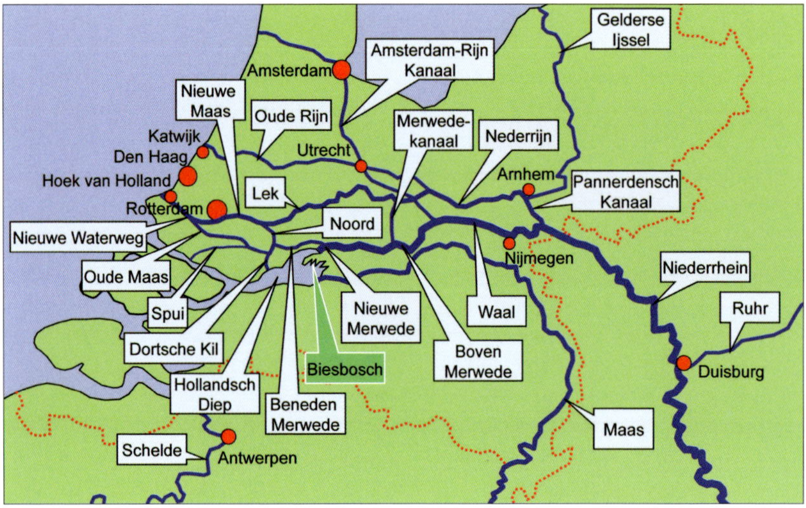

Vereinfachte Gewässerkarte des Deltarhein-Gebiets
Grafik: BPK

übernimmt. Bei Niedrigwasser wird die Verteilung des Rheinwassers auf Waal, Nederrijn und Gelderse Ijssel im Verhältnis 75:16:9 vorgenommen, bei hoher Wasserführung etwa zu 66:11:23.

Der relativ kurze Pannerdensch Kanaal stellt die 1701–1708 geschaffene Verbindung zu einem früheren Rheinarm (= Oude Rijn; Bezeichnung im Gesamtdelta mehrfach vergeben) dar, der bei Elten vom Niederrhein abzweigte und heute nur noch als kleineres, aber landschaftlich reizvolles Nebengerinne fortbesteht. Die vom Niederrhein mitgebrachte Stromkilometrierung läuft in den Niederlanden in allen Stromarmen weiter.

Die direkte Fortsetzung des Pannerdensch Kanaal ist der Stromarm Nederrijn, der die Stadt Arnhem (Arnheim) durchfließt. Nahe Wijk bij Duurstede liegt die Kreuzung mit dem Amsterdam-Rijn-Kanaal. Ab der Kreuzungsstelle (Lek-km 929) ändert der Nederrijn seinen Namen in „Lek". Zwischen Dordrecht und Rotterdam vereinigt sich der Lek wiederum mit der Fortsetzung der Waal. Der nördliche Stromarm Pannerdensch Kanaal → Nederrijn → Lek ist bis zur Einmündung der Noord etwa 122 km lang.

Die Waal als Hauptarm des niederländischen Rheinsystems fließt zunächst in weiten Mäanderbögen bis Nijmegen (Nimwegen, Waal-km 884), setzt ihren Lauf dann eher gestreckt fort und kommt bei Rossum (Waal-km 926) der heutigen Maas bis auf knapp 1 km nahe. Früher vermischten sich hier beide Flussarme, heute trennt sie ein mit einer Schleuse versehender kurzer Kanal. Bei Woudrichem (Waal-km 953) gegenüber Gorinchem liegt die frühere Maasmündung in die Waal. Vor Gorinchem wechselt die Waal ihren Namen und heißt jetzt bis Wekendam (Merwede-km 961) Boven Merwede (Obere Merwede), ehe sie sich gabelt: Der nördliche Teil der Flussspaltung heißt ab Merwede-km 961 bis Dordrecht (Merwede-km 976) „Beneden Merwede" (Untere Merwede); sie übernimmt etwa 35 % der Wassermenge der Boven Merwede. Der südliche Arm ist die rund 20 km lange Nieuwe Merwede (Neue Merwede), deren Bett man im Jahre 1869 grub. Dieser Flussteil führt seither rund 65 % der Wassermenge der Boven Merwede bzw. 44 % des an der

Grenze übergebenen Niederrheinwassers.

Die Beneden Merwede teilt sich in Dordrecht bei Merwede-km 976 in die rechts (nach Norden) abzweigende Noord, die schon nach rund 7 km bei Krimpen östlich von Rotterdam in den Lek mündet, und in einen nach Südwesten verlaufenden Arm mit der Bezeichnung „Oude Maas“ (Alte Maas). Unmittelbar westlich von Dordrecht zweigt nach links ein kleiner Arm ab, die Dortsche Kil, die uns noch einmal bei der Frage der tatsächlichen Rheinmündungen begegnen wird. Damit wären ungefährer Verlauf und Benennungen des Rheinhauptarmsystems Waal → Nieuwe Merwede zunächst erledigt.

Das zweite wichtige Stromsystem umfasst den aus dem Nederrijn hervorgegangenen Lek, ändert bei Lek-km 994 an der Einmündung der Hollandse Ijssel, über die man per Anschlusskanälen nach Gouda und weiter nach Amsterdam gelangen kann, den Namen und heißt jetzt, obwohl es sich um einen Rheinarm handelt, Nieuwe Maas. Unter dieser Bezeichnung durchfließt der Stromarm von NM-km 996–1013 das Stadtgebiet und die Hafenanlagen von Rotterdam. Bei NM-km 1013 mündet von links die Oude Maas ein, die aus der Beneden Merwede hervorging (siehe oben). Kurz hinter Maas-km 995 hat sie nach links den kleinen Stromarm Spui abgegeben, der nochmals im Zusammenhang mit den eigentlichen Rheinmündungen zu erwähnen ist. Nach der Aufnahme der Oude Maas heißt die Nieuwe Maas bis zur Mündung in die Nordsee bei Rhein-km 1031,8 Nieuwe Waterweg (Neuer

Überflutete Rheinaue
Foto: Hans Glader

Wasserweg). Die Mündung selbst heißt eigenartigerweise Maasmond.

Der Verlauf des dritten Hauptarms der Niederrhein-Flussspaltung ist leichter zu durchschauen: Wo der Pannerdensch Kanaal vor dem südlichen Stadtgebiet von Arnhem zum Nederrijn (in manchen amtlichen Karten auch „Neder Rijn“ geschrieben)

Niederländisches Wassermuseum

Wasser ist für das Nachbarland ein in mehrfacher Hinsicht vitales Element – einerseits ein Lebensmittel, andererseits aber auch eine Bedrohung. Viele interessante Aspekte rund um die Themen „Wasser“ und „Wasserbau“ lassen sich in diesem – überraschenderweise großenteils unterirdisch angelegten – Museum auch mit interaktiven Einrichtungen nachvollziehen. In einem Wasserlabor kann man eigene Wasseranalysen durchführen. Ein Informationszentrum mit sehr gut bestückter Bibliothek gehört selbstverständlich auch dazu, und die Einrichtung ist insbesondere für Kinder von Interesse.

Nederlands Watermuseum
Zijpendaalseweg 26 – 28, NL-6814 CL Arnhem, www.watermuseum.nl

Eindeutig vieldeutig

Im deutschen Sprachgebrauch sind die Inhalte der Begriffe „Meer" und „See" nach allgemeiner Einschätzung ziemlich eindeutig festgelegt. Ein Meer ist der Teil eines Ozeans, und unter einem See versteht man üblicherweise ein tieferes Binnengewässer. Nun gibt es aber die eingeführten Bezeichnungen „Nordsee" und „Ostsee". „See" kann also fallweise auch durchaus ein marines Milieu bedeuten. Klarheit schafft hier das grammatische Geschlecht: Der (maskuline) See ist ein festländisches Gewässer wie der Boden- oder der Chiemsee, die (feminine) See führt entsprechend niederdeutschem Sprachgebrauch immer Salzwasser.

Im Niederländischen ist die Sache noch eindeutiger, aber aus unserer Sprachperspektive zugleich verwirrender. Das Wort „zee" bezeichnet in jedem Fall ein Randmeer (wie die Noordzee), während ein „meer" generell ein Binnengewässer ist. Bekanntes Beispiel ist die frühere Zuiderzee, die nach Fertigstellung des Abschlussdeiches im Jahre 1932 zum Ijsselmeer und damit zum Binnensee wurde, benannt nach der hier einmündenden Gelderse Ijssel.

wird, zweigt nach Norden die insgesamt 123 km lange Gelderse Ijssel ab. Sie erhält etwa 11 % des Niederrheinwassers und fließt mit einigen Windungen fast genau nach Norden. Beim niederländischen Doesburg nimmt sie als Nebenfluss die aus dem westlichen Münsterland abfließende und knapp 81 km lange Issel auf, die bei Raesfeld entspringt und nach 55 km bis zur Grenze in den Niederlanden Oude Ijssel heißt. Die Gelderse Ijssel ist der östlichste Arm des Rheindeltas und mündet in den südöstlichen Winkel des heutigen Ijsselmeers.

Vor der Fertigstellung der Deltawerke (vgl. Deltaplan S. 189) unterlag das gesamte Rheindelta den Gezeiten (Tiden) der Nordsee. Heute macht sich der rhythmische Wasserstandswechsel von Ebbe und Flut nur noch im Nieuwe Waterweg sowie in den damit in Verbindung stehenden Flussarmen bemerkbar und an der Waal bis auf Höhe von Werkendam.

Der Oude Rijn (Alter Rhein), der die Provinzen Utrecht und Südholland rund 52 km lang durchfließt, beginnt bei Wijk bij Duurstede unter der Bezeichnung „Kromme Rijn" (Krummer Rhein) als rechter Nebenarm des Nederrijn, erhält unterhalb von Utrecht den Namen „Leidse Rijn" (Leidener Rhein) und mündet unmittelbar nördlich von Katwijk als Uitwateringskanaal in die Nordsee. Nach zahlreichen Schadhochwassern in Utrecht und Leiden hat man ihn schon im Jahre 1123 abgedämmt. Seither ist er als Teil des Rheindeltas weitgehend nebensächlich. In historischer Zeit war seine Bedeutung allerdings beachtlich. Immerhin verlief entlang des Oude Rijn die Nordgrenze des römischen Reiches, wie zahlreiche archäologisch nachgewiesene Siedlungen aus dieser Zeit zeigen. Auch der heutige Mündungsort Katwijk ist eine römerzeitliche Gründung.

9.2 Seltsame Maas

Heinrich Hoffmann von Fallersleben (1798–1874) war ein patriotischer Rebell, der wegen seiner damals unzeitgemäß liberalen Gesinnung sogar des Landes verwiesen wurde. Im Exil auf dem seinerzeit noch britischen Helgoland schrieb er 1841 das „Lied der Deutschen", dessen dritte Strophe seit 1949 die Nationalhymne der Bundesrepublik Deutschland ist. In der heute nicht mehr zitierten ersten Strophe holte er mit seiner patriotischen Begeisterung in der Geografie zugegebenermaßen weit aus und textete die Zeile „von der Maas bis an die Memel", die man später als unangemessenen Gebietsanspruch missverstand. Die Gebiete an der Maas musste Preußen schon 1815 auf dem Wiener Kongress an die Niederlande abgeben. Seither verläuft die deutsch-niederländische Grenze entlang der berühmten Kanonenschusslinie – nämlich deutlich vom östlichen Maasufer entfernt. Der bei den Römern *mosa* genannte Fluss (*mosella* ist die kleine Maas und die heutige Mosel) entspringt in 409 m ü. NN auf dem Plateau von Langres nicht allzu weit vom Moselquellgebiet entfernt. Das Maas-Einzugsgebiet ist 34.548 km^2 groß; ihre mittlere Abflussmenge im Unterlauf nach Passage von Argonnen und Ardennen liegt bei 400 m^3/s. Sie ist damit um rund 30 % wasserreicher als ihre kleinere Schwester. Etwa ab Venlo verläuft sie ungefähr parallel zum Niederrhein und nähert sich im Rheindelta dem Hauptstromarm Waal stellenweise auf nur wenige 100 Meter. Noch in historischer Zeit hat die Maas ihren endgültigen Zusammenfluss mit der Waal mehrfach verlagert. Bis 1904 befand sich ihre Mündung gegenüber von Gorinchem bei Waal-km 953. Seither hat man ihr aus Hochwasserschutzgründen parallel zur Waal ein neues Fließbett zugewiesen, in dem sie jetzt als „Bergse Maas" zum Hollands Diep abläuft. Die letzten Kilometer entlang des Nationalparks Biesbosch tragen den Namen „Amer". Seit 1904 besteht an der Oberfläche keine direkte Fließwasserverbindung mehr zwischen dem Rhein- und dem Maassystem. Über Kanäle und Schleusen bestehen für die Binnenschifffahrt allerdings vier Direktverbindungen.

An ihrem Flussende im östlichsten Zipfel des Hollands Diep mündet auf gleicher Höhe auch die Nieuwe Merwede ein, der unterste Abschnitt der Waal. Hier kommen Maas- und

Das Satellitenbild verdeutlicht das komplexe Fließgewässersystem des Deltarheins. NASA: LowCountries_A2003105_1030_250m

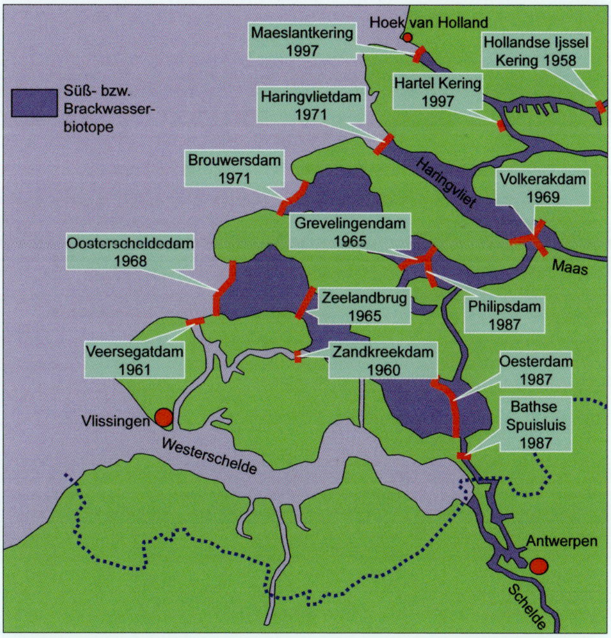

Das Deltaprojekt und seine einzelnen Bauwerke Grafik: BPK

Rheinwasser also letztlich doch noch zusammen. Allein nach dem Kartenbild könnte man die Maas eigentlich immer noch als untersten Nebenfluss eines Rheinarms auffassen, doch entspricht diese Deutung nicht ganz der offiziellen Sichtweise. Auf jeden Fall gehört sie viel enger zum Rheindelta als die deutlich weiter entfernte Schelde.

Nationalpark Biesbosch

Noch im Mittelalter war das damals relativ küstennah und heute im gemeinsamen Mündungswinkel von Nieuwe Merwede (Waal) und Maas gelegene Gebiet ein fruchtbares, durch (technisch allerdings noch nicht allzu ausgereifte) Deiche einigermaßen geschütztes Weideland – bis die Region am 19. November 1421 von einer schweren Sturmflut heimgesucht wurde. Die als Elisabethenflut in die Geschichte eingegangene Katastrophe riss 72 Dörfer weg und schuf den engen Meeresarm Hollands Diep. Im direkten Einflussbereich der Gezeiten entwickelte sich ein von vielen Strömungsrinnen und Kleininseln durchzogenes Marschland. Den östlichen Teil legte man im 17. Jahrhundert durch erneute Abdeichung wieder trocken. Nach Fertigstellung des Haringvliet-Sperrdamms (1971) im Rahmen des Deltaplans ist der Biesbosch kein Tidegebiet mehr. Der Charakter der Lebensräume änderte sich total. Heute ist der rund 90 km² große Biesbosch ein reines Süßwassersumpfgebiet, das man wegen seiner Bedeutung für die enorm artenreiche Pflanzen- und Tierwelt als Naturschutzgebiet auswies. Seit 1994 ist er Nationalpark.

Von Werkendam an der Abzweigung der Nieuwe Merwede erreicht man ein sehenswertes Besucherzentrum, das über die wechselvolle Geschichte dieses Zipfels Flusslandschaft informiert.

Hilweg 2, NL 4251 MT Werkendam,
www.biesboschmuseum.nl

9.3 Rettung vor dem Wasser – der Deltaplan

Im Zusammenhang mit dem Ende der (vorläufig) letzten Eiszeit vor etwa 12.000 Jahren denkt man gewöhnlich nur an das Abschmelzen der Gletscher, die Zunahme der Durchschnittstemperatur und die allmähliche Wiederbewaldung der Gebiete, die zuvor entweder unter Eis lagen oder weite Tundren waren. Ein ebenso bedeutsamer Ablauf ist jedoch der nacheiszeitliche Meeresspiegelanstieg – bis heute um etwa 120 m. Dabei ist zwischen der tatsächlichen Zunahme der freien Meerwassermenge und der Höhenveränderung des Festlandes relativ zum Meeresspiegel zu unterscheiden. Im Hochglazial lag über Nordosteuropa ein gewaltiger, bis etwa 3.000 m dicker Eisschild, der mit seiner Auflast das Festland um ansehnliche Beträge nach unten drückte. Nach dem Abschmelzen der Eismassen hob sich das Land wieder; das gesamte Skandinavien hebt sich noch bis heute. Großräumig betrachtet ist diese Landhebung allerdings eine Kippbewegung mit Achsenlage ungefähr mitten durch Jütland. Die östlich davon liegenden Teile Europas steigen auf, die westlichen sinken ab. Bei Vlissingen macht die Landsenkung etwa 25 cm / Jahrhundert aus. Die gewaltigen historischen Landverluste durch schwere Sturmfluten mit Neuverteilung der Küstenlinien sind eine Folge dieser Prozesse. Schon heute liegen große Teile der Niederlande unter dem mittleren Meeresspiegel – der Amsterdamer Flughafen Schiphol beispielsweise um etwa 4,20 m. Die tiefste Stelle der Niederlande liegt sogar 6,76 m unter Amsterdamer Normalnull bei den Koordinaten 51° 59' 13" n. Br. und 04° 38' 09" östl. Länge. Ein sicheres und vor allem durchgängiges Deichsystem ist für die tiefliegenden Gebiete daher eine Frage des Überlebens.

Schon in den 1930er Jahren wurde klar, dass die bisherigen Schutzmaßnahmen mit der vorhandenen Seedeichhöhe von 4,30 m über Amsterdamer Pegel (= NN) auf Dauer nicht ausreichen würden. Erste Sicherungsbauten begannen 1950. Nachdrückliche Impulse für ein noch umfassenderes Konzept gab die schwere Orkanflut vom 1. Februar 1953, die schwerste Flutkatastrophe an der Nordsee im 20. Jahrhundert. Ziel des daraufhin 1958 beschlossenen Delta-Plans war es, die großen Meeresbuchten (Ästuare) im Westen der Niederlande durch ein durchlaufendes Deichsystem von der offenen Nordsee abzuriegeln. Dazu wurden vier meerseitige Hauptabschlussdämme (unter anderem die Sturmflutwehr Oosterschelde 1986, der Browersdam 1971 und der Haringvlietdam 1971) sowie fünf weiter landeinwärts gelegene Sekundärdämme (darunter der Grevelingendam 1965 und der Volkerakdam 1969, vgl. Abb. S. 189) errichtet. Durch diese zusammen als „Deltawerke“ bezeichneten Bauten verkürzte sich die Deichlinie um rund 720 km auf jetzt 80 km. Die Deichhöhe liegt jetzt bei 7,65 m über dem Amsterdamer Pegelnull. Haringvliet, Hollands Diep, Volkerak und ein Teil der Oosterschelde entwickelten sich seither zu Süßwasserseen, was in den betroffenen Gebieten zunächst einmal ein gigantisches Artensterben verursachte. Der kontrollierte Durchlauf des Flusswassers ist nur durch die in den Dammbauwerken eingeplanten Entwässerungsschleusen möglich. Am Haringvlietdamm können bei Hochwasser maximal 21.000 m³/s übergeben werden. Hier bleiben seit dem Jahre 2005 die Schleusen ganzjährig ein wenig geöffnet, um Wanderfischarten wie Aal und Lachs die ungehinderte Passage zu ermöglichen. Ein Besucherzentrum in Stellendam bietet einen Eindruck des gewaltigen Komplexes. Den Abschluss des Delta-Plans stellt das gigantische, 1997 fertiggestellte Maeslant-Sturmflutwehr im Nieuwe Waterweg zwischen Rotterdam und Hoek van Holland bei Rhein-km 1.026 dar. Es besteht aus zwei in Normalposition in die Uferlinie eingefahrenen Torflügeln, von denen jeder mit etwa 330 m breiter als der Eiffelturm hoch ist. Die Anlage gilt als derzeit größte bewegliche

Der Stromarm Oude Rijn durchfließt Leiden.

Foto: Mareike Viebahn

Die größte vollbewegliche Maschinerie der Welt liegt am Rhein: Sturmflutwehr Maeslantkering in Rotterdam

Foto: Rijkswaterstaat

Maschinerie der Welt. Der Schließvorgang dauert etwa drei Stunden. Bisher wurde das Wehr erst einmal vorsorglich geschlossen, und zwar am 11. November 2007 beim Heranziehen des Orkantiefs „Tilo“.
Angesichts des ständigen Meeresspiegelanstiegs gehören die Küstengebiete der Niederlande zu den am stärksten gefährdeten Gebieten Europas. Bei einem Meeresspiegelanstieg um 1 m werden hier etwa 20.277 km² Land oder rund 48 % der Landesfläche überflutet. In Deutschland wären es rund 13.910 km² oder 4 % der Landesfläche. In den Jahren 1993–2003 lag der Meeresspiegelanstieg der Nordsee nach genauesten Satellitenmessungen bei 3,1 cm im Jahrzehnt. Ein 1-m-Anstieg ist also in knapp drei Jahrhunderten zu erwarten.

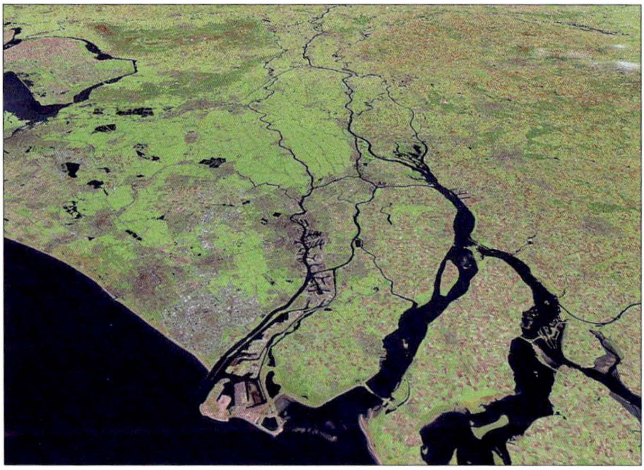

Im Anflug auf das Rheindelta: Links oben erkennt man die weitgehend trockengelegte Zuiderzee.
Satellitenbild: 800px-Rivieren_4_46933E_51_88083N

9.4 Wo mündet der Rhein?

Bei den Trichtermündungen von Elbe, Weser, Schelde oder Seine ist die genaue topografische Festlegung der jeweiligen Flussgrenze kein nennenswertes Problem. Im Fall des Rheins führt die zunächst einfach klingende Frage nach der genauen Lage seiner Mündung(en) notwendigerweise zu einer längeren Erläuterung. Das komplexe Verzweigungssystem seiner zahlreichen Arme und dazu die zahlreichen Umgestaltungen von Strombetten, Verbindungen, Kanalabzweigungen und Mündungsbereichen durch die niederländischen Wasserbauer ergeben ein eher verwirrendes Bild.
Im Prinzip kann man heute von sechs verschiedenen Mündungen ausgehen, an denen Rheinwasser die Nordsee erreicht. Von Nordost nach Südwest sind es die Mündungsbereiche der oben kurz vorgestellten Stromzweige Gelderse Ijssel, Oude Rijn, Nieuwe Maas, Nieuwe Merwede, Dortsche Kil und Spui. Davon erreichen allerdings nur zwei, nämlich Oude Rijn und die etwas unpassend genannte Nieuwe Maas, die Nordsee direkt.

Mündung des Oude Rijn bei Katwijk
Foto: Mareike Viebahn

Benebelt, aber nicht reizlos: Auengrünland am frühen Morgen
Foto: Hans Glader

Die Gelderse Ijssel mündet heute in das bereits weitgehend abgepolderte Binnengewässer Ijsselmeer, das nach der Fertigstellung des großen Abschlussdeiches (1932) keinen direkten Zugang mehr zur Nordsee aufweist. Der zweite Direktzugang zum Meer ist der als Schifffahrtsweg zum Rotterdamer Hafen bedeutsame Nieuwe Waterweg, den die Nieuwe Maas als Direktfortsetzung von Nederrijn und Lek benutzt. Dessen Mündung ist landschaftlich völlig unspektakulär und geradezu enttäuschend. Der größte Teil des vom Niederrhein bei Bimmen übernommenen Rheinwassers fließt heute allerdings über Nieuwe Merwede, Dortse Kil und Spui in das Hollands Diep am Ostende der langgestreckten früheren Meeresbucht Haringvliet. Der Haringvliet ist jedoch im Zuge des Deltaplans seit 1971 von der offenen Nordsee durch einen Abschlussdeich getrennt und entwickelt sich seither zu einem Brackwassergebiet, das seinen marinen Charakter allmählich immer mehr einbüßen wird. Lediglich der südlichste der vier großen, erst nach und nach im Zuge der frühneuzeitlichen Landgewinnungen entstandenen Meeresarme, die Westerschelde, öffnet sich beim niederländischen Vlissingen direkt zur Nordsee. Sie leistet die Direktverbindung zum an der Schelde entstandenen Hafen von Antwerpen.

Wo genau man die westlich von Hoek van Holland liegende derzeitige Hauptmündung des Rheins im Verlauf des Nieuwe Waterweg festlegt, hängt davon ab, ob man die alte Küstenlinie nordöstlich der Ortschaft als Orientierungslinie wählt oder die von den niederländischen Wasserbauern zusätzlich eingebauten Leitwerke. Bei Rhein-km 1.031,8 endet auf der rechten Seite des Nieuwe Waterweg jedenfalls definitiv das niederländische (holländische) Festland. Allerdings setzt an der alten Holland-Ecke ein rund 3,5 km langes Leitwerk an, der Noordendam, der mit einem Leuchtfeuer zur Markierung der Zufahrt in das Rotterdamer Hafengebiet endet. Auf der linken Seite des Nieuwe Waterweg bzw. der Hafenzufahrt nach Rotterdam geht die Uferkilometrierung noch bis Rhein-km 1.035 weiter. Das letzte Markierungsfeuer am Maasmond für die Einfahrt zum Calandkanaal und die anschließenden

man nach flusshydrografischen Aspekten nicht als halbwegs natürliche Flussmündung ansehen kann. Sie bleibt bei der Diskussion der Rheinkilometrierung im Delta daher auch meist unberücksichtigt. Das gesamte Mündungsgebiet des Rheinhauptarms ist geradezu erschreckend industrialisiert und technisch überformt. Der italienische Reisende Aurelio de' Giorgi Bertola (1753 – 1798), einer der ersten romantischen Rheinbegeisterten aus dem Mittelmeerraum, schrieb um 1780: „Das Ende dieses großen und schönen Flusses selbst, der sich auch hierin von anderen Flüssen unterscheidet, erfüllt das Gemüt mit einem seltsamen Gefühle. Was könnte wohl dem Hinsterben des von Alter entkräfteten, hinfälligen Menschen vollkommener gleichen als dieses Verschwinden des Rheines in dem Sande, nach so vieler Kraft, Majestät und Pomp." Bertòla hat diese Zeilen sicher anders gemeint, aber sie kennzeichnen die Situation an der heutigen Rheinmündung aus moderner Perspektive sehr treffend.

Lachmöwe im Winterkleid – auch am Deltarhein eine der häufigsten Möwen.

Sturmmöwen sieht man am Rhein vor allem außerhalb der Brutsaison. Fotos: Frank Hecker

Silbermöwen an den Rheinarmen deuten die Nähe des Meeres an. Foto: BPK

Rotterdamer Hafenbecken bzw. in den Nieuwe Waterweg befindet sich bei Rhein-km 1.035,5. Allerdings ist das damit bezeichnete Gebiet eine erst vor wenigen Jahrzehnten zur Hafenerweiterung aufgeschüttete Kunstinsel, die sogenannte Maasvlakte, die

Niederländische Wasserbauingenieure erwägen übrigens, die ziemlich tief liegende Rheinmündung aus dem Nieuwe Waterweg viel weiter in nordöstliche Richtung zu verlegen. Im Gespräch für diese Rheinumleitung ist das Ijsselmeer, dessen restlicher Wasserspiegel bereits deutlich höher liegt als der derzeitige Mündungsbereich des Nieuwe Waterweg. Wenn der Meeresspiegel in den nächsten Jahrzehnten weiter ansteigt, könnte der Rhein am Maasmond wegen seiner Tieflage nicht mehr richtig abfließen und müsste folglich regelrecht in die Nordsee gepumpt werden, sofern man nicht die Flutung des Rotterdamer Hafengebietes riskieren will. Nun ja – solange die Ingenieure den Rhein regulieren, reguliert der Rhein eben auch die Ingenieure.

Sein um 1815 entstandenes „Lied vom Rhein“ ließ der Dichter und preußische Regierungsrat Max von Schenckendorf (1783–1817) mit den Zeilen ausklingen „Vom Felsen kommt er frei und hehr. Er fließe frei in Gottes Meer“. Am ehesten kann man diese Worte nachempfinden, wenn man in Hoek van Holland nahe der Markierungstafel von Rhein-km 1031 oder auf den Dünen beim Ansatz des Noorderdams steht, der das rechte Ufer dieses Rheinarms als Strömungsleitwerk um knapp vier km nach Nordwesten verlängert. Von allen Rheinmündungen ist diese Stelle die vielleicht eindrucksvollste, obwohl der starke Strom hier wie auf so manchem Abschnitt seiner gesamten Fließstrecke eingezwängt in moderne Wasserbauwerke in das Meer wirft. Spätestens an dieser Stelle endet jede Rheinreise – unumkehrbar wie eben auch der Strom der Zeit. Der Übergang hat dennoch Würde. Man kann hier relativ ungestört vom lauten Treiben der nahen Großstadt Rotterdam seine Gefühle baumeln lassen und beispielsweise den Schiffen nachschauen, die vom Europoort auf neue Weltmeerfahrt gehen. Immerhin: In jedem Ende steckt auch ein neuer Anfang. Selbst das Wasser des Rheins wird nicht für alle Ewigkeiten unauffindbar mit dem Nordseewasser vermischt bleiben. Mit größter Wahrscheinlichkeit wird es irgendwann einmal als Teil einer Wolke auf dem Luftweg zurückkehren und über einen der vielen Rheinzuflüsse einen neuen Anlauf zum Meer nehmen.

Auch wenn es kräftig salzig schmeckt: Knapp fünf Prozent des Meerwassers in der südlichen Nordsee stammen vom Rhein. Der Verdünnungseffekt ist bis Sylt nachweisbar.
Foto: BPK

Bewegtes und bewegendes Wasser
Foto: BPK

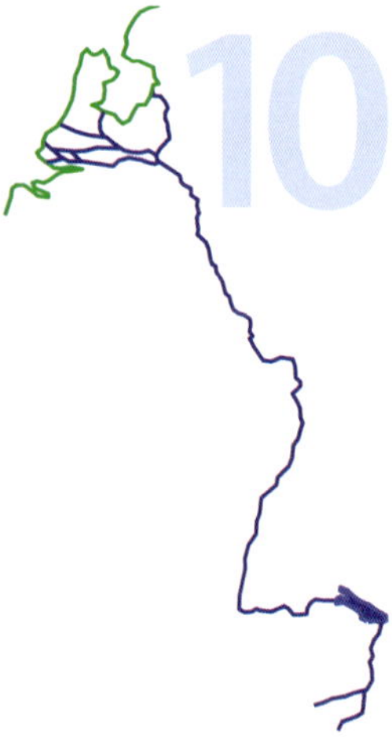

10 Rheinhydrologie – Pegel, Strömung, Wasserstände

Wenn man am Rheinufer steht und eventuell etwas versonnen dem fließenden Wasser zuschaut, stellt sich fast von selbst die Frage, wie viel Wasser denn hier gerade unterwegs ist und wie schnell es wohl eigentlich vorüberrauscht.

Beides ist nicht so einfach und schon gar nicht allgemein zu beantworten, denn die jeweiligen Wasserverhältnisse im Rhein hängen von mehreren Faktoren am Aufenthaltsort des Beobachters und außerdem von der Jahreszeit ab. Eine wichtige Größe ist dabei das Gefälle, und auch dieser Kennwert hängt von der jeweils abfließenden Wassermenge ab. Die Angaben in den Übersichtstabellen (vgl. Tabelle 13) können daher nur jeweils die rechnerischen Durchschnittswerte wiedergegeben.

In Stein, beim Verlassen des Untersees (Rhein-km 25), liegt der Wasserspiegel des Hochrheins bei 394 m. Am Übergang in den Oberrhein in Basel (Rhein-km 168) befindet er sich nach 143 km Fließstrecke bei einer Höhenlage um 244 m. Daraus errechnet sich ein Gefälle von theoretisch 1:1.150 m = 1 m auf 1.150 m Fließstrecke oder gerundet etwas weniger als 1 m/km (= 1 m auf 1.000 m = 1‰). Auf den übrigen Rheinstrecken ändert sich das Gefälle ständig, auch auf sehr kurzen Distanzen. Tendenziell nimmt aber das Rheingefälle vom Oberrhein über den Mittel- zum Niederrhein und erst recht im Delta stetig ab.

Das Gefälle betrifft nun nicht nur die in Fließrichtung geneigte Stromsohle im Flussbett, die aufgrund der Schwerkraft den Wasserabfluss in Gang hält, sondern natürlich auch den oben liegenden Wasserspiegel: Selbstverständlich ist die gesamte Rheinoberfläche um den jeweiligen

Gefällebetrag in Tabelle 13 geneigt. Das Flusswasser liegt also im Unterschied zum völlig ebenen Wasserspiegel eines Weihers oder Sees immer in irgendeiner Weise ganz schön schief. Für die Schiffe auf dem Rhein bedeutet dies logischerweise, dass sie die jeweiligen Höhenunterschiede bei der Fahrt von Ruhrort über den Mittelrhein bis in das Oberrheingebiet zu überwinden haben. Vor der 1977 abgeschlossenen Kanalisierung des Oberrheins hatten sie auf der Fahrt zum Rheinhafen Basel tatsächlich etwa 1 m Höhenunterschied je Rhein-km zu bewältigen. Die Überwindung dieser Höhendistanz, die auf der oberen Oberrheinstrecke fast der Höhe des Straßburger Münsters ausmacht (vgl. Abb. S. 199), kostete damals ungleich mehr Antriebsenergie für die Schiffsmaschinen als auf der Fahrtstrecke auf dem unteren Oberrhein nördlich von Mainz, wo der Rhein mit weniger als 0,12 ‰ Gefälle eher den Charakter eines behäbigen Stromes aufweist. Angesichts dieser Neigungs- und Steigungsverhältnisse wird die Bedeutung des Rheinschifferfachausdrucks „zu Berge fahren“ bzw. „Bergfahrt“ so richtig deutlich.

Ohne Schiffsverkehr fließt der Rhein selbst bei Hochwasser relativ ruhig daher. Fotos: BPK

von	Rhein-km	Höhe ü. NN	bis	Rhein-km	Höhe ü. NN	Strecke (km)	Fallhöhe (m)	Gefälle	
									‰
Konstanz	0	395,0	Basel	168,0	244,2	168,0	150,7	1:1150	0,89
Basel	168,0	244,2	Iffezheim	333,8	110,2	167,8	134,0	1:1250	0,80
Iffezheim	334,0	99,8	Mainz	502,1	80.3	168.3	19.5	1:8300	0,11
Mainz	502,1	80,3	Bingen	529,5	77,2	27,4	3,0	1:9000	0,11
Bingen	529,5	77,2	St. Goar	556,5	66,0	27,0	11,1	1:2430	0,41
St. Goar	556,5	66,0	Koblenz	592,0	58,7	35,5	7,4	1:4800	0,20
Koblenz	592,0	58,7	Andernach	614,0	52,6	22,0	6,2	1:3570	0,28
Andernach	614,0	52,6	Linz	630,0	48,4	16,0	3,7	1:4350	0,23
Linz	630,0	48,4	Bonn	654,9	44,5	24,9	4,6	1:5400	0,18
Bonn	654,9	44,5	Köln	678,6	36,8	32,7	7,4	1:4400	0,22
Köln	678,6	36,8	Düsseldorf	744,0	26,4	56,4	10,5	1:5400	0,18
Düsseldorf	744,0	26,4	Ruhrort	780,5	19,0	36,5	7,4	1:5000	0,20
Ruhrort	780,5	19,0	Grenze	865,0	8,4	84,5	10,6	1:7900	0,12
Grenze	865,0	8,4	Mündung	1032	0	167,0	8,4	1:20000	0,05

Tabelle 13: Gefälle des Rheins zwischen Bodensee und Mündung

Die Strömung des Rheins erkennt man am besten an den wenigen Rheinriffen.
Fotos: BPK

Der Mittelrhein weist strecken- und abschnittweise wieder ein etwas stärkeres Gefälle auf (um 0,26 ‰). In der breiten Koblenz-Neuwieder Beckenlandschaft sind es dagegen wieder nur durchschnittlich 0,24 ‰. Nördlich von Bonn geht das Gefälle des Niederrheins dann deutlich und zunehmend zurück. Auf der Höhe von Duisburg-Ruhrort beträgt es 0,17 ‰, bei Emmerich noch 0,14 ‰, und bis zur Einmündung in die Nordsee sind es nur noch etwa 0,05 ‰. Die Promilleangaben entsprechen dabei wieder jeweils der Fallhöhe des Wasserspiegels in Metern auf 1 km Fließstrecke.

Die in Tabelle 13 genannten Beträge stellen sich zunächst nur geringfügig dar, summieren sich aber auch in der Niederungslandschaft ganz schön auf: So sinkt der Wasserspiegel des Rheins beispielsweise allein innerhalb des Stadtgebietes von Köln (linksrheinisch Rhein-km 671,5 – 711,3 = ca. 40 km Uferlänge) immerhin um rund 8 m – ungefähr so viel wie die Höhe eines Zweifamilienwohnhauses.

Die Coriolis-Effekte (vgl. Kasten S. 199) sind nicht so ganz einfach zu verstehen. Manchen Leuten kann man aber beispielsweise auch nicht verdeutlichen, warum der Rhein überhaupt in nördliche Richtung fließt. Auf einem Schulglobus betrachtet, der den Rhein verzeichnet, sieht es doch tatsächlich so aus, als fließe dieser Strom bergauf in Richtung Nordpol …

10.1 Der Lauf des Wassers

Wegen der völlig uneinheitlichen und auch auf kürzeren Strecken durchaus wechselnden Gefällesituation auf dem gesamten Rheinlauf fällt auch die Fließgeschwindigkeit unterschiedlich aus, denn sie ist direkt abhängig von der Neigung der Stromsohle und hängt außerdem von der Wasserführung ab. Streng genommen beeinflusst sogar die Wassertemperatur das Fließverhalten, denn kaltes Winterwasser ist deutlich zähflüssiger als angewärmtes Sommerwasser. Folglich lassen sich für das Strömungsgeschehen nur Durchschnittswerte angeben: Bei durchschnittlicher Wasserführung liegt die Fließgeschwindigkeit bei 1,5 m/s (= 5,4 km/h). Ein betont stramm marschierender Fußgänger könnte mit dem fließenden Rheinwasser so gerade eben Schritt halten. Für die gesamte Strecke vom Konstanz bis zur Nordsee braucht also ein Tropfen Bodenseewasser etwa 190 Stunden oder knapp

8 Tage. Allerdings stammt nur rund ein Viertel des Wassers am Niederrhein aus dem Bodensee – die übrigen 75 % haben auf der langen Strecke seine zahlreichen Nebenflüsse eingetragen. Bei Hochwasser schießen die Rheinfluten zumindest in der engen Talstrecke des Mittelrheins meist mit Fließgeschwindigkeiten um 2,5 m/s dahin. Dieser Wert wird meist auch den Wasserstandsvorhersagen bei Hochwassergefahr zugrunde gelegt, denn er entspricht der zu Tal wandernden Welle.

Bei einer Strömungsgeschwindigkeit um 1,5 m/s werden vom Rhein übrigens noch Kieselsteine von der Größe eines Hühnereis transportiert. Wasser, das mit 2 m/s fließt, schafft immerhin schon Gerölle bis Kopfgröße. Das fließende Wasser schiebt daher die Kiese und Gerölle auf der Stromsohle ständig vor sich her – das Lockermaterial ist dauernd in Bewegung. Vor dem Einbau der Stauhaltungen in Hoch- und Oberrhein konnte der Strom den eingetragenen Gesteinsschutt flussabwärts transportieren und dabei bis auf Sandkorngröße zerreiben. Jedes Stauwehr legt dem Geschiebetransport heute allerdings buchstäblich einen Riegel vor. Nur fein suspendiertes Material kann daher die Wehroberkanten überfließen. Da Main und

Auch die Erddrehung spielt mit

Ebenso wie das Bild der Rheinaue von der Quell- bis in die Mündungsregion ständig wechselt, verändert sich auch der Rheinstrom selbst. In Abhängigkeit von seiner Talsohlenbreite schwanken die Abmessungen des Strombetts erheblich. Außerdem ändert sich selbst auf kürzere Entfernung ständig das Gefälle des Rheinwasserspiegels. Zudem wechselt der Strom im heutigen Bett häufig die Seiten und bildet Prall- sowie Gleithänge aus, wobei die Prallhänge überwiegend rechtsrheinisch liegen. Diese Eigenart erklärte der baltische Naturforscher Karl Ernst von Baer (1792–1876) erstmals (und zutreffend) mit der Coriolis-Kraft: Infolge der Erdrotation erfahren die sich in (ungefährer) Nord-Süd-Richtung bewegenden Körper und damit auch das abfließende Rheinwasser eine gewisse Beschleunigung in östlicher Richtung und somit eben zum rechtsseitigen Ufer. Hier hat es in der Vergangenheit fast immer die bedrohlichsten Uferanrisse gegeben.

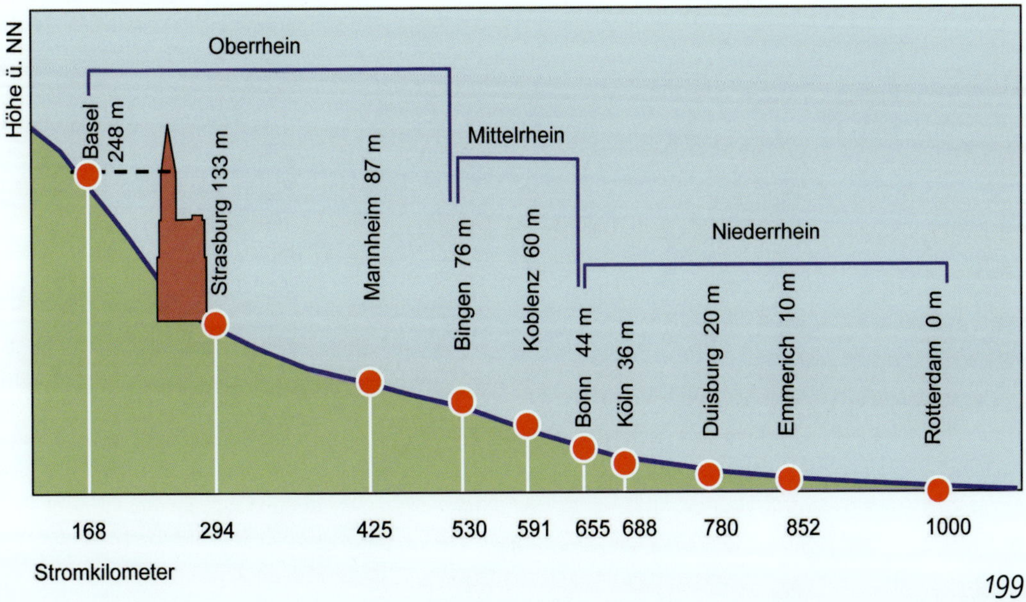

Gefälle vom Alpenrhein bis zur Nordsee
Grafik: BPK

Wie sich der Rhein in die Kurve legt

Auch wenn es zunächst so aussieht: Das Flusswasser fließt nicht direkt an der Oberfläche am schnellsten, sondern ungefähr zwei Handbreit darunter, wo sich die Reibung an der Luft nicht mehr auswirken kann. Diesen linienhaften Strang der größten Fließgeschwindigkeiten nennt man den Stromstrich. Je nach Ausformung des Strombettes liegt er nicht genau in der Mitte. In Biegungen verlagert er sich zudem nach außen. Deswegen nagt der Rhein wie jeder Strom an seinen Prallhängen die Ufer besonders kräftig an, während er an den Gleithängen eher sein mitgeführtes Feinmaterial ablagert. Mit der Stromstrichverlagerung in Flussbiegungen legt sich schon der mit Durchschnittsgeschwindigkeit abfließende Strom in engen Flussbiegungen regelrecht in die Kurve: Wegen der hier auftretenden Zentrifugalkräfte ist der Wasserspiegel auf der Außenseite deutlich aufgewölbt. Am Rhein ist er am Außenbogenufer um bis zu 30 cm höher als an der gegenüberliegenden Innenseite.

Mosel unterdessen ebenfalls kanalisiert sind, können sie dem Rhein kein Geschiebe mehr zuführen. Im frei fließenden Rhein unterhalb der Staustufe Iffezheim (Rhein-km 334) geht das Geschiebe der Geröllfracht dagegen immer noch weiter. Rheinschiffer berichten, dass man früher das Klackern und Rumpeln der aneinander kickenden Steine hören konnte, wenn das Schiff nachts vor Anker oder vertäut am Ufer lag.

10.2 Pegel und Pegelstände

Schon geraume Zeit vor dem Ausbau des Rheins zur Großschifffahrtsstraße hat man Pegel eingerichtet, um die Abflussvorgänge im Rhein genauer verfolgen zu können. Der Pegel ist dabei im Unterschied zum weit verbreiteten Sprachgebrauch nur das Gebäude, an oder in dem die Ablesung des Pegelstandes vorgenommen wird. Die Pegel stammen großenteils noch aus dem Beginn des 19. Jahrhunderts. Die von Andernach und Linz bestehen bereits seit 1816. Den Koblenzer Pegel

Die unterschiedliche Gestaltung von Gleit- und Prallhang zeigt am Mittelrhein bilderbuchreif die große Bopparder Rheinschleife. Foto: Thomas Merz

gibt es seit 1817 – er wurde neben dem 1609 gebauten, steinernen Kranhaus errichtet, das bis heute die Bezeichnung „Pegelhaus“ trägt. Entlang des gesamten Rheins finden sich überwiegend aus dem 19. Jahrhundert stammende Pegel. Insgesamt sind es knapp 60. Sie werden allerdings nicht mehr alle regelmäßig abgelesen. Zumindest die am Mittel- und am Niederrhein eingerichteten Pegel verwendeten seinerzeit noch das Längenmaß „rheinischer Fuß“ (= ca. 30 cm). Erst 1872 erfolgte überall die Umstellung der Pegelmaße auf die inzwischen verbindlich eingeführte Maßeinheit „Meter“.

Anfangs wählte man an den verschiedenen Messstellen den jeweiligen Pegelnullpunkt unterschiedlich, meist im Bereich des ungefähren mittleren Wasserstandes und fast nie auf der örtlichen Stromsohle. Im Jahre 1849 einigte man sich jedoch auf gemeinsame Richtwerte. Auch damit gab es jedoch zeitweise Probleme. Wenn nämlich der Wasserspiegel in sommerlichen Niedrigwasserperioden ziemlich tief absank, ergaben sich für die Pegelablesung eventuell Minuswerte. Um solche Nachteile auszugleichen, wurden die Pegelmesslatten später zumindest so tief gelegt, dass immer positive Wasserstandswerte abzulesen waren.

Seit 1908 verwendet man als Bezugs- und Berechnungslinie für die Fahrrinnentiefe den sogenannten „Gleichwertigen Wasserstand“ (GlW), der von Zeit zu Zeit angepasst und korrigiert werden muss (zuletzt 2002), weil sich die Sohlentiefe des Rheins ständig verändert. Unter dem GlW versteht man eine gedachte Linie ähnlich wie beim Kartennull, die allerdings entsprechend dem Längsprofil des Rheins geneigt ist und die nur an wenigen Tagen bei extrem niedrigem Wasserstand unterschritten wird. Der GlW ist für die Schifffahrt eine wichtige Bezugslinie zur Berechnung der tatsächlichen Wassertiefe und darf nicht verwechselt werden mit der Fahrrinnentiefe. Die Wasserstraßenverwaltung bemüht sich, die folgenden, auf den GlW 2002 bezogenen Wassertiefen in der Fahrrinne garantieren zu können: Von der Schleuse Iffezheim bis Main-Budenheim 2,10 m, von Budenheim bis St. Goar 1,90, von St. Goar bis Köln 2,10, von Köln bis Duisburg-Ruhrort 2,50 m und unterhalb Ruhrorts 2,80 m.

Die für die Rheinschifffahrt wichtigsten Pegel sind die von Rheinfelden, Maxau, Kaub und Duisburg. Die

Fließwasserdynamik: Gleit- und Prallhang

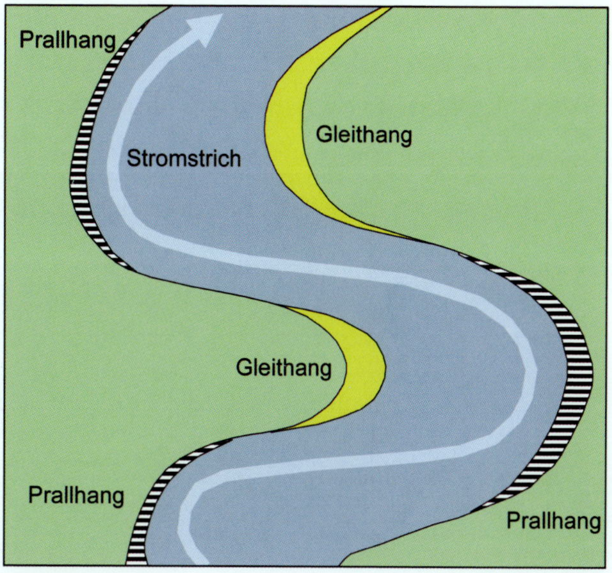

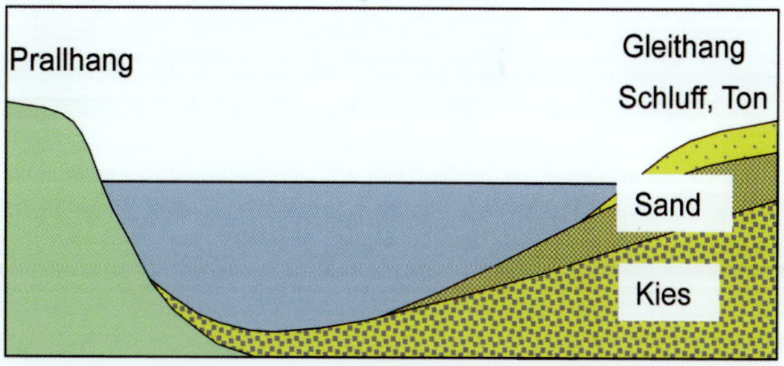

Sedimentsortierung an Gleit- und Prallhang

Grafiken: BPK

Tabelle 14: Einige Eckdaten für die Schifffahrt besonders wichtiger Rheinpegel

Pegelort	Pegelnull-punkt m über NN	GlW 2002 (cm)	Fahrrinnentiefe unter GlW (cm)	Marke I (cm)	Marke II (cm)
Maxau	97,76	360	210	620	750
Kaub	67,66	80	190	460	660
Ruhrort	16,08	225	280	930	1130

Eckdaten für diese Rheinpegel zeigt Tabelle 14.

Pegelnull ist nämlich zu keiner Zeit mit der Stromsohle identisch. Selbst wenn der Wasserstand am Pegel auf die Nullmarke abfallen sollte, führt die Stromrinne noch Wasser, das gegebenenfalls sogar noch für die Schifffahrt ausreicht. Um die tatsächliche Wassertiefe im Fahrrinnenkasten an einem bestimmten Rheinabschnitt zu ermitteln, muss man dessen GlW und den Pegelstand am zuständigen Pegel kennen (vgl. Abb. S. 205). Früher wurden die Pegelablesungen in den Radionachrichten durchgesagt. Schon früh am Morgen saßen die Schiffsführer mit gezücktem Schreibzeug an den Lautsprechern und schrieben mit. Heute kann man sie stundenaktuell im Internet ablesen (im Elektronischen Wasserstraßen-Informationssystem – www.elwis.de – der Wasser- und Schifffahrtsämter oder unter www.pegelonline.wsv.de) oder in der automatischen Telefonansage der Rheinpegel abhören (rheineinheitliche Rufnummer 194 29 nach der Ortsvorwahl für den Pegelstandort). Die aktuelle Rheintiefe (Fahrwassertiefe) erhält man nach folgender Rechnung (Beispiel Pegel Köln, alle Angaben in cm):

Tabelle 15: Ermittlung der tatsächlichen Fahrwassertiefe

Rechengröße	Betrag (cm)
Garantierte Mindestfahrrinnentiefe am Pegelort Köln (= Tiefe unter GlW)	250
Tagespegelablesung am Pegelort	+ 225
GlW (2002) am Pegelort	– 145
momentane Fahrrinnentiefe bei Tagespegel	330
Mindestkielfreiheit	– 20
maximale Abladetiefe	310

10.3 Niedrig-, Mittel- und Hochwasser

Für die Wassermengen im Rhein gibt man in Tabellenwerken üblicherweise den mittleren Niedrigwasserabfluss, den mittleren Durchschnittsabfluss und den mittleren Hochwasserabfluss in m^3/s an. Oft liest man für diese Kenngrößen auch die Verhältniszahlen zum Niedrigwasserabfluss, für Basel also entsprechend Tabelle 16 beispielsweise 1 : 5,3 : 20,5.

Zur Beschreibung des Abflussverhaltens eines Flusses unterscheiden die Wasserfachleute (Hydrologen) zwischen regenbedingten (pluvialen), schneebedingten (nivalen) und eisbedingten (glazialen) Einflüssen. Diese drei Komponenten im Abflussgeschehen überlagern sich im Lauf der Jahreszeiten. So zeigen die mittleren

Tabelle 16: Abflussmengen des Rheins zwischen Ober- und Niederrhein (in m^3/s)

Pegel	Rhein-km	mittlerer Niedrigwasserabfluss	mittlerer Abfluss (Durchschnitt)	mittlerer Hochwasserabfluss
Basel	168	200	1.063	4.100
Koblenz	591	750	1.700	4.200
Köln	688	930	2.000	5.500

Hochwasserabflüsse eine deutliche jahreszeitliche Verschiebung im Rheinverlauf: Am Hochrhein und am südlichen Oberrhein fallen die höheren Abflüsse in den Sommermonaten mit Maximum im Juni an (vgl. Abb. S. 205). Schon am nördlichen Oberrhein kehren sich die Verhältnisse allmählich um. Am Niederrhein zeigt sich schließlich ein Abflussregime mit niedrigen sommerlichen und hohen winterlichen Beträgen mit Maximum im Januar und Februar.

In seinem auf die Mittelgebirgsregion entfallenden Einzugsgebiet und am Niederrhein häuft sich die Niederschlagstätigkeit in der ersten Jahreshälfte (Kurventeil Kaub bzw. Rees in Abb. S. 205). Im alpinen Einzugsbereich wandert die Schneegrenze dagegen erst im Sommer allmählich bergaufwärts und setzt dann größere Schmelzwassermengen in Bewegung (Kurventeil für Rheinfelden in Abb. S. 205). Das Sommerhochwasser der Monate Juni und Juli geht demnach allein auf die Schneeschmelze in den Alpen zurück. Die größeren Zuflüsse (Neckar, Nahe, Main, Mosel) bringen dagegen größere Wasserstände vor allem während der ausgeprägten Niederschlagsperioden im Frühjahr und noch einmal im (Spät-) Herbst. Im Winter haben die Alpen wegen der in Schnee und Eis festgelegten Wassermengen nur einen Anteil von etwa 30 % am fließenden Rheinwasser, im

Die Ufergerölle am Rhein sind der Beweis für die Transportkraft des fließenden Wassers. Fotos: BPK

Nach dem Kauber Pegel richtet sich die Schifffahrt auf dem Mittelrhein.

Altes Pegelhaus in Wiesbaden-Biebrich

Das Koblenzer Pegelhaus ist ein zum Restaurant umgebauter Rheinkran. Der Rheinpegel befindet sich nebenan.

Rechts: Alte und moderne Pegellatte am Rheintor in Linz: Der rechten Latte liegt das alte Maß „Rheinischer Fuß" zu Grunde.

Auf der Rheinpromenade in Emmerich findet sich eine gut ablesbare Pegeluhr.

Fotos: BPK

Sommer dagegen einen solchen von rund 75 %. Die zeitlich nacheinander auftretenden Zuströme aus Mittelgebirge und Alpen überlagern sich daher zu einer recht harmonischen Ganglinie der jährlichen Abflussmengen. Weil zusätzlich der Bodensee mit seinem großen Wasservolumen dämpfend und ausgleichend wirkt, stehen der jährliche Abfluss und die Wasserstandsschwankungen des Rheins im gesamten Flussgebiet in einem relativ ausbalancierten Verhältnis zueinander. Das Abflussverhalten des Rheins ist daher insgesamt als recht ausgeglichen zu bezeichnen. In der Hydrologie vergleicht man dazu die Verhältnisse von niedrigstem (NQ) zum mittleren (MQ) und höchsten (HQ) Abfluss. Das Mengenverhältnis NQ:HQ Hochwasser beträgt im Oberrhein etwa 1:16, im Mittelrhein etwa 1:18 und im Niederrhein 1:20.

Nur in Ausnahmefällen überlagern sich Niederschlagsspitzen im Sommer und die aus den Alpen kommende Schmelzwasserflutwelle zu Rekordwasserständen.

In einzelnen Jahren können die tatsächlichen Abflüsse von diesem Allgemeinbild jedoch deutlich abweichen – vor allem Frühjahrshochwasser mit Schadwirkungen sind am Rhein und seinen Nebenflüssen keine Seltenheit. Maximalhochwasser ereigneten sich beispielsweise in den Jahren 1824, 1825, 1844 und 1845 sowie 1918, 1920, 1925, 1926, 1982 und 1983. Historische Höchstmarken erreichte der Rhein in den Jahren 1342 und 1658. Im Jahre 1342 soll das Hochwasser im Mainzer Dom nach einem zeitgenössischen Bericht „einem Manne bis zum Gürtel gereicht" haben. Zum Jahreswechsel 1993/94 kam es aufgrund ungünstiger Umstände (Tauwetter, starke Niederschläge) zu einem besonders katastrophalen Hochwasser, das sich 13 Monate später mit fast gleicher Scheitelhöhe wiederholte. Während am Pegel Koblenz der mittlere Wasserstand 266 cm und am Pegel Andernach 318 cm beträgt, lagen hier die Hochwasserstände von 1993 bei 949 cm bzw. 1.051 cm und für 1995 bei 921 cm bzw. 1.025 cm. In Köln erreichte der Rhein im Dezember 1993 die Rekordmarke 1.063 cm (Kölner Pegel), d. h. die Wassertiefe im Rhein betrug tatsächlich 1.168 cm und lag damit fast 6 m über dem heute durchschnittlichen Pegelstand von 348 cm. Im Januar 1995 war es schon wieder so weit – der Rhein erreichte sogar die Pegelmarke 10,69 und damit den Rekordwasserstand des 20. Jahrhunderts. Das höchste in Köln je registrierte Hochwasser ereignete sich im Februar 1784 mit einem Pegelstand von 1.355 cm. Im romanischen Kreuzgang des Bonner Münsters findet sich von diesem mit heftigem Eisgang und Eisstau kombinierten Hochwasser eine Pegelmarke auf einer Treppenstufe. Überall in den Rheinorten kann man an vielen Gebäuden mit zeitgenauen Hochwassermarken gleichsam die Visitenkarten von Vater Rhein sehen, wenn er alle paar Jahre besonders heftig aus dem Bett steigt. In Köln hat man sich gegen künftige Katastrophen gewappnet: Anfang 2008 wurde auf beiden Rheinufern ein insgesamt 65 km langes System aus Schutzwänden und Deichen (Kostenaufwand 430 Mio. Euro) fertiggestellt, das Hochwasser bis 11,30 m Kölner Pegel abwehren kann. Auf der anderen Seite kommt es auch

Abflussverhalten von Ober-, Mittel- und Niederrhein

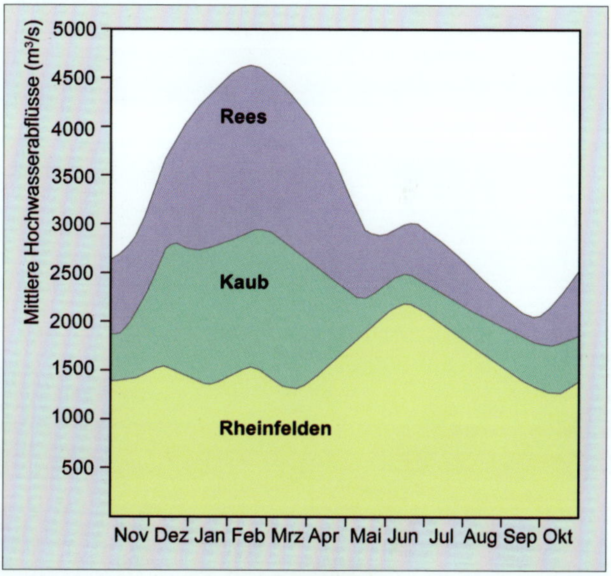

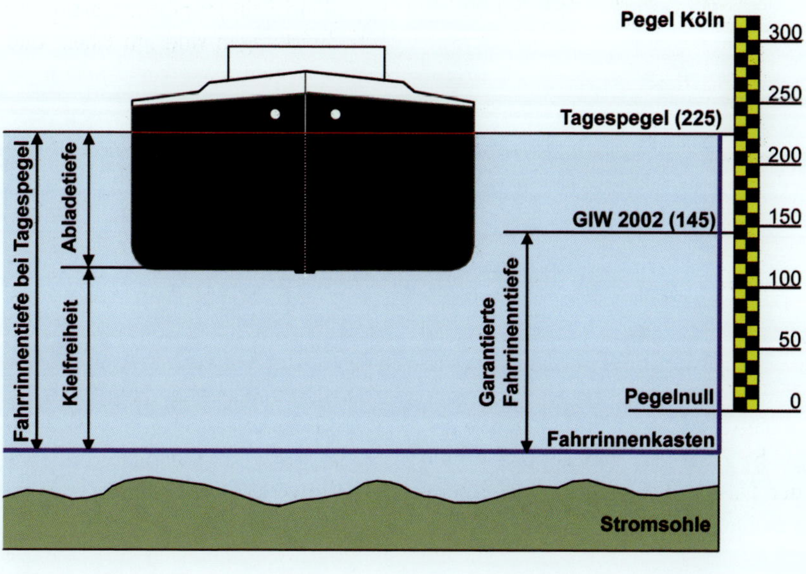

Pegel, Gleichwertiger Wasserstand und Fahrwassertiefe

Grafiken: BPK

Eiswinter am Rhein

Die Dramatik der Rekordvereisung von 1929 zeigt auch dieses Foto von Oberwesel.

Wie bei allen Gewässern geht die Eisbildung auch auf dem Rhein (und seinen Nebenflüssen) von der Oberfläche aus. Bei anhaltendem Frost kühlt sich die oberste Wasserschicht auf 4 °C ab, erhält dann ihre größte Dichte, wird spezifisch schwerer und sinkt ab. Das nach oben drängende noch wärmere und leichtere Wasser kühlt sich nun ebenfalls ab. Da Wasser bei Abkühlung unter 4 °C wieder leichter wird, bleibt es nunmehr an der Oberfläche und kann dort – vor allem an strömungsarmen Stellen wie in den Buhnenfeldern oder in Häfen – bei anhaltendem Frost zu Eis erstarren. Meist bildet sich jedoch keine den gesamten Fluss überspannende glatte Eisdecke. Vielmehr reißen sich immer wieder einzelne Schollen los und frieren mit den Eisrändern am Ufer zu einer eher rauen Schollendecke zusammen. In der Vergangenheit war vor allem die Engtalstrecke des Mittelrheins oberhalb der Loreley zwischen Rhein-km 553 und 554 eisgefährdet. Hier hat sich beispielsweise in fast allen Wintern von 1928/29 bis 1946/47 Treibeis angestaut und zeitweilig sogar mehrfach zum Eisstand festgesetzt.

Geschlossene Eisdecke (1929) am Binger Mäuseturm

Aufgetürmte Eisschollen vor der Pfalz bei Kaub

Der Güterdampfer „Amsterdam" 1933 vor der Loreley Fotos: Rheinmuseum Koblenz

gelegentlich zu extremen Niedrigwasserständen. Aber selbst dann hätte man zu keiner Zeit (beinahe) trockenen Fußes durch den Rhein waten können. Dies war also auch beim jüngsten Rekordniedrigwasser im September 2003 (Wasserstand am Pegel Bonn am 29.09.2003, 5 Uhr: 89 cm; bisheriger Tiefststand bei 91 cm im Sommer 1947) nicht möglich. In Köln lag der Pegel am gleichen Tag um 8 Uhr nur noch bei 80 cm. Am Tag zuvor ereignete sich direkt vor der Loreley eine spektakuläre Havarie: Das Fahrgastschiff MS Loreley aus der Köln-Düsseldorfer Rheinflotte hatte bei 124 cm Tiefgang und einer 144 cm tiefen Fahrrinne (Kauber Pegel 35 cm) Grundberührung, was die Ruderanlage außer Funktion setzte, und landete manövrierunfähig am linken Ufer bei St. Goarshausen.

Der Höhepunkt der Rheinvereisung im letzten Jahrhundert war zweifellos das Jahr 1929, als sich der Rhein bis kurz vor Karlsruhe unter einer Eisdecke verbarg. An der Loreley bestand die Eisdecke vier Wochen lang. Zuletzt war das jeweils andere Rheinufer über die geschlossene Eisdecke am Mittelrhein im Winter 1955/56 zu erreichen. Im Winter 1962/63 blieben nur die Uferpartien eisbedeckt – Eisbrecher hielten flussmittig eine breite Rinne frei, damit driftende Eisschollen wegtreiben konnten. Schließlich konnten auch sie das Problem nicht mehr bewältigen, weswegen man die Eisdecke sprengte, sodass man um den 10. Januar 1963 auch auf dem unteren Mittel- und am Niederrhein ein gewaltiges Treibeis beobachten konnte.

Angesichts der zunehmenden Wassertemperaturen im Rhein durch Kühlwassereinleitung aus Kraftwerken (thermische Gewässerbelastung) und wegen der allgemein etwas milderen Winter der vergangenen Jahre sind Eisgang oder gar eine Eisdecke gegenwärtig eher unwahrscheinlich. Auf der Mosel kam es dagegen zuletzt im Januar 1997 zu einer massiven Vereisung mit Stilllegung des gesamten Schiffsverkehrs.

Ungebetener Besuch in der Altstadt: Jahrhunderthochwasser 1995 in Köln
Foto: Stadt Köln/ Amt für Stadtentwässerung

Zeitpunkt	geschlossene Eisdecke	Länge (km)
Jan. 1901	Loreley – Kaub	7
Feb./März 1929	Loreley – Sondernheim	180
Jan./Feb. 1940	Loreley – Oestrich	34
Jan./Feb. 1942	Loreley – Erbach	41
Dez. 1946	Loreley – Bacharach	10
Jan./Feb. 1947	Loreley – Schierstein	48
Feb. 1954	Loreley – Mainz	57
Feb. 1956	Loreley – Nierstein	70
Dez. 1962/Jan. 1963	Loreley – Bacharach	12

Tabelle 17: Eiswinter am Mittelrhein

10.4 Wie man am Rhein die Kilometer zählt

Wer per Boot oder Schiff auf dem Rhein unterwegs ist oder sich als (Rad-)Wanderer auf dem alten Leinpfad bewegt, kennt die auffälligen Sichtzeichen am Rheinufer, die der Berufsschifffahrt die jeweiligen Stromkilometer anzeigen.

Auf beiden Rheinufern werden die vollen Kilometer in großen, 1 m hohen schwarzen Zahlen auf einem querformatigen, schwarz umrandeten Rechteck mit weißem Grund (im

Format 450 x 200 cm) angezeigt. Die jeweiligen 500-m-Marken zeigt ein gleicharmiges (lateinisches) schwarzes Kreuz auf quadratischem (1,5 x 1,5 m) weißen Grund an, während die 100-m-Markierungen (Hektometermarken) hochrechteckige Tafeln in den Abmessungen 40 x 150 cm mit den Zahlenangaben 1–4 bzw. 6–9 sind. Auf den amtlichen topografischen Karten 1:25.000 sowie 1:50.000 und in den davon abgeleiteten Freizeitkarten sind die genauen Standorte der vollen Stromkilometertafeln durch kleine gleichseitige Dreiecke mit der jeweiligen Kilometerangabe eingetragen. Die eigentlichen vermessungstechnischen Vermarkungspunkte der Sichtzeichen sind kleine runde, eiserne Bodenplatten mit der Angabe des zugehörigen Kilo- und des Hektometers. Die Donaukilometrierung verläuft anders: Hier werden die Flusskilometer von der Mündung stromaufwärts gezählt. An der Einfahrt in den Hafen Passau steht man daher bei Donau-km 2.228,0 und beim Hafen Kelheim gegenüber der Einmündung des Rhein-Main-Donau-Kanals bei 2.411,0.

Obwohl man die Längenvermessung des Rheins ursprünglich vom Leinpfad bzw. von den Ufern aus und erst später mit trigonometrischen Beobachtungen vorgenommen hat, beziehen sich die Kilometerangaben immer auf die Achse des Talwegs bzw. die Strommitte: Die Verbindungslinien der jeweils gegenüberliegenden Sichtzeichen am Ufer bilden mit der Strommittellinie einen rechten Winkel. Letztlich entspricht also nur dieser gemeinsame Schnittpunkt der am Ufer angegebenen Entfernung. Jedoch betragen die Abstände zwischen den Hektometersteinen nur auf exakt geraden Flussstrecken genau 100 m. An Flussbiegungen weichen sie davon stärker ab – wie man mit einem Fahrradtachometer oder einem Schrittzähler leicht nachprüfen kann –, weil sie sich eben auf die Strommitte beziehen. Auf einem Innenbogen sind es im Durchschnitt nur 95 m, im Außenbogen rund 105 m.

10.5 Der vermessene Rhein

Obwohl man den mit der Gegend noch nicht sehr vertrauten Rheinreisenden gern mit einem gewissen Augenzwinkern erzählt(e), die auffälligen Zahlentafeln direkt am Ufer gäben die Seiten der Streckenbeschreibung im offiziellen Reisehandbuch der Touristikverbände an, sind die Sichtzeichen den meisten Rheinbesuchern in ihrer Bedeutung vertraut. Weitaus weniger bekannt sind dagegen die technischen Details dieser Kilometrierung und der Zeitpunkt ihrer Einführung. Die heute international gültige Kilometerzählung wurde so tatsächlich erst am 1. April 1939 durch eine für das Deutsche Reich vom zuständigen Reichsverkehrsministerium erlassene „Verordnung für die Rheinschiffahrt" verbindlich. Diese Einteilung beginnt mit Stromkilometer 0 unter der Fahrbahnmitte der Rheinbrücke in Konstanz am Auslauf des Hochrheins aus dem Bodensee. Verwaltungs- und verkehrstechnisch erscheint diese Festlegung durchaus plausibel, aber hydrografisch-naturräumlich ist sie dennoch nicht so recht nachvollziehbar. Immerhin hat der Rhein auf seinem als Alpenrhein bezeichneten Abschnitt in der Schweiz – die beiden ungefähr gleich langen Quellflüsse Vorder- und Hinterrhein nicht mitgerechnet – bereits rund 164 km Lauflänge hinter sich, bevor er bei Altenrhein auf österreichischem Territorium in den östlichen Bodensee mündet und diesen auf insgesamt 43 km Länge bis zur Konstanzer Rheinbrücke durchfließt. Un-

Große Teile des Niederrheingebietes sind durch uferbegleitende Deiche gesichert: Deichlinie in Köln-Niehl.

Das gesamte Stadtgebiet von Köln wird durch eine Schutzmauer vor Extremhochwassern gesichert. Fotos: BPK

strittig ist dagegen die Lage der Rheinmündung in die Nordsee bei Hoek van Holland gegenüber von Rotterdam bei km 1.031,8. Die letzte hier verortete Marke gibt auf der rechten Uferseite Rhein-km 1.031 an (vgl. S. 211). Hydrografisch betrachtet ist der Rhein also keineswegs nur so lang, wie es seine amtliche Kilometrierung ab Konstanz ausweist, und genau genommen sind auch diese amtlichen Zahlen auf den Ufersichtzeichen nicht absolut korrekt. Dafür gibt es relativ kuriose vermessungsgeschichtliche Gründe.

Obwohl der Rhein zur Römerzeit in seiner Gesamtlänge Bestandteil dieses ausgedehnten Imperiums war, hatte man in der spätrömischen Antike nur ungefähre Vorstellungen von seinen tatsächlichen Abmessungen. Die relativ spärlichen Angaben, die man bei den antiken Autoren findet, ergeben für die Rheinlänge nach heutigen Maßen Werte zwischen etwa 550 und 1.100 km. Solche Unsicherheiten blieben erstaunlicherweise bis zum frühen 19. Jahrhundert bestehen. Da jedoch eine genaue Längenmessung des Flusslaufs im Interesse aller Anrainerstaaten lag, wurde am 31. März 1831 in Amsterdam durch eine „Übereinkunft unter den Uferstaaten des Rheins und auf die Schiffahrt dieses Flusses sich beziehende Ordnung“ eine „Central-Commission für die Rheinschiffahrt“ berufen. Darin waren außer der Schweiz alle seinerzeitigen Anrainerstaaten des damals schiffbaren Rheins vertreten, neben Frankreich und den Niederlanden somit die deutschen Staaten Großherzogtum Baden, Königreich Bayern (für den Landesteil Pfalz), Großherzogtum Hessen, Herzogtum Nassau sowie das Königreich Preußen. Die von der Kommission unmittelbar angeregte erste genaue Längenmessung des Rheinstroms war bereits 1839 abgeschlossen. Als Maßeinheit verwendete man dabei interessanterweise schon die erstmals 1791 in Paris so definierte Einheit Meter (m), die 1837

Rhein-km 630: Die vollen Rheinkilometer werden mit großen Tafeln angezeigt.

Rechts: Die halben Rheinkilometer zeigen jeweils quadratische Tafeln mit schwarzem Kreuz an.

Mitte: Alle 100 m steht am Rheinufer eine Hektometermarke: Zurück zum letzten vollen Rhein-km sind es 200 m. Fotos: BPK

in Frankreich gesetzlich eingeführt wurde und erst ab 1868 auch in den meisten deutschen Ländern des Norddeutschen Bundes galt. Zuvor waren in den Anrainerstaaten immerhin sieben ziemlich verschiedene Längenmaße in Gebrauch, im Mittelrheingebiet beispielsweise der rheinische Fuß mit 31,4 cm Länge. Solche Vielfalt stand dem exakten Vergleich von Messdaten verständlicherweise sehr im Wege.
Auslöser für die Vermessung des Rheins waren übrigens keineswegs die wissenschaftliche Neugier bzw. das geografische Interesse an den tatsächlichen Dimensionen des Flusses, sondern ausschließlich wirtschaftliche Überlegungen: Man benötigte nämlich eine allgemein akzeptierte Berechnungsgrundlage für die jeweils zu erhebenden Zölle bei der Warenpassage durch die Hoheitsgebiete der Anrainer.

10.6 Vom Myriameterstein zur Kilometertafel

Die Ergebnisse bzw. Fixpunkte der ersten einheitlichen Längenmessung von 1831/39 waren an den Rheinufern noch nicht durch feste und gut erkennbare Zeichen vermarkt. Daher beschloss die Zentralkommission im Jahre 1867, auf den Ufern alle 10 km je einen unverrückbaren, sichtbaren Stein setzen zu lassen. Weil die Entfernung zwischen zwei aufeinanderfolgenden Steinen damit genau 10.000 m (= 1 Myriameter) betragen sollte, nannte man diese ersten ortsfesten Sichtzeichen konsequenterweise Myriametersteine. Als Nullpunkt der Steinsetzungen wählte man jedoch nicht die französisch-schweizerische Landesgrenze bei Hunningue (Hüningen; heute bei Rhein-km 168,15), an der die exakte Rheinvermessung begonnen hatte, sondern die Achse der mittleren Baseler Rheinbrücke, womit erstmals auch das an den Rhein grenzende Schweizer Territorium in das internationale Kilometrierungssystem einbezogen wurde.
Die Myriametersteine wurden aus hellem Ibbenbürener Sandstein gefertigt und waren Steinquader in den Abmessungen 50 x 50 x 50 cm mit flach pyramidaler Oberseite, fallweise auf einem etwa 50 cm hohen Sockel aufgestellt. Sie waren mit römischen Zahlreichen durchnummeriert und

trugen diese Angabe auf der Stromseite zusammen mit der Höhenangabe in Metern über dem Amsterdamer Pegel (AP = Amsterdams Peil, entspricht der heute üblichen Höhenangabe über Normalnull = NN). Zusammen mit der genauen Längenmessung hatte man nämlich auch das genaue Höhennivellement ermittelt, um eine Vorstellung von den unterschiedlichen Gefälleverhältnissen im Talweg zu bekommen. Auf der ober- und unterstromigen Flanke der Myriametersteine wurde die Entfernung bis zur damaligen Landesgrenze angegeben. Die Landseite benannte zusätzlich die Distanz zur Baseler Rheinbrücke bzw. bis zum Rotterdamer Hafen. Alle Angaben waren metrisch. Auf dem Myriameterstein XLVII (Nr. 47) beim heutigen Rhein-km 637,4 liest man also folgende Angaben:

- Flussseite: Steinnummer XLVII sowie Höhenangabe 53,922 M über AP (Amsterdamse Peil, entspricht NN = Normalnull)
- Landseite: Entfernungsangabe 470,000 km (= 47 x 10.000 m = 470.000 m = 470 km) von Basel sowie 354,450 km bis Rotterdam (Hafen)

Finale: Die letzte Kilometertafel steht in Hoek van Holland.

Foto: BPK

- Oberstromseite: 135,227 km (von der früheren rechtsrheinischen preußischen Landesgrenze beim heutigen Rhein-km 501,9)
- Unterstromseite: 216,708 km bis zur ehemaligen Landesgrenze Preußen / Niederlande beim heutigen Rhein-km 865,515 (linksrheinisch).

Von den damals auf beiden Rheinufern gesetzten Myriametersteinen sind heute leider nur noch wenige erhalten. Ein weiteres Beispiel für diese vermessungeschichtlich bemerkenswerten Denkmale ist außer dem Stein XLVII in Unkel sein unterstromiger Nachbar XLVIII (Nr. 48) bei Rhein-km 647,4 in Königswinter-Niederdollendorf. Das nächste unterstromige

Start: An der Konstanzer Rheinbrücke beginnt die Kilometrierung mit Rhein-km 0,0.

Foto: Ingo Schwabbaur

1: *Myriameterstein XLVII (Nr. 47) am Unkeler Rheinufer: Stromseite mit der Höhenangabe 53,922 M und (im unteren Teil, nicht ablesbar) über AP (Amsterdamse Peil, entspricht NN = Normalnull)* • **2**: *Myriameterstein XLVII: Landseite mit der Entfernungsangabe 470,000 km von Basel und (im unteren Teil, nicht ablesbar) 354,450 km bis Rotterdam (Hafen)* • **3**: *Myriameterstein XLVII: Oberstromseite mit der Entfernungsangabe 135,227 km von der früheren rechtsrheinischen preußischen Landesgrenze beim heutigen Rhein-km 501,9* • **4**: *Myriameterstein XLVII: Unterstromseite mit der Entfernungsangabe 216,708 km bis zur ehemaligen Landesgrenze Preußen/Niederlande beim heutigen Rhein-km 865,515 (linksrheinisch)* • **5**: *Stellenweise finden sich am Rheinufer noch die alten Hektometer-Messmarken, hier für den preußischen Rhein-km 113,4* • **6**: *Die modernen Hektometer-Messmarken entsprechen der aktuellen Tafelanzeige.* Fotos: BPK

Relikt auf dem linken Rheinufer ist Stein LI (51) bei Rhein-km 677,4 in Köln-Rodenkirchen.

10.7 Die heutige Kilometrierung

Die Myriametersteine waren zwar vermessungstechnisch ein beachtlicher Fortschritt und für die beteiligten Anrainerstaaten ein wirklicher Gewinn, hatten aber den schwerwiegenden Nachteil, dass man sie vom Rhein aus (fast) nicht ablesen konnte. Deshalb wurden nach einer verbesserten und abschnittsweise mehrfach korrigierten Neueinmessung des Rheins (1883–1910) nach 1890 die alten Myriametersteine schrittweise durch neue Sichtzeichen im Kilometerabstand ersetzt. Da die Vermessungsaufgaben von Anfang an Ländersache waren, blieb es zunächst bei der bisherigen Kilometrierung. Auch im Königreich Preußen begann die Kilometerzählung daher auf dem rechten Rheinufer mit dem preußischen Rhein-km 0 an der Grenze zu Hessen (heute Rhein-km 501,90), während dieser Grenzpunkt gleichzeitig Rhein-km 334,9 nach der hessischen Messung entsprach. Linksrheinisch lag die Grenze Hessen/Preußen bei km 28 (heute km 530 im Bereich der Nahemündung zwischen Bingen und Bingerbrück). An der Fähre Linz/Remagen-Kripp (heute km 630) hätte man damals also die Angabe „128“ ablesen können. Die alten preußischen Stationsmarken finden sich heute noch beispielsweise an der Rheinpromenade von Bad Hönningen (vgl. Abb. S. 212).

Die Vielfalt der landesspezifischen Kilometrierungs-Nullpunkte mit km-Zählungsbeginn an den jeweiligen Landesgrenzen war aber immer noch reichlich umständlich, sicherlich auch unpraktisch und im Grunde genommen verwirrend. Daher entschied man sich (erstaunlicherweise erst 1939) im zuständigen Reichsministerium für eine einheitliche und durchgehende Neukilometrierung des Rheins. Weil damals noch der Ausbau des Hochrheins für die Schifffahrt in Aussicht genommen war, verlegte man den Nullpunkt der neuen Kilometrierung vorsorglich in die Achse der Konstanzer Rheinbrücke. Aus Kostengründen sollten allerdings die schon bestehenden und genau vermarkten Kilometer-Sichtzeichen aus dem 19. Jahrhundert auf der deutschen Rheinstrecke beibehalten und einfach übermalt werden. Weil nun die alten Nullpunkte an den ehemaligen Landesgrenzen jedoch nicht glattzahlig mit der Neukilometrierung in Übereinstimmung zu bringen waren, wurden von der Behörde sogenannte Fehlstrecken eingeplant. An der früheren badisch-hessischen Grenze am Oberrhein nördlich von Ludwigshafen (Petersau) wurde daher ein „Kurzkilometer“ eingerichtet: Der Abstand zwischen den heutigen Rhein-km 436,00 und 437,00 beträgt tatsächlich nur 635 m und ist demnach um 365 m zu kurz. Ein weiterer Kurzkilometer befindet sich bei Bingen an der ehemaligen Grenze Hessen/Preußen – die Strecke zwischen den heutigen Rhein- km 529,00 und 530,00 ist in Wirklichkeit nur 525 m lang und weist demnach einen Fehlbetrag von 475 m auf. Ein dritter Kurzkilometer betrifft die Strecke zwischen km 22 und km 23 im Hochrhein – hier fehlen aus messtechnischen Gründen ganze 400 m. Der Rhein ist demnach zwischen der Konstanzer Rheinbrücke und der Mündung bei Hoek van Holland um 1,240 km kürzer als es die amtlichen Kilometertafeln verkünden.

NATO-Rampen am Rheinufer

Wer mit dem Rad auf dem rheinflankierenden und auf langen Strecken durchgängig ausgebauten Leinpfad unterwegs ist, quert alle 8 bis 10 km seltsame, in Verbundpflaster ausgeführte Straßen, die geradewegs in den Rhein führen. Links- und rechtsrheinisch liegen sie einander genau gegenüber – die NATO-Rampen. Während des Kalten Krieges wurden sie als mögliche Rheinübergangsstellen des Militärs angelegt für den Fall, dass die Rheinbrücken bei einem Angriff des Warschauer Paktes auf die Bundesrepublik nicht mehr passierbar wären und Pionierfähren oder andere Wassertransportfahrzeuge die Verlegung von Truppenteilen zu bewerkstelligen hätten. Besonders gefällig stellen sich diese Monumente einer glücklicherweise nie benutzten Landesverteidigung in der Uferlandschaft sicherlich nicht dar. Die einzigen Nutznießer sind heute die Wassersportler, die hier ihre Boote in den Rhein lassen oder fallweise auch Enten, Möwen und Kormorane, die ihr Gefieder trocknen.

Nostalgie erleben
Foto: BPK

11 Die Schifffahrt auf dem Rhein

Wo größere Fließ- oder Stillgewässer bestimmte Landschaftsteile voneinander trennen, haben die Menschen schon in vorgeschichtlicher Zeit versucht, die zunächst nicht direkt erreichbaren Uferpartien mit einfachen technischen Mitteln dennoch ohne große Umwege zu erreichen.

Die Natur gab gleichsam die Materialwahl vor: Schwimmende Zweigstücke, ein umherdümpelnder Ast oder gar ein driftender Baumstamm mögen den Impuls gegeben haben, genügend große Hölzer so zu bearbeiten, dass man sie für den Personen- und Materialtransport nutzen konnte. Ein bei Hünxe aus dem Lippegrund geborgener Einbaum, dessen genauere Zeitstellung bisher allerdings nicht zu ermitteln ist, könnte das älteste nachgewiesene Wasserfahrzeug des Rheinsystems sein. Typmäßig gehört er jedenfalls in die Gruppe sehr ähnlich beschaffener Einbaum-Funde von verschiedenen Stellen in Nord- und Nordwesteuropa, die immerhin bis in die Bronzezeit datieren. Mit einiger Gewissheit ist davon auszugehen, dass die frühen Siedler an den Ufern des Rheins auch schon vor rund 5.000 Jahren und eventuell sogar noch früher über einigermaßen taugliche Wasserfahrzeuge verfügten, mit denen sie den Fluss oder seine Nebenarme überqueren konnten.

Um eine Verbindung von einem zum anderen Ufer – über den trennenden Fluss hinweg – herzustellen, hat man außer mit einfachen Wasserfahrzeugen schon vor über 2.000 Jahren auch mit größeren Brücken den Rhein gequert. Der älteste sicher nachgewiesene Brückenbau erfolgte im Zusammenhang mit Cäsars Rheinübergang im Jahre 55 v. Chr., südlich von Neuwied. Reste von Pfahlgründungen der etwa 400 m langen und – nach Eigendarstellung in Cäsars „Gallischem Krieg“ – innerhalb von nur zehn Tagen errichteten Brücke fand man 1885 bei Baggerarbeiten im Rhein. Aufwand und Materialbedarf waren beträchtlich und umso weniger verständlich, da die Rheinquerung nur einer relativ nebensächlichen Strafexpedition gegen aufmüpfige Germanen galt. Die Brücke war auch nicht von Dauer; die römischen Legionäre bauten sie nach der Rückkehr auf das linke Rheinufer sofort wieder ab. Im Jahre 53 v. Chr. ließ Cäsar bei einer ähnlichen Gelegenheit etwas weiter südlich bei Urmitz nochmals eine Brücke über den Rhein bauen. Auch deren Eichenpfahl-Fundamente sind bereits um 1900 entdeckt worden. Etwa 100 Jahre später errichteten die Römer eine etwas dauerhaftere Rheinbrücke direkt in Koblenz. Ein Nachbau der dabei verwendeten hölzernen Pfahlramme ist auf der Festung Ehrenbreitstein zu sehen; ein Brückenmodell befindet sich im Deutschen Museum in München. Ein mit dem Taucherschachtboot aus dem Rheingrund geborgener Eichenstamm (im Rhein-Museum Koblenz) ist anhand der Jahresringe im Holz auf das Jahr 49 n. Chr. datiert – exakt das aus anderen historischen Quellen bekannte Baudatum der Koblenzer Rheinbrücke.

Nicht nur vor 2.000 Jahren war der Brückenbau eine gewaltige Ingenieurleistung, sondern er ist es auch bei modernen Brückenbauten. Heute queren zwischen Konstanz und Emmerich insgesamt 196 Straßen- und/oder Eisenbahnbrücken den Rhein. Sie sind verkehrsgeografisch etwas ungleich verteilt, wie Tabelle 18 zeigt. Diese Ausgangslage veranlasste die rheinland-pfälzische Landesregierung, ausgerechnet mitten im Welterbegebiet Oberes Mittelrheintal bei St. Goar bzw. St. Goarshausen eine höchst umstrittene Straßenbrücke zu planen. Diese Bürokratenvorliebe für unnötige Bauwerke könnte jedoch ins Auge gehen: Im Juni 2009 hat die UNESCO wegen eines Elbbrückenbaus in einer sensiblen Landschaft der Stadt Dresden den begehrten Welterbestatus wieder entzogen. Das jüngste Rheinbrückenprojekt ist die im Sommer 2009 in Betrieb genommene Niederrheinbrücke bei Wesel. Sie weist zwischen dem linksrheinischen Brückenlager und dem rechtsrheinischen Pylon mit den Spannseilen eine Stützweite von 334 m auf. Die Emmericher Rheinbrücke hat mit

Die eindrucksvolle Rheinbrücke Emmerich erinnert ein wenig an die Golden Gate Bridge in San Francisco. Foto: BPK

Rheinabschnitt	*Straßenbrücken*	*Eisenbahnbrücken*	*Straßen-Eisenbahn-Brücke*	*Fußgängerbrücke*	*Summe*
See-/Hochrhein	23	5	–	9	37
Oberrhein	30	7	2	4	43
Mittelrhein	4	2	–	–	6
Niederrhein	20	5	–	–	25
Summe	**77**	**19**	**2**	**13**	**111**

Tabelle 18: Brücken über den Rhein zwischen Rhein-km 0 und 853

500 m die größte Stützweite einer Brücke in Deutschland.

Schon in den vergangenen Jahrhunderten hat man den Rhein auch mit sogenannten „Fliegenden Brücken" überquert. Darunter sind an einem Seil befestigte, heute als „Gierponten" bezeichnete Rheinfähren zu verstehen, die bei der Flussquerung schräg in die Strömung gestellt und dadurch jeweils zum anderen Ufer gedrückt wurden. Am Hochrhein und an einigen Nebenflüssen (beispielsweise an der Siegmündung) sind vereinzelt noch einige Gierfähren in Betrieb. Im Hauptstrom hat man sie mit Rücksicht auf den Durchgangsschiffsbetrieb eingestellt. Die übrigen der zahlreichen Autofähren am Rhein sind freifahrend. Der Personen- bzw. Fahrradtransport wird fallweise mit Fährbooten bewerkstelligt. Die Rheinfähren spielen für Berufspendler und für den Ausflugsverkehr zwischen beiden Rheinufern nach wie vor eine bedeutende Rolle. Die verkehrsgeografische Verteilung der Rheinfähren zeigt die Tabelle unten. Die mit Abstand größte Rheinfähre ist mit 56 m Länge, 17 m Breite und 150 t Tragfähigkeit die „Linz-Remagen", die zwischen den gleichnamigen Städten bei Rhein-km 630 am Mittelrhein verkehrt. Die hier bis Herbst 2008 verkehrende Großfähre „St. Johannes" ist unterdessen bei Rhein-km 519 zwischen Ingelheim und Mittelheim im Einsatz.

In historischer Zeit verdichtet sich das Bild zur Geschichte der Rheinschifffahrt. Spektakuläre Funde römischer Zivil- und Militärschiffe, beispielsweise in Mainz und in Xanten, dazu auch zahlreiche von der Regionalarchäologie zweifelsfrei nachgewiesene Begleiteinrichtungen wie Hafen- und Kaibefestigungen sowie Verladeanlagen zeigen, dass bereits die Römer eine bestens funktionierende Rhein-

Die „Linz-Remagen" ist die größte Fähre auf dem Rhein.

Die meisten Rheinfähren gehören der Größenklasse der „Siebengebirge" an. Im Hintergrund erkennt man den berühmten Bahnhof Rolandseck und das neue Hans-Arp-Museum. Fotos: BPK

Tabelle 19: Fähren zwischen Hoch- und Niederrhein

Fährtyp	Hochrhein	Oberrhein	Mittelrhein	Niederrhein	Summe
Personenfähre	3	3	3	6	15
Autofähre	–	12	11	5	28
Summe	**3**	**15**	**14**	**11**	**43**

Museum für Antike Schifffahrt Mainz

Das 1994 in einem umgebauten Lokschuppen aus dem 19. Jahrhundert eröffnete Museum zeigt die spätantiken Militärschiffe, die 1981 und 1982 von Mainzer Hobbyarchäologen in der Baugrube eines Hotelneubaus gefunden wurden. Die Schiffe, die zwei verschiedene Schiffstypen darstellen, lagen 200 m vom heutigen Rheinufer entfernt. Ihre geborgenen Reste wurden aufwendig konserviert, wobei man erstmals auch die in Mainz eigens dafür entwickelte Methode der Trocknung in einer Mikrowellenanlage einsetzte. Zur besseren Anschauung stehen in der Ausstellung auch die originalgetreuen Nachbauten. Flankierend zeigt das Museum alle bis heute bekannten Inschriften von Denkmälern, die das römische Flottenwesen nördlich der Alpen betreffen. Anhand zahlreicher präsentierter Schiffsmodelle im Maßstab 1:10 lässt sich die schrittweise Entwicklung des antiken Schiffsbaus und seiner handwerklichen Techniken eindrucksvoll verfolgen.

Museum für Antike Schifffahrt, Neutorstraße 2 b, 55116 Mainz,
www.rgzm.de
Geöffnet Di – So 10.00 – 18.00 Uhr

flotte betrieben. Auch der mittelalterliche und neuzeitliche Schiffsbetrieb auf dem Rhein ist hervorragend dokumentiert. Neben Orginalfunden, die unter anderem im Deutschen Schifffahrtsmuseum in Bremerhaven zu bestaunen sind, gibt es zahlreiche historische Stadtansichten, Zeichnungen oder Gemälde, die Art und Aussehen der früheren Rheinschiffe darstellen, darunter vor allem die berühmte Stadtansicht des aus Worms stammenden Anton Woensam (1492–1541), ein Bild der Kölner Rheinfront

Die berühmte, 1531 geschaffene Stadtansicht von Anton Woensam (1492 – 1541) lässt verschiedene Schiffstypen am Kölner Rheinkai erkennen.
Kölnisches Stadtmuseum / Rheinisches Bildarchiv

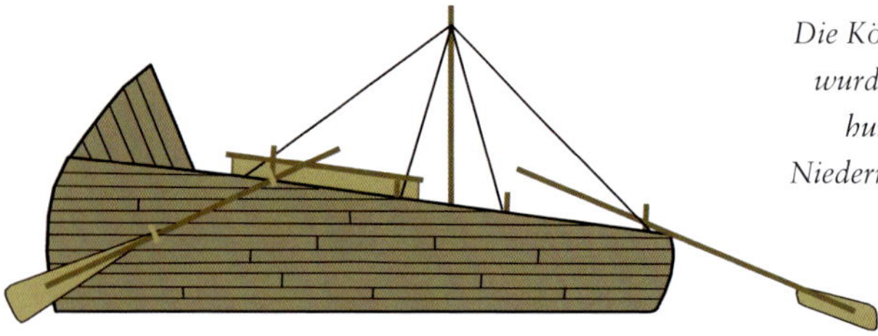

Die Kölner Rheinaak wurde im 16. Jahrhundert für den Niederrheinverkehr eingesetzt.

Oberländer für den Mittelrheinverkehr erkennt man an ihrer charakteristischen Heckhaube.
Grafiken: BPK

im Jahre 1531. Es zeigt unter anderem die lange Zeit auf dem Mittelrhein eingesetzten Oberländer mit ihrer charakteristischen Heckhaube. Diese Lastschiffe maßen in der Länge bis etwa 25 m, waren am Heck bis 6,50 m breit und konnten immerhin bis etwa 120 t laden. Gebaut wurden sie vor allem im heutigen Bonn-Beuel. Stromab wurden sie gerudert, stromaufwärts dagegen getreidelt (vgl. S. 231). Das für den Niederrhein typische Schiff war die flachere Aak, von der es regional verschiedene Varianten gab. Die berühmte Kölner Aak für den Niederrheinverkehr war etwa 20 m lang und 4 m breit. Schiffe dieses Typs konnten 40 – 60 t laden und wurden überwiegend gesegelt. Aus der Kölner Aak entwickelte sich später der für den Niederrhein so charakteristische Schiffstyp Samoreuse, der im Modell in allen Schifffahrtsmuseen am Rhein gezeigt wird.

Dampfschleppzug vor Koblenz-Ehrenbreitstein um 1935
Foto: Rheinmuseum Koblenz

Mit dem Aufkommen der Fotografie im 19. Jahrhundert wird die Dokumentationslage für die Geschichte der Rheinschifffahrt verständlicherweise noch ergiebiger. Sie fällt zudem in eine Zeit, in der auch der Schiffsbetrieb auf dem Rhein und auf anderen Flüssen entscheidende Umstellungen erfuhr.

11.1 Dampf und Eisen revolutionieren die Schifffahrt

Am 12. Juni 1816, nachdem der Wiener Kongress das napoleonisch zerrüttete Europa wieder einigermaßen zusammengekittet hatte, bot sich den erstaunten Kölnern ein nie zuvor wahrgenommenes Schauspiel: Das englische Dampfboot „The Defiance“ kam „mit ungemeiner Schnelle den Rhein heraufgefahren“, wie die Kölnische Zeitung tags darauf vermeldete. Am 6. Juni war es in Rotterdam gestartet. Ursprünglich sollte das Schiff bis Frankfurt fahren, aber die zu starke Strömung des Mittelrheins verhinderte den Plan, weil die nur 14 PS starke Maschine dafür nicht ausreichte. Immerhin: „The Defiance“ hatte erfolgreich den Ärmelkanal passiert und den Weg von Rotterdam nach Köln in nur vier Tagen zurückgelegt, für damalige Verhältnisse wahrhaftig eine bemerkenswerte Pionierleistung. Nachdem der Amerikaner Robert Fulton 1807 erstmals die Dampfkraft als Antriebsmittel für ein Schiff erprobt hatte, setzten nunmehr die Briten die von ihrem Landsmann James Watt 1782 verbesserte Dampfmaschine im Schiffbau ein und befuhren außer dem Rhein auch Seine und Elbe. Schon 1817 erschien das zweite Dampfboot auf dem Rhein. Es war die „Caledonia“ von James Watt jr., die von zwei Maschinen zu je 25 PS angetrieben wurde und bis Koblenz kam. Auf Anregung geschäftlich interessierter Persönlichkeiten unternahm im Oktober 1824 ein niederländischer Dampfer, die 35 m lange „De Zeeuw“, eine abenteuerliche Erkundungsfahrt bis hinauf nach Mainz – das war der endgültige Durchbruch. Bereits 1827 verkehrte das Dampfboot „Concordia“ der „Preußisch-Rheinischen Dampfschiffahrtsgesellschaft“ regelmäßig zwischen Köln und Mainz als sogenannte „Wasserdiligence“. Eine „Diligence“ war im damaligen Sprachgebrauch vornehmer Gesellschaftskreise eine auf den unterdessen relativ gut ausgebauten Fernstraßen verkehrende Reisekut-

Die „Aranka“ vor der Rheininsel Grafenwerth bei Bad Honnef verkörpert den Bautyp des Aalschokkers.

Die „Angela“ und ihr Schwesterschiff im Schutzhafen St. Goar sind die letzten Relikte der Berufsfischerei auf dem Rhein.

Auch Personenschiffe für Flussreisen standen am Beginn der Schifffahrtsgeschichte auf dem Rhein. Fotos: BPK

Museumsschiff Mannheim

Viele der stolzen Schaufelraddampfer, mit denen die meist nur kurz „KD" genannte Köln-Düsseldorfer Rheindampfschifffahrtsgesellschaft jahrzehntelang den Personen- und später den Ausflugsverkehr auf dem Rhein bewerkstelligte, sind längst außer Dienst gestellt und mehrheitlich sogar abgewrackt. Der einzige derzeit noch auf dem Rhein verkehrende Nostalgieschaufelraddampfer ist die 1913 erbaute „Goethe". Der 1928/29 als Doppeldecksalonschiff erbaute Schnelldampfer „Mainz" sank am 12. Juni 1956 nach einer Kollision mit dem Selbstfahrer „Elisa" bei einem Wendemanöver in Koblenz. Im Sommer 1957 war die „Mainz" wieder einsatzfähig und ging erst 1981 endgültig außer Betrieb. Seit 1986 liegt sie als Museumsschiff in Mannheim am Neckarufer zwischen Innenstadt und Hafen und dient als Exponat sowie als Veranstaltungsort des Landesmuseums für Technik und Arbeit Mannheim. Das Schiff ist täglich von 14.00–18.00 Uhr zu besichtigen.
www.technomuseum.de

sche, die günstigenfalls immerhin bis zu 100 km Tagesdistanz bewältigen konnte. Schon bald gab es Konkurrenz aus Düsseldorf: Hier erhielt die „Dampfschiffahrts-Gesellschaft für den Nieder- und Mittelrhein" im Herbst 1836 ihre Konzession. Beide Gesellschaften schlossen sich angesichts der gleichen Interessenlage im Jahre 1853 zur „Köln-Düsseldorfer Rheindampfschiffahrtsgesellschaft" zusammen, die heute noch unter dem Firmennamen „Köln-Düsseldorfer Deutsche Rheinschiffahrt AG" besteht. Für die Entwicklung des Rheintourismus hatten die nunmehr zahlreich verkehrenden Schiffe ein große Bedeutung. Eine Sonderausstellung „Rheinschifffahrt und Rheinromantik: Die Köln-Düsseldorfer" ist seit 2008 in der Kurfürstlichen Burg in Linz am Rhein zu sehen.

Bis zum Ausbau des Oberrheins fand der Personen- und Warenverkehr per Schiff im Wesentlichen auf dem Nieder- und Mittelrhein oder allenfalls bis Mainz statt. Erst vor wenig mehr als 100 Jahren begann die kommerzielle Schifffahrt bis Basel. Am 2. Juni 1904 traf der erste Schleppzug mit dem Schraubenschlepper „Knipscheer IX" und dem mit 300 t Steinkohle beladenen Lastkahn „Christina" nach zweiwöchiger (und auf den oberrheinischen Teilstrecken überwiegend abenteuerlicher) Fahrt in Basel-St. Johann ein, wo man den Schleppverband mit Böllerschüssen, Glockengeläut und Fahnenparade empfing. Trotz dieser verkehrsgeschichtlichen Pionierleistung endete die Premierenfahrt tragisch: Beim Wendemanöver zur Talfahrt riss sich die „Christina" von der Schlepptrosse und zerschellte an der Hüninger Rheinbrücke.

Die im frühen 19. Jahrhundert auf dem Rhein verkehrenden Schiffe und viele der bis ungefähr 1840 folgenden Neubauten mit Dampfantrieb waren sämtlich Holzkonstruktionen. Zunächst konnte man sich beim besten Willen nicht vorstellen, dass ein aus Eisenplatten gefertigter Schiffsrumpf ein tragfähiges Wasserfahrzeug sein könnte. Aber nach eher zaghaften Vorversuchen mit Nachen und Ruderkähnen wagte man sich schließlich doch an größere Abmessungen: Die

Bergfahrt mit beachtlichen Kräften: Modernes Rheinschiff

Fotos: BPK

1830 gebaute „Stadt Mainz", der erste in Deutschland auf Kiel gelegte Raddampfer nur für die Personenschifffahrt, bestand noch ganz aus Holz, die „Prinz Carl" von 1834 war dagegen das erste in Deutschland gebaute eiserne Dampfschiff. Seither nahm die technische Entwicklung einen geradezu stürmischen Verlauf. Deren vorläufige Krönung waren die bis in die 1960er Jahre eingesetzten Radschleppdampfer, die bis zu acht voll beladene Schleppkähne hinter sich herzogen und Schleppverbände bis 1,5 km Länge bildeten. In Bad Salzig wurden sie meist geteilt, weil auf der Engtalstrecke im Oberen Mittelrheintal wegen der starken Strömung nur drei Anhänge zulässig bzw. möglich waren. Hinter dem Binger Loch wurden sie wieder auf Originallänge zusammengeführt. Durchschnittlich verbrauchte ein Schleppdampfer am Tag etwa 10 t Kohle. Das letzte erhaltene Exemplar, die 1921/22 gebaute, 75 m lange und über dem Radkasten 20,7 m breite „Oscar Huber", war mit ihren 1.550 PS Maschinenleistung (für rund 6.000 t Zugleistung) zum letzten Mal 1966 im Einsatz. Pro Reise zog sie bis zu sieben antrieblose Frachtkähne zwischen Ruhrort und Mannheim hinter sich her. Heute liegt sie als begehbares Museumsschiff des Binnenschifffahrtsmuseums im Duisburger Hafenmund und verkörpert als einziges erhaltenes Exemplar einen Schiffstyp, der durch den Transport von Massengütern mehr als

Links: Mit eindrucksvoller Technik ausgestattet, war die „Oscar Huber" der letzte Radschleppdampfer auf dem Rhein. Oben: Pleuelantrieb der Schaufelräder im Bauch des Schiffes

Tabelle 20: Abmessungen der wichtigsten Standardschiffstypen auf dem Rhein

Schiffstyp	Länge (m)	Breite (m)	Tiefgang (m)	Tragkraft (t)
Péniche	38,5	5,0	2,5	400
Kempenaar	55	7,2	2,5	700–800
Europaschiff	85	9,5	2,5	1.350
Großmotorgüterschiff	110	11,4	2,8	2.000–3.000
Großes Rheinschiff	95–100	11,4	2,7–3,5	2.000–3.000
Schubleichter Europa I	76,5	11,4	4,0	2.800
Schubboot 6.000 PS	40	15	1,9	–

100 Jahre lang wesentlich zur wirtschaftlichen Entwicklung des Landes beigetragen hat. Längst sind die Radschleppdampfer durch die geradezu gigantischen Schubeinheiten abgelöst worden, die nach der Dampfschifffahrt und der Erfindung des Dieselmotors die dritte große technische Erneuerung des flussgebundenen Frachtverkehrs darstellen.

Die heutige auf dem Rhein verkehrende Frachtflotte verteilt sich auf verschiedene Größenklassen, die von der CEMT (Conférence Européennes des Ministres des Transports) gleichsam als EU-Standard festgelegt sind und nach denen sich Ausbau bzw. Unterhaltung der Binnenschifffahrtsstraßen richten. Tabelle 20 benennt die wichtigsten Typen und ihre technischen Daten.

Die Tabellenspalte Tiefgang bezeichnet die maximale Abladetiefe, d. h. die Eintauchtiefe des Schiffsrumpfes bei der höchsten zulässigen Ladung. Die aktuelle Abladetiefe kann man am Schiffsrumpf jeweils an den am Heck, am Bug und/oder an den Seiten angebrachten Eichpegeln ablesen. Sie müssen bei der Beladung eines Schiffes sehr genau beobachtet werden, damit die höchstzulässige Abladetiefe für das Fahrgebiet nicht überschritten wird und die zu transportierende Fracht den Schiffsrumpf gleichmäßig eintauchen lässt.

Die heutige Rheinflotte umfasst ungefähr 7.000 Schiffe. Etwa die Hälfte davon fährt unter niederländischer, rund ein Drittel unter deutscher

Rumpfaufbau eines Lastkahns, Schnitt zwischen zwei Querschotten: 1 Flachkiel, 2 Kielschwein, 3 Bodenwrange, 4 Bauchdielen, 5 genietete Bodenplatten, 6 Kimmgang, 7 genietete Seitenplatten, 8 Bergplatte (Schergang), 9 Gangbord, 10 Tennebaum, 11 Lukendeckel, 12 Scherstock, 13 Raumbalken (Gebinde), 14 Spant, 15 Seitenstringer

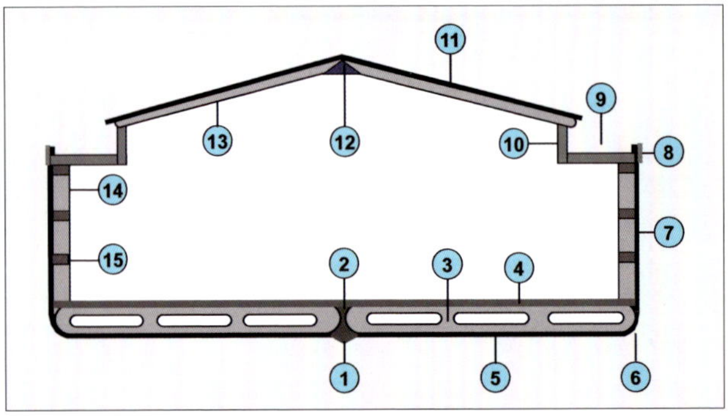

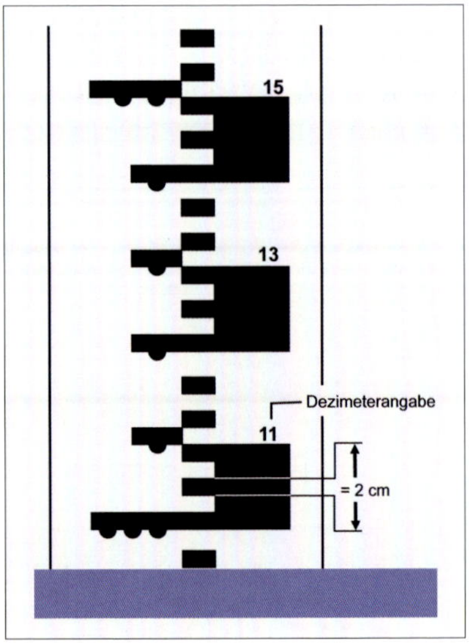

Ausschnitt aus einem Eichpegel am Schiffsrumpf. Die momentane Abladetiefe (Eintauchtiefe) beträgt 0,96 dm. Grafiken: BPK

Flagge. In den Rest teilen sich hauptsächlich Belgien, Frankreich und die Schweiz neben wenigen weiteren Nationen. Die gesamte deutsche Binnenschifffahrtsflotte umfasst derzeit etwa 1.300 Motorgüterschiffe (davon rund 350 Tankmotorschiffe), 950 Schubleichter, 150 Schlepper, 290 Schubbooten sowie 950 Tagesausflugsschiffe. Ein wichtiger Faktor beim Warenverkehr zu Wasser sind die durchschnittlichen Reisezeiten, die je nach Maschinenstärke, Beladung und wasserstandsabhängigen Strömungsverhältnissen gewiss unterschiedlich ausfallen. Im Allgemeinen kann man von folgenden Durchschnittszeiten ausgehen:

Foto: BPK

Museum der deutschen Binnenschifffahrt Duisburg

20 Jahre nach seiner Gründung bezog das Museum 1998 ein neues Domizil in einem ehemaligen Hallenbad. Am Beispiel der Binnenschifffahrt dokumentiert es die Technik-, Wirtschafts- und Sozialgeschichte des Duisburger Raumes. Umfassend werden die Welt der Binnenschiffer, der Hafen- und Werftarbeiter, das Leben an Bord der Rheinschiffe oder in Ruhrort, die Entwicklung des Schiffsbaus und die Auswirkungen der industriellen Revolution auf die Binnenschifffahrt dargestellt. Zu den besonderen Exponaten gehört ein originaler Lastensegler, der in der ehemaligen Schwimmhalle Platz gefunden hat. Im Museumshafen kann man den Eimerkettendampfbagger „Minden" von 1882, den Radschlepper „Oscar Huber" von 1921 und das eindrucksvolle Kranschiff „Fendel 147" aus dem Jahre 1922 besuchen. Ein Museumsbesuch lässt sich übrigens sehr bequem mit einer Hafenrundfahrt durch den größten Binnenhafen Europas verbinden.

Apostelstraße 84, 47119 Duisburg
www.binnenschifffahrtsmuseum.de
Geöffnet 10.00–17.00 Uhr (außer Mo)

Streckenabschnitt	Einzelfahrer		Schlepp-/Schubverband	
	Bergfahrt	Talfahrt	Bergfahrt	Talfahrt
Rotterdam – Emmerich	15	8	28	15
Emmerich – Ruhrort	8	4	15	7
Ruhrort – Köln	10	5	19	6
Köln – Koblenz	11	5	21	6
Koblenz – Mainz	13	7	19	9
Mainz – Mannheim	8	4	13	6
Mannheim – Straßburg	19	8	31	10
Straßburg – Basel	23	8	26	10
Summe (Stunden)	107	49	172	69
Fahrtage insgesamt	8–10	4–6	15–20	7–10

Tabelle 21: Fahrzeiten (in Stunden) auf dem Rhein

Schifffahrtsmuseum Düsseldorf

Der Schlossturm am Burgplatz ist der letzte Rest des früheren Düsseldorfer Stadtschlosses. Er beherbergt als Teil des Stadtmuseums das älteste, aber 2001 mit modernem Konzept neu eröffnete Themenmuseum zur Binnenschifffahrt auf dem Rhein. Unter dem Leitthema „Leben auf und mit dem Fluss" zeigt es, wie bedeutsam die technische Entwicklung der Schiffe und Hafenbauten für das Leben der Menschen am großen Strom war, aber ebenso den Wandel der Berufsbilder, die mit dem Fluss zu tun haben, und die Fortschritte im Umgang mit Hochwasser und Treibeis. Weitere Ausstellungsschwerpunkte sind unter anderem die Ökologie des Rheins, die Berufsfischerei auf dem Rhein und der Rheintourismus. Historische Exponate werden durch eine Anzahl von interaktiven Funktionsmodellen ergänzt. An einer Videokonsole kann man sich als Schiffsführer eines Schubverbandes versuchen. Das kleine Café auf der „Laterne" genannten Dachterrasse bietet einen fulminanten Blick auf den Rhein und die aktuell dort verkehrenden Schiffe.

Burgplatz 30
40213 Düsseldorf
www.duesseldorf.de/kultur/stadtmuseum

Foto: BPK

Fast alle wichtigen Schiffstypen, die je auf dem Rhein verkehrten, sind auf alten Bildern festgehalten. Vom Mainzer Museum für Antike Schifffahrt abgesehen, widmen sich weitere Spezialmuseen in Koblenz, Düsseldorf, Duisburg und Emmerich den vielseitigen Themenfeldern rund um die Schifffahrt auf dem Rhein und ihrer historischen Entwicklung. Bis auf das Museum der deutschen Binnenschifffahrt in Duisburg verfügt keine dieser Einrichtungen über Außenanlagen mit größeren museumseigenen Originalfahrzeugen. Insgesamt ist angesichts der beachtlichen Bedeutung der Binnenschifffahrt die Dokumentationslage am original erhaltenen Anschauungsobjekt in Deutschland bedauerlicherweise ziemlich schlecht.

11.2 Wasserstraße Europas

Der Rhein ist die mit Abstand wichtigste europäische Wasserstraße mit freiem Verkehr für alle Nationen. Die Voraussetzung dafür schuf zunächst die berühmte Mainzer Akte vom 31. März 1831, die entsprechend der Schlussakte des Wiener Kongresses (1815) die Schiffsfreiheit internationaler Gewässer garantierte und so etwas wie das Grundgesetz für die Rheinschifffahrt darstellt. Sie schaffte unter anderem auch das bis dahin recht lukrative Stapelrecht in Mainz und in Köln ab. Nach dem Stapelrecht mussten die über den Rhein transportierten Waren in Mainz und in Köln vor der Umladung oder dem Weitertransport drei Tage lang zum Verkauf angeboten werden. In Köln wurden sie anschließend vom Oberländer auf eine Aak umgeladen. Die Rheinzölle blieben jedoch vorerst noch bestehen, weil der geplante bzw. schon in Angriff genommene Rheinausbau hohe Kosten erwarten ließ. Erst die am 17. Oktober 1868 beschlossene Mannheimer Akte sicherte allen Rheinanliegern eine ungehinderte Schifffahrt zu und regelte

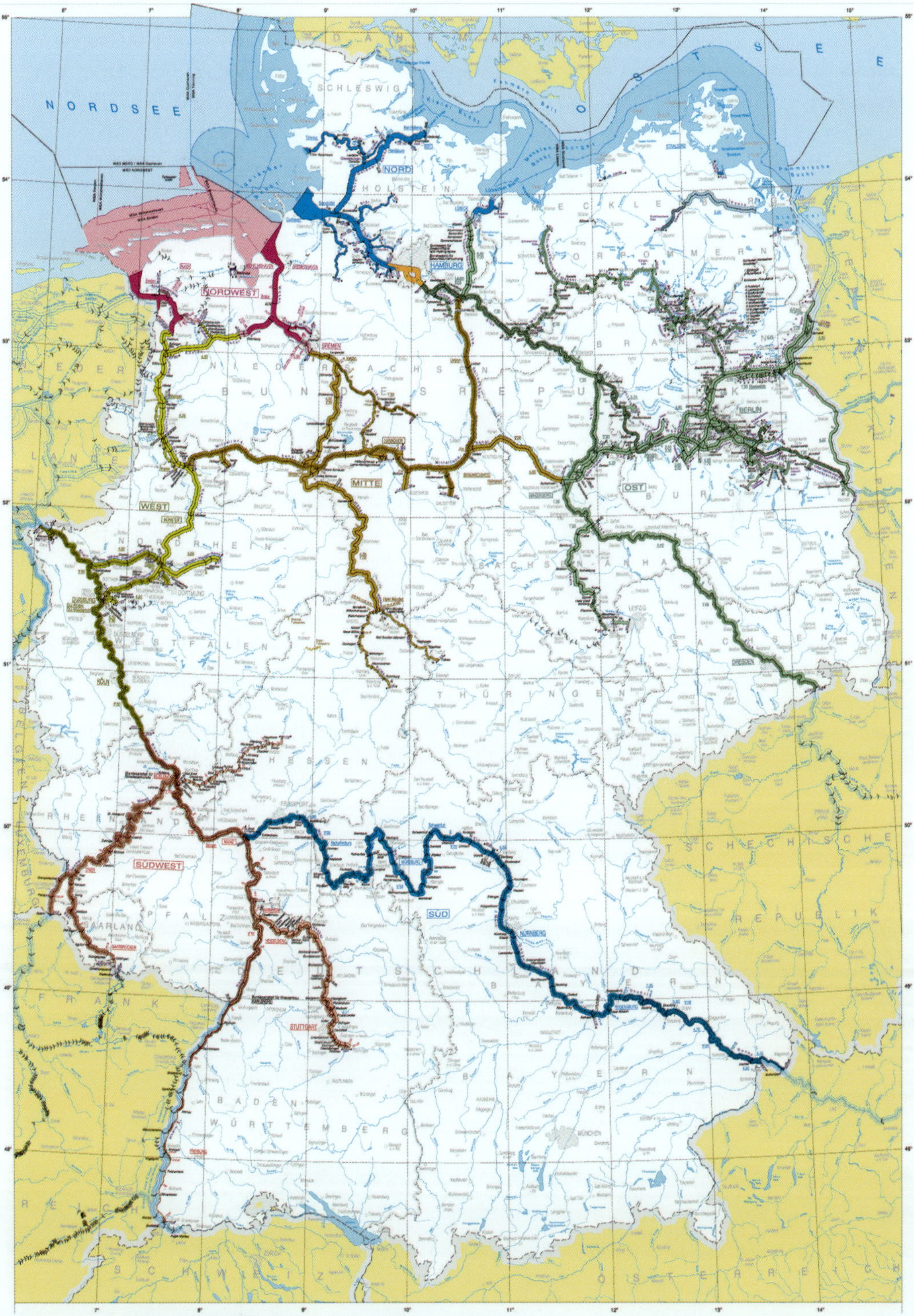

Karte der Wasserstraßen: Der Rhein ist die wichtigste Achse. Abb.: WSV

fortan den Rheinverkehr wirtschaftlich, technisch, politisch und rechtlich. Diese Vereinbarung ist Europas ältestes multilaterales Abkommen. Auch nach der Neufassung von 1969 hat sie im Wesentlichen bis heute Bestand.

Innerhalb der europäischen Union werden heute rund 50 % aller Binnenschifffahrtstransporte auf dem Rhein abgewickelt. Immerhin verbindet er die großen Seehäfen Antwerpen und Rotterdam mit den Verdichtungszentren Rhein-Ruhr, Rhein-Main und Rhein-Neckar sowie die Zentren zwischen Karlsruhe und Basel. Der Binnenschifffahrt steht in Deutschland insgesamt ein Wasserstraßennetz von rund 7.400 km Länge zur Verfügung. Etwa 10 % davon entfallen auf den Rheinabschnitt von Basel bis zur niederländischen Grenze. Für die Frachtschifffahrt hat man den Rhein und seine schiffbaren Nebenflüsse sowie die Kanäle klassifiziert. In der Karte der Bundeswasserstraßen sind dazu besondere Farben verwendet worden (vgl. Abb. S. 225). Orange auf der gesamten Rheinstrecke von Basel bis Emmerich bedeutet, dass hier auch Schubverbände in Viererformation bis 183 m Gesamtlänge und 22,8 m Breite bei 12.000 t Ladung verkehren können.

Über mehrere Kanäle hat der Rhein direkte oder indirekte Verbindung zu fast allen anderen schiffbaren Flüssen in Europa: Der 1991 eröffnete Rhein-Main-Donau-Kanal ermöglicht die kürzeste Schiffsverbindung zwischen Rotterdam und Constantia am Schwarzen Meer über die längste denkbare Binnenschifffahrtsstraße Europas. Bei Rhein(kanal)-km 185 in Niffer zweigt vom Grand Canal d'Alsace der Rhein-Rhône-Kanal ab, der eine wirtschaftlich bedeutsame Verbindung nach Frankreich darstellt. Der Rhein-Marne-Kanal verbindet Straßburg über die Mosel und die Marne über zwei Wasserscheiden hinweg mit der Seine bei Paris. Er ist allerdings nur für kleinere Schiffe und Sportboote geeignet. Bei Duisburg erreicht man ein komplexes Kanalsys-

Imposante Größenordnung: Teilansicht der Duisburger Hafenanlagen (duisport)
Foto: Presseamt Stadt Duisburg

tem, das die Verbindung zu Ems, Weser und Elbe ermöglicht. In den Niederlanden zweigt bei Rhein-km 887,1 der Maas-Waal-Kanaal ab, unterhalb von Tiel bei 926,1 der Kanaal van St. Andries, der ebenfalls eine Verknüpfung zur Maas herstellt. Ab Tiel verbindet der Amsterdam-Rijn-Kanaal die Waal mit den Nordseehäfen dieser Großstadt. Zwei historische Kanalprojekte wurden zwar begonnen, aber nicht zu Ende geführt: Die Maas sollte auch schon vom Niederrheingebiet erreichbar sein, im Jahre 1626 über die 50 km lange Fossa Eugeniana ab Rheinberg bis Venlo und ab 1809 über den Nordkanal ab Neuss. Die Fossa Eugeniana wurde benannt nach der damaligen spanischen Regentin in Brüssel, Isabella Clara Eugenia, einer Tochter Philipps II. von Spanien. Das Kanalbauwerk war eher als habsburgische Verteidigungslinie gegen die aufrührerischen Niederländer und nicht in erster Linie für die Verbesserung des Wasserverkehrs geplant, was die im Kanalverlauf angelegten 24 Schanzen erklärt. Wegen Finanzknappheit stellte man die Arbeiten schon 1629 wieder ein. Von Rheinberg bis fast nach Geldern und wiederum westlich der Niers bis Venlo ist das Kanalbett bis heute sichtbar. Ein Fossa-Eugeniana-Wanderweg erschließt die Reste des nie vollendeten Kanalbauversuchs.

Das Transportvolumen der auf dem Rhein beförderten Güter liegt derzeit jährlich bei etwa 240 Mio. t mit leicht steigender Tendenz. Die dazu erforderliche Verkehrsleistung, die man üblicherweise als Produkt von Transportgutmasse (t) und Transportentfernung (km) ausdrückt, beträgt etwa 65 Mrd. Tonnenkilometer (tkm). Am gesamten Güterfernverkehr hat die Binnenschifffahrt etwa einen Anteil von 20 % – fast ebenso viel wie die Bahn. Dabei ist zu bedenken, dass der Rohstoff- oder Fertigprodukttransport auf dem Wasser die mit Abstand kostengünstigste und im Blick auf den Energieaufwand umweltfreundlichste Form des Güterfernverkehrs ist:

	Lkw	*Bahn*	*Binnenschiff*
Kosten je Transportkilometer und Tonne (in Euro)	2,8	0,7	0,2
Treibstoffverbrauch (in l) je Tonne Fracht und 100 km	4,1	1,7	1,3

Tabelle 22: Die Binnenschifffahrt im Kosten-Nutzen-Vergleich

Die Maschinenleistung von 735,5 W (früher 1 PS) bewegt auf einer Landstraße 150 kg, auf der Schiene etwa 500 kg und auf dem Wasser 4.000 kg. Ein Frachtschiff vom Typ „Großes Rheinschiff" ersetzt rund 150 LKWs. Für schwere Transportgüter wie Erz oder Stahl ist die maximale Abladetiefe der Rheinschiffe von Bedeutung, die der amtlich festgelegte Gleichwertige Wasserstand (GlW, vgl. S. 201 f.) vorgibt. Für den Transport der im Vergleich dazu leichteren Container sind dagegen die Durchfahrthöhen der Rheinbrücken relevant. Ein in Schifffahrtskreisen bekannter Engpass zwischen Rotterdam und Karlsruhe ist die Düsseldorfer Südbrücke, die bei mittlerem Wasserstand eine Durchfahrthöhe von 8,75 m bietet. Das reicht meist nur für einen Transport von höchstens vier Containerlagen übereinander. Zwischen Karlsruhe und Basel ist nur ein dreilagiger Containertransport möglich.

Eine andere wichtige Größe für die Wahl der auf dem Rhein einzusetzenden Schiffe sind die Abmessungen der Schleusenanlagen am Oberrhein. Einzeln fahrende Schiffe dürfen maximal 110 m lang und 22,80 m breit sein. Ein Schubverband mit einem Schubschiff und vier Schubleichtern darf

Alles gut verstaut: Container-Verkehr

Der amerikanische Spediteur Malcolm McLean (1913 –2001) gilt als Erfinder des Containerverkehrs – angeblich angeregt durch eine Zigarettenpackung, die er aus dem Automaten zog und die ihm die logistischen Vorteile von standardisierten Behältergrößen verdeutlichte. Die heute im weltweiten Warenverkehr üblichen und auch auf dem Rhein mit Spezialschiffen transportierten Standardcontainer haben die in der Tabelle zusammengestellten Abmessungen.

Containerschiffe beherrschen heute das Bild des Schiffsbetriebs auf dem Rhein. *Fotos: BPK*

höchstens 183 m lang und 22,80 m breit sein, um alle Schleusenanlagen bis Basel passieren zu können. Weil die auf dem Rhein eingesetzten Schiffe jedoch auch andere Wasserstraßen befahren, müssen ihre Abmessungen auch etwaige Beschränkungen in anderen Fahrtgebieten berücksichtigen. Die größten einzeln fahrenden Schiffe sind daher höchstens 110 m lang und 11,80 m breit. Bei einem Tiefgang von 2,50 m entspricht dies einer Tragfähigkeit von 1.800 t. Für die gleiche Menge müsste man übrigens 60 LKWs zu je 30 t oder 45 Güterwaggons zu je 45 t einsetzen. Die auf dem Rhein verkehrenden Containerschiffe haben bei diesen Vorgaben im vierlagigen Verkehr eine Kapazität von 200 TEU (twenty foot equivalent unit), wie man die auch im Seeverkehr üblichen Standardcontainer von 20 Fuß Länge (vgl. Tabelle 23) beziffert. Für Schubleichter der üblichen Höchstabmessung von 76,50 x 11,40 m ergibt sich je nach Tiefgang eine Tragfähigkeit bis zu 2.800 t. Ein Sechserverband, der allerdings nur auf dem Niederrhein verkehren darf, kommt so auf eine Gesamtbeladung bis zu 16.800 t. Das sind Beladungs- und Transportgutmengen, von den die heutige Großvatergeneration mit ihren eher bescheidenen Einzelschiffen nicht einmal träumen konnte.

Damit der Warenumschlag auch tatsächlich reibungslos funktioniert, ste-

Tabelle 23: Maße internationaler Standardcontainer
** twenty foot equivalent unit*

Länge		*Breite*		*Höhe*		*Gewicht kg*	*Volumen m^3*	*Zuladung kg*
Fuß	*m*	*Fuß*	*m*	*Fuß*	*m*			
*20 = 1 TEU**	*6,058*	*8*	*2,438*	*8,2*	*2,591*	*2.250*	*33,2*	*21.757*
40 = 2 TEU	*12,192*					*3.780*	*67,7*	*26.700*

hen entlang des gesamten schiffbaren Rheins kommerzielle Hafenanlagen als Nahtstellen zwischen land- und wassergebundenem Verkehr zur Verfügung, die allesamt als sogenannte trimodale Häfen funktionieren, weil sie jeweils die Verkehrsträger Fluss, Schiene und Straße miteinander verknüpfen. Die wichtigsten Häfen sind Basel, Straßburg, Kehl, Karlsruhe, Wörth, Germersheim, Speyer, Ludwigshafen, Mannheim, Worms, Gernsheim, Mainz, Lahnstein, Koblenz, Bendorf, Andernach, Godorf, Köln, Leverkusen, Dormagen, Neuss, Düsseldorf, Krefeld, Duisburg, Orsoy, Walsum, Rheinberg, Wesel, Emmerich, Nijmegen, Dordtrecht und Rotterdam. Daneben gibt es entlang des gesamten Rheins zahlreiche Yachthäfen und geschützte Liegeplätze für die Sport- und Freizeitschifffahrt.

Der mit Abstand bedeutendste Rheinhafen ist Duisburg-Ruhrort mit seinen Hafenanlagen, die sich hauptsächlich nördlich der Einmündung der Ruhr befinden. Sie stellen zusammen den größten Binnenhafen Europas dar und gelten in der Summe aller (öffentlichen und privaten) Hafenanlagen sogar als größter Binnenschifffahrtshafen weltweit. Mitten im Binnenland befindet sich hier also tatsächlich ein Welthafen.

Die Hafenbecken reichen von der Ruhrmündung bis nach Duisburg-Rheinhausen. Die 21 öffentlichen Hafenbecken weisen eine Wasserfläche von 180 ha auf und beanspruchen 40 km Uferlänge, wovon 15 km auch per Gleisanschluss erreichbar sind. Die zentrale Rolle von Duisburg besteht darin, ein sogenannter Hinterland-Hub-Hafen zu sein: In den fünf großen Nordseehäfen Antwerpen, Rotterdam, Amsterdam, Bremen und Hamburg werden Transportgüter von den Seeschiffen auf Binnenschiffe umgeladen und über Duisburg in das gesamte europäische Hinterland verteilt. Die Geschichte der Hafenanlagen reicht bis 1665 zurück: Im alten klevischen Rheinstädtchen Ruhrort gründete man eine Schiffergilde, die sich für die rheinauf- und abwärts liegenden Städte im Wesentlichen als Kohlelieferanten betätigte. Im Jahre 1715 baute man ein erstes größeres Hafenbecken. Parallel dazu entwickelte sich der Duisburger Hafen. Weil die Stadt durch die Rheinverlagerung jedoch keinen direkten Kontakt mehr zum Strom hatte, baute man von 1828 bis 1832 den Rheinkanal und 1844 den Ruhrkanal. Damit war der Zugang zu den Flussgewässern wieder hergestellt.

Der mit Abstand bedeutendste Rheinhafen ist Duisburg-Ruhrort mit seinen Hafenanlagen.

In der Folge entstand nun allerdings eine verschärfte Konkurrenzsituation, weil die Ruhrorter Häfen unter preußischer Verwaltung standen, die Duisburger aber unter städtischer. Erst 1905 war nach langen Auseinandersetzungen ein Zusammenschluss der beiden Hafenverwaltungen möglich, und seither hieß die Gesamteinrichtung Duisburg-Ruhrorter Häfen. Gleichzeitig setzte Preußen den Zusammenschluss der zuvor selbständigen Städte Duisburg, Ruhrort und Meiderich durch. Seit 2000 läuft der gesamte Hafenbetrieb unter dem Dach der Betriebsgesellschaft duisport.

Im Zweiten Weltkrieg mussten die gemeinsamen Hafenanlagen schwerste Zerstörungen hinnehmen. Britische

Bomberangriffe am 13. Mai 1943 sowie am 14. und 15. Oktober 1944 zerstörten die Duisburger Alstadt zu 90 % und den größten Teil der Hafenanlagen. In den Hafenbecken registrierte man 330 versenkte und 90 beschädigte Schiffe. Erst 1950 war die Hafeninfrastruktur mit ihren wichtigsten Zusatzeinrichtungen (Gleise, Brücken und Schleusen) wiederhergestellt. Der Brückenbogen der 1949 wieder eröffneten Karl-Lehr-Brücke, die über die Ruhr führt, ist übrigens ein Baustück der alten Kölner Hohenzollernbrücke.

Das veränderte Abflussregime des Rheins in der Folge der Flussregulierung seit dem 19. Jahrhundert hatte für die Duisburg-Ruhrorter Hafenanlagen den unerwünschten Effekt, dass der Wasserspiegel in den Hafenbecken und in den Kanalzufahrten durch Sohlenvertiefung im Hauptstrom jährlich um etwa 4 cm sank, sodass die Anlagen immer seichter wurden. In einem weltweit beachteten Großexperiment half der Steinkohlebergbau weiter: Zwischen 1950 und 1965 baute man bis in 600 m Tiefe rund 12 Mio. t Steinkohle gezielt ab und ließ das gesamte Hafengebiet durch beabsichtigte Bergsetzung einheitlich um etwa 2 m absinken.

Technik- und wirtschaftsgeschichtlich besonders interessante Anlaufpunkte zwischen Rhein und Ruhr finden sich übrigens in Band 14 der Schriftenreihe „Route der Industriekultur“.

Schiffmühlen auf dem Rhein

Eine heute nahezu vergessene, aber flusstechnisch bemerkenswerte Einrichtung waren die jahrhundertelang auf fast allen Flüssen betriebenen Schiffmühlen, die zahlreich auch vom Ober- bis zum Niederrhein als Mahlmühlen in Betrieb waren. Auf der auch technikhistorisch bedeutsamen Stadtansicht von Anton Woensam (1531) sieht man vor dem Kölner Rheinufer mehrere dieser Einrichtungen. Bei Mainz waren zeitweilig 22 gleichzeitig in Betrieb. Schiffmühlen sahen in etwa so aus wie zum Schaufelradschiff nachgerüstete Fachwerkhäuser: Sie lagen fest verankert ufernah oder auch strommittig im Rhein und wiesen ein- oder beidseitig 3 bis 6 m breite Schaufelräder auf, die von der Strömung nach Art unterschlächtiger Mühlräder angetrieben wurden. Gewöhnlich bestanden sie aus zwei schiffsartigen Konstruktionen – dem Hausschiff mit dem Mahlwerk und dem sogenannten Wellschiff als stromseitigem Auflager für die Wasserradwelle. Im Winter schleppte man die schwimmende Werkhalle in einen sicheren Hafen. Die letzte rheinische Schiffmühle stellte ihren Betrieb 1929 ein. Sie wurde 1934 als Technikdenkmal in den Ginsheimer Altrhein gebracht, brannte aber durch Beschuss im Zweiten Weltkrieg ab. Ein Schiffmühlenmodell ist im Rhein-Museum in Koblenz zu sehen (vgl. S. 106), ein funktionstüchtiger Nachbau nach Originalplänen von 1998 am Weserufer in Minden. Für den nördlichen Oberrhein ist ein Nachbau geplant.

Eine der wenigen betriebsfähigen Schiffmühlen arbeitet auf der Weser in Minden.

Foto: Ulrike Schaksmeier

Treidelbetrieb am Niederrhein
Federzeichnung aus „Rheinfahrt" (1875)

11.3 Lasten an der langen Leine – Treidelbetrieb

Am Rheinufer in Remagen-Kripp, einem früheren Halfenort, findet sich ein Denkmal für die bedauernswerten Treidelpferde.
Foto: BPK

Heute findet man an den Rheinufern nur noch abschnittweise Auenwaldreste, die eine Vorstellung vom ursprünglichen Aussehen der Flussaue vermitteln können. Beim Ausbau zur Großschifffahrtstraße seit dem 19. Jahrhundert wurden die Ufer großenteils mit durchlaufendem Steindeckwerk befestigt, auf dem sich die typische Auenvegetation aus Strauch- und Baumgehölzen folgerichtig kaum noch entfalten kann.

Zu einem erheblichen Teil geht die Zurückdrängung der natürlichen Gehölzformationen speziell auf der linken Rheinseite auf den überwiegend hier abgewickelten früheren Treidelbetrieb zurück. Vor der Verfügbarkeit maschineller Antriebskraft wurden die Lastschiffe von Pferden, zeit- und stellenweise auch von Menschen, an langen Leinen flussaufwärts gezogen. Wenzel Hollar (1607–1677) hat solche Situationen in seinem berühmten Werk „Reisebilder vom Rhein" eindrucksvoll dargestellt.

Aus dem Jahre 1779 liegen genauere Zahlen vor: Damals waren zwischen Köln und Mainz 661 Schiffe und knapp 3.000 Treidelpferde im Einsatz. Die mit etwa 2 t Nutzlast beladenen Schiffe wurden meist mit einem Halfergespann aus je 6 bis 10 Pferden stromaufwärts gezogen. Ein Treidelzug schaffte je nach Transportlast und Strömung etwa 20 km am Tag. Für die Strecke Köln – Mainz war also etwas mehr als eine Woche zu veranschlagen.

Traditionell fand diese bergauf gerichtete Schleppfahrt auf dem eigens dafür eingerichteten Leinpfad der linken Rheinseite statt. Die Arbeit war für Mensch und Tier äußerst mühsam, auch wenn der Koblenzer Gymnasiallehrer Joseph Gregor Lang sie in seiner 1790 erschienenen und als kulturhistorisches Zeitdokument immer noch lesenswerten „Reise auf dem Rhein" zugegebenermaßen arg romantisch verklärte: „Schön war es, große belastete Schiffe … die fröhlichen Ufer zu Berge vorbeistreichen zu sehen. Die schnaubenden Pferde, angespornt durch das heisere Geschrei der Halfen und das unaufhörliche

Der frühere Leinpfad ist heute ein gerne frequentierter Radwanderweg.

Schwingen der schnalzenden Peitschen, krochen den kiesigen und glitschigen Leinpfad hinan ... ein Gemälde, das Aug' und Ohr belebte."
Der Leinpfad – er musste nach der preußischen Uferordnung 12 rheinische Fuß (= ca. 3,5 m) breit sein – verlief aus praktischen Gründen möglichst ufernah und damit exakt im Bereich der Weichholzaue, die man für eine ungehinderte Verbindung zwischen den Leinenzügen der Halfer und dem zu treidelnden Lastkahn regelmäßig abholzte.
Nach dem Ende des Treidelbetriebs wurde der anfangs nicht besonders befestigte und daher bei Hochwasser oder durch Eisgang immer stark gefährdete Leinpfad zum Betriebsweg der Strombauverwaltung. In der zweiten Hälfte des 19. Jahrhunderts erfolgte der Ausbau des Rheins zur Großschifffahrtsstraße, und damit verschwanden die Standorte der Weichholzaue fast lückenlos unter dem Steindeckwerk der Uferfestlegung. Heute ist der längst nicht mehr benötigte Leinpfad zur Freude der Wanderer, Radfahrer und Skater nicht nur auf dem Mittelrheinabschnitt als durchlaufend befestigter Weg ausgebaut und damit eine wichtige Komponente im Freizeitwert der Region, die sehr zur Attraktivität der Auenlandschaft beiträgt.
Mit dem Aufkommen der Dampfschifffahrt in der Mitte des 19. Jahrhunderts war der Treidelbetrieb auch auf dem Rhein definitiv vorbei. Die davon direkt betroffenen Halfen verfolgten die neue technische Entwicklung verständlicherweise äußerst skeptisch, sahen sie doch völlig zu Recht ihren Berufsstand hochgradig gefährdet. Im Jahre 1848 probten sie sogar den bewaffneten Aufstand: Im Remagener Ortsteil Kripp, der bislang praktisch vom Treidelbetrieb gelebt hatte, beschossen sie vom Ufer aus mit Böllerkanonen – voller Wut und Verzweiflung – die zu Berge fahrenden ersten Dampfschiffe, und zwar immerhin mit Nägeln und anderen metallenen Kleinteilen. In Kripp am Mittelrhein, unmittelbar nördlich der Anlegestelle der Linz-Remagener Rheinfähren, hat man übrigens den Treidelpferden ein Denkmal gesetzt – ein später Dank an die seinerzeit sicherlich tausendfach geschundene Kreatur (s. S. 231).

11.4 Wälder auf dem Wasser – Rhein-Flößerei

Holz war schon immer ein gesuchter und viel verwendeter Baustoff. Sobald die Holzvorräte in den siedlungsnahen Waldgebieten den Bedarf nicht mehr decken konnten, griff man auf die stadtferneren Bestände zurück, hatte dann aber das Problem, das Holz eventuell über weitere Entfernungen zum Verbrauchsort transportieren zu müssen. Schon aus römischer Zeit ist bekannt, dass Holzstämme zu Flößen gruppiert und mit der Strömung flussabwärts transportiert wurden.

Eine entscheidende Rolle für den enormen Aufschwung der Flößerei auf dem Rhein, die mehrere Jahrhunderte lang sogar ein eigenständiges Gewerbe war, ging vom großen wirtschaftlichen Aufstieg der waldarmen Niederlande in der zweiten Hälfte des 17. Jahrhunderts aus. Innerhalb weniger Jahrzehnte stiegen die Niederlande sogar zur damals größten Wirtschaftsmacht Europas auf. Die expandierenden niederländischen Städte benötigten große Mengen Baumaterial, unter anderem für die Fundamentierung: Amsterdam wurde großenteils auf Rosten dicker Baumstämme erbaut, die man dicht an dicht in den nachgiebigen Marschboden rammte. Hier verschwanden – wie es ein kritischer Zeitgenosse einmal anmerkte – ganze Mittelgebirgswälder einfach im Morast. Außerdem war besonders für den Schiffbau langschäftiges Eichenholz sehr gefragt. Die Nachfrage war groß, und die Bedarfsdeckung kannte keine Grenzen – aus heutiger Perspektive würde man die damalige Ausbeutung der mitteleuropäischen Wälder ohne Einschränkung als Raubbau bezeichnen, die zur Entwaldung ganzer Regionen führte. Herkunftsgebiete für die Holzlieferungen in die Niederlande waren vor allem der Schwarzwald und die angrenzenden Mittelgebirge. Die eingeschlagenen Holzstämme stellte man zunächst zu kleineren Gebinden zusammen und ließ sie über Bäche und kleinere Flüsse zu Holzsammelplätzen treiben. Hier erst erfolgte der Zusammenbau zu größeren Floßeinheiten. Mannheim war damals neben Mainz

Die „schäl Sick"

Im Großraum Köln, im Hauptverbreitungsgebiet der rheinischen (ripuarischen) Mundart, bezeichnet man die rechte Rheinseite umgangssprachlich bis heute als „schäl Sick" (hochdeutsch: „blinde Seite"), was durchaus verächtlich klingt und fallweise auch so gemeint ist. Für diese verbreitete Redewendung gibt es unterschiedliche Erklärungen. Die plausibelste Deutung knüpft an den früheren Treidelbetrieb auf dem linken Rheinufer an. Die Treidelpferde trugen am Zaumzeug zur Stromseite hin eine lederne Scheuklappe, um nicht durch das vom glitzernden Rheinwasser reflektierte Sonnenlicht unnötig geblendet oder irritiert zu werden. Sie konnten also beim bergwärts gerichteten Treideln die links von ihnen, also rechtsrheinisch gelegene, Stromseite nicht direkt sehen und waren so in Bezug auf diese Blickrichtung eben „schäl".

Treibholz schwemmt der Rhein mit jedem Hochwasser reichlich an. In der Zeit der Flößerei waren die Portionen ein paar Nummern größer.

Fotos: BPK

Schiffer- und Flößermuseum Kamp-Bornhofen

Über den schwierigen und gefährlichen Berufsstand des Rheinflößers kann man sich in diesem kleinen Spezialmuseum anhand zahlreicher Werkzeuge, Ausrüstungsgegenstände, Kleidungsstücke, Dokumente sowie Reise- und Erinnerungsutensilien bestens informieren. Eindrucksvolle Modelle der großen Holländerflöße, die auch eine sehr gute Vorstellung vom enormen logistischen Gesamtaufwand der Flößerei vermitteln, zeigen das Siebengebirgsmuseum in Königswinter, das Kölner Stadtmuseum und das Rheinmuseum in Emmerich.
Rheinuferstraße 34 (Rathaus)
56341 Kamp-Bornhoven
Geöffnet im Sommerhalbjahr Mi 14.30–17.30 Uhr

„An einem großen Strom geboren zu werden, im Bannkreis eines großen Flusses aufzuwachsen, ist ein besonderes Geschenk."

Carl Zuckmayer

ein besonders wichtiger Umschlagplatz.
Mehrere kleinere Flöße wurden erst am unteren Mittelrhein zu den gigantischen Holländerflößen zusammengestellt, die schon zu ihrer Zeit viel Aufsehen erregten und in zeitgenössischen Zeichnungen oder Radierungen fesgehalten wurden. Ein bedeutender Floßbindeplatz war jahrzehntelang der kleine Ort Namedy, heute ein Stadtteil von Andernach. Zur besseren Manövrierfähigkeit bestanden die besonders großen Flöße aus gelenkig miteinander verbundenen Teilstücken. Die Gesamtgröße eines solchen kunstvoll und mit besonderen handwerklichen Tricks gefertigten Knieflosses mit vier Knien konnte bis 330 m betragen – deutlich länger als ein moderner Schubverband. Es transportierte bei 60 m Breite und bis 2,4 m Tiefgang etwa 2.500 Baumstämme. Die Steuerung erfolgte mit langen Streichrudern am Vorder- und Hinterende, die von je 7 Männern bedient wurden. Außerdem manövrierte man das Floß in besonders engen Kurven mit Hilfe ausgeworfener und wieder eingeholter Treibanker. Als Gesamtbesatzung eines riesigen Holländer-

Wenn man Bescheid weiß, kann man dem Rhein viele interessante Einzelheiten abgewinnen. Foto: BPK

Gebirgsstrecke mit Lichtwahrschau

Im Oberen Mittelrheintal haben die Rheinschiffer auf einer rund fünf km langen Strecke zwischen St. Goar und Oberwesel wegen der Talenge und der Flussbiegungen keine besonders gute Sicht. Weil aber eine unverhoffte Schiffsbegegnung in einer Flusskurve ziemlich gefährlich ist und nur die flussaufwärts fahrenden Schiffe (Bergfahrt) die Möglichkeit haben zu warten, wird hier der Bergfahrt die Annäherung von Talfahrern durch ein einzigartiges Signalsystem angezeigt. Jede der fünf Signalstellen zwischen Rhein-km 550,57 und 555,43 zeigt – von einer Zentrale in Oberwesel gesteuert – der Bergfahrt auf drei übereinander liegenden Signalfeldern, welcher Schiffsverkehr in drei Teilabschnitten gerade unterwegs ist (vgl. Abb. S. 236). Diese Signalposten nennt man Lichtwahrschauen (abgeleitet vom niederländischen waarschowen = warnen).

floßes sind etwa 400 bis 500 Mann zu veranschlagen. Im Prinzip waren also mit den großen Rheinflößen schwimmende Dörfer mit Großküchen, Unterkünften und Werkstätten unterwegs. Ganze Rheinufergemeinden lebten von der Flößerei, beispielsweise der Ort Kamp-Bornhofen am oberen Mittelrhein. Im 19. und 20. Jahrhundert wurden die Floßgrößen wegen der Gefahren für die zunehmende Schifffahrt und die inzwischen zahlreicher gewordenen Rheinbrücken behördlich auf etwa 200 x 60 m beschränkt. Aber auch diese Gebilde waren noch fast so groß wie zwei Fußballfelder. Das letzte gewerbliche Floß trieb 1968 den Rhein hinunter. Aus Anlass der 700-Jahr-Feier der Stadt Düsseldorf wurde im Sommer 1988 noch einmal ein kleineres Demonstrationsfloß rheinabwärts geschickt – allerdings gesichert von begleitenden Schleppfahrzeugen.

Komplexe Konstruktion: Teilansicht eines Floßmodells im Rheinmuseum Emmerich
Foto: BPK

11.5 Der Rhein als Verkehrsweg

Moderner Straßenverkehr kommt heute nicht einmal mehr in entlegenen Dörfern ohne Verkehrsschilder und in dichter besiedelten Gebieten ohne Ampelbetrieb aus. Ähnlich ist es auch auf der internationalen Wasserstraße

Wahrschauer- und Lotsenmuseum St. Goar

Vor der Einrichtung des automatischen Signalverkehrs auf der schwierigen Engtalstrecke wurde die sichere Regelung des Schiffsverkehrs mithilfe von speziellen Signalflaggen vorgenommen und war Aufgabe der St.-Goarer Lotsen. Im ehemaligen, original erhaltenen Beobachtungsposten direkt an der B 9 am südlichen Ortseingang von St. Goar informiert ein kleines Museum über Details des früheren Warnsystems für die bergwärts fahrenden Schiffe. Als weiterer mit Flaggen arbeitender Wahrschauposten diente der Mäuseturm nördlich von Bingen vor der jetzigen Fahrwasserlösung am Binger Loch.

Am Bankeck bei Rhein-km 555,43, 56329 St. Goar
Geöffnet Mi und Sa 14.00–17.00 Uhr, 1. Mai bis 28. September

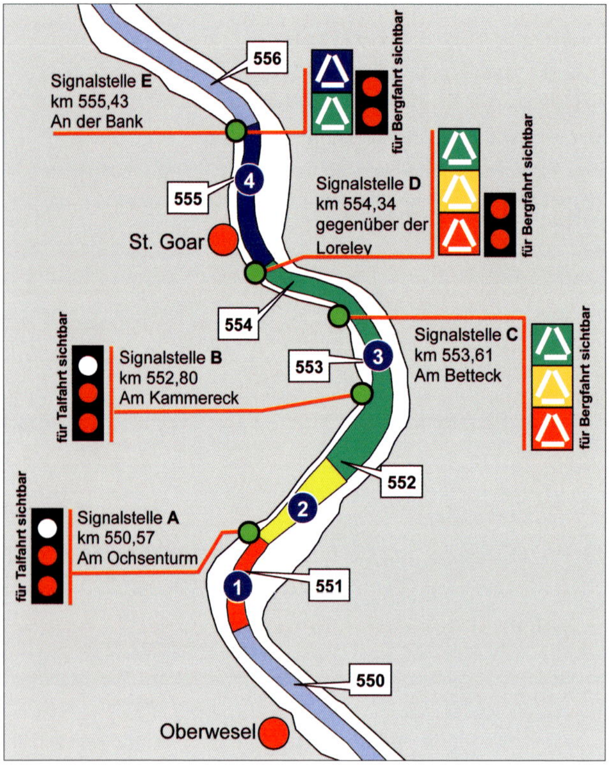

Lichtwahrschau-Regelung in der Gebirgsstrecke des Mittelrheins (Rhein-km 550,47 – 555,43) Grafiken: BPK

Rhein. Obwohl es am Rhein meist ziemlich beschaulich zugeht und man am Rheinufer gar nicht so selten auch längere Zeit einmal überhaupt keine Schiffe sieht, sind die Wasserstraßenverhältnisse durch detaillierte Vorschriften, mancherlei technische Hilfen und Verkehrsleitsysteme genau geregelt. Das komplette Regelwerk ist Bestandteil der Rheinschifffahrtspolizeiverordnung (RhSchPV) bzw. der Binnenschifffahrtsstraßenordnung (BinSchStrO), die jeder Schiffer kennen muss. Als ufergebundener Besucher, Wanderer oder Radfahrer am Rhein hat man die zahlreichen Schifffahrtszeichen natürlich ebenfalls ständig im Blick, weshalb sie hier kurz erläutert werden.

Der Rhein ist ein kompliziertes Fließgewässer. In seinen Uferbereichen befinden sich – je nach Wasserstand auch unsichtbar unterhalb der Wasserlinie – oft Sand- oder Kiesbänke, die in den Streckenbeschreibungen für den Mittelrhein meist als „Grund“ mit Zusatzbezeichnungen eingetragen sind (beispielsweise Wispergrund bei Rhein-km 541, Braubacher Grund bei Rhein-km 579,5), am Niederrhein aber überwiegend „Ort“ heißen (wie etwa Baumberger Ort ab Rhein-km 714, Oberkasseler Ort ab Rhein-km 743). Am Mittelrhein gehen besondere Gefahren auch von den ufernahen, als „Leyen“ bezeichneten Rheinfelsen aus (beispielsweise Senner Leyen bei Rhein-km 553,5) und überall am ausgebauten Rhein von den in den Strom

Lichtwahrschau-Posten am Mittelrhein Foto: BPK

Rechts: Bedeutung der Lichtwahrschau-Zeichen

ragenden Buhnen bzw. Kribben. Mit anderen Worten: Dem Schiffsführer muss jeweils unmissverständlich und gut erkennbar angezeigt werden, wo genau das gefahrlos benutzbare Fahrwasser liegt. Dazu dienen die im Abstand von wenigen 100 Metern bis etwa 1 km voneinander entfernt liegenden sogenannten Lateralzeichen, die die örtlich gültigen Grenzen des Fahrwassers anzeigen (vgl. Abb. S. 239). Sicherheitshalber verwendet die moderne Berufsschifffahrt auf dem Rhein eine elektronische Wasserstraßenkarte, die den genauen Verlauf der Fahrrinne etwa so anzeigt wie der Navigator im PKW die vorgewählte Route.

Von See kommend, also flussaufwärts, aber auf der in Flussrichtung linken Seite (!) liegen im Rhein grüne Spitztonnen, Tonnen mit einem spitz zulaufenden grünen Zylinder als Toppzeichen, grüne Leuchttonnen oder grüne Schwimmstangen. Auf der gegenüberliegenden Fahrrinnenseite sind es in Flussrichtung rechts entsprechend rote Stumpftonnen, Tonnen mit einem stumpfen roten Toppzeichen, rote Leuchttonnen oder Schwimmstangen. Diese Form der Markierung ist auf allen Flüssen einheitlich so geregelt. Die Tonne bedeutet dem Schiffsführer, sicherheitshalber mindestens 10 m Abstand zu halten. Die Schiffe bewegen sich auf dem Rhein also grundsätzlich innerhalb des durch Tonnen markierten Wasserstreifens. Bei einer Fahrwasserspaltung vor Hindernissen werden rote Tonnen mit grünen Streifen verwendet.

Andere Lateralzeichen geben in Ufernähe liegende Hindernisse an und erfordern mindestens 15 m Abstand. Markiert werden sie entweder mit Spierentonnen oder Schwimmstangen bzw. mit Baken. Spierentonnen und Schwimmstangen sind schwimmende Zeichen, die als Toppzeichen einen langen, grün- oder rot-weiß gestreiften Zylinder tragen. Farbwahl und Seitenpositionierung werden wie bei

Auf dem Tonnenhof des WSA Bingen in St. Goar Fotos: BPK

Der Rhein ist ein komplizierter Verkehrsweg. Besondere Zeichen regeln den sicheren Schifffahrtsbetrieb.

den Spitztonnen vorgenommen, also linke Fahrrinnengrenze grün und rechte rot. Baken sind landfeste Zeichen und im Prinzip lange Stangen, beispielsweise am flussseitigen Ende von Buhnen oder von Hafenmolen. Sie tragen als Toppzeichen entweder einen roten Kegel (Spitze nach unten)

Sandbänke wie der Klemensgrund sind bei niedrigem Wasserstand klar auszumachen. Bei höherem Pegelstand hilft nur die Markierung der Fahrrinne.

Spierentonne auf der in Flussrichtung rechten Fahrwasserseite

oder einen grünen Kegel (Spitze nach oben). An Fahrwasserspaltungen verwendet man mit den Spitzen einander zugewandte Kegel (rot oben, grün unten), wie die Abbildung zeigt.

Abzweigungen, Einmündungen oder Hafeneinfahrten werden durch besondere Tonnen markiert. Die rechte Seite der durchgehenden Fahrrinne bzw. die linke Seite der abzweigenden oder einmündenden Fahrrinne zeigt rote Tonnen mit grünem Streifen. Auf der linken Seite sind es entsprechend grüne Tonnen mit rotem Querstreifen (vgl. Abb. rechts).

Wie im üblichen Straßenverkehr gilt auch auf den Wasserstraßen der wichtige Grundsatz „sehen und gesehen werden“. Daher bestehen besondere Vorschriften für die Beleuchtung aller Wasserfahrzeuge, die man natürlich auch als „Landratte“ wahrnimmt, wenn man den lebhaften Schiffsverkehr bei Dämmerung oder Dunkelheit beobachtet. Mit den Schemata

Fahrwassermarkierung auf der in Flussrichtung linken Fahrwasserseite Fotos: BPK

wird man die verschiedenen Fahrzeugbezeichnungen für Tag und Nacht besser verstehen.
Natürlich gelten auf dem Rhein genau einzuhaltende Verkehrsregeln. Normalerweise herrscht in der Fahrrrinne wie auf der Straße Rechtsverkehr. Abschnittsweise wird davon aber durch eine anderweitig „geregelte Begegnung" abgewichen. Je nach Verlauf der Fahrrinne wechseln Bergfahrt und Talfahrt die Seiten. Begegnen sich hierbei im Linksverkehr zwei Schiffe, zeigen sie sich auf der Steuerbordseite (rechts) eine blaue quadratische Tafel und bei Nachtfahrt ein Blinklicht. In den Schifffahrtsatlanten für die Rheinschifffahrt ist stromkilometergenau vermerkt, wo ein Seitenwechsel erlaubt ist und wo die Mittellinie der Fahrrinne nicht überfahren werden darf. Zusätzlich geben rotweiße Ver-

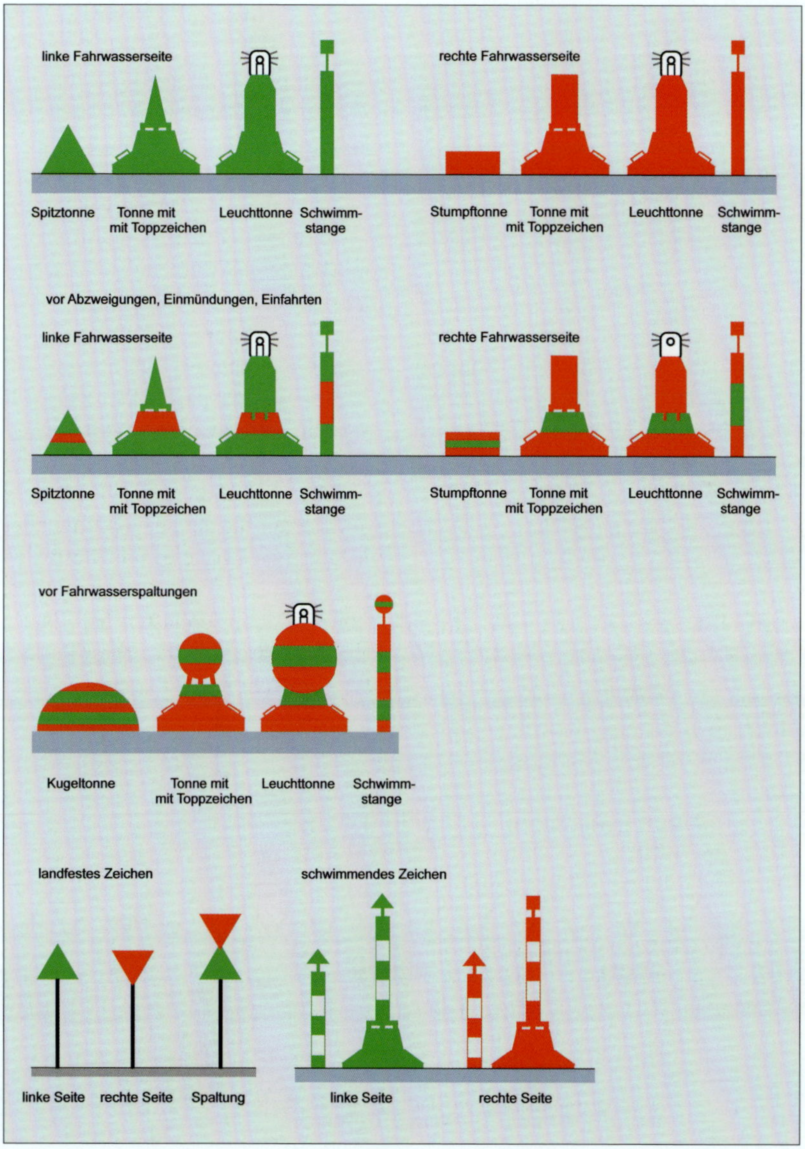

Lateralzeichen und Betonnung *Grafik: BPK*

Lateralzeichen auf dem in Flussrichtung linken Ufer
Foto: BPK

bots- und blauweiße Gebotsschilder sowie weitere Empfehlungs- und Hinweiszeichen konkrete Anweisungen für die Zulässigkeit bestimmter Manöver. Davon zeigt die Grafik rechts die wichtigsten Beispiele aus der Binnenschifffahrtsstraßenverordnung.

„An einem großen Strom geboren zu werden, im Bannkreis eines großen Flusses aufzuwachsen, ist ein besonderes Geschenk", schrieb der Dramatiker Carl Zuckmayer (1896–1977) in seinen Lebenserinnerungen. Er notierte diese Zeilen aus Erfahrung und Überzeugung, denn er stammt schließlich aus Nackenheim bei Mainz, direkt am nördlichen Oberrhein gelegen.

Der Rhein bietet tatsächlich überraschend viele thematische Anknüpfungen aus der gesamten Stichwortpalette zwischen Natur und Kultur. Die kulturlandschaftlichen Szenerien mit ihren zahllosen Kunstdenkmälern und literarischen Zeugnissen blieben auf den vergangenen Seiten eher ausgeblendet. Auch die wechselvolle Geschichte des Rheins mit kaum einmal abreißenden lokalem Geplänkel, regionalen Streitereien und fallweise auch nationalen Gefechten nicht nur verbaler Art haben wir nicht einmal ansatzweise gestreift. Dafür stand die sonst meist stark vernachlässigte Naturerscheinung Rhein im Vordergrund – von den naturlandschaftlichen Vorgaben bis zum heutigen Bild, in dem sich natürlich überall auch das jahrhundertelange Wirken der Men-

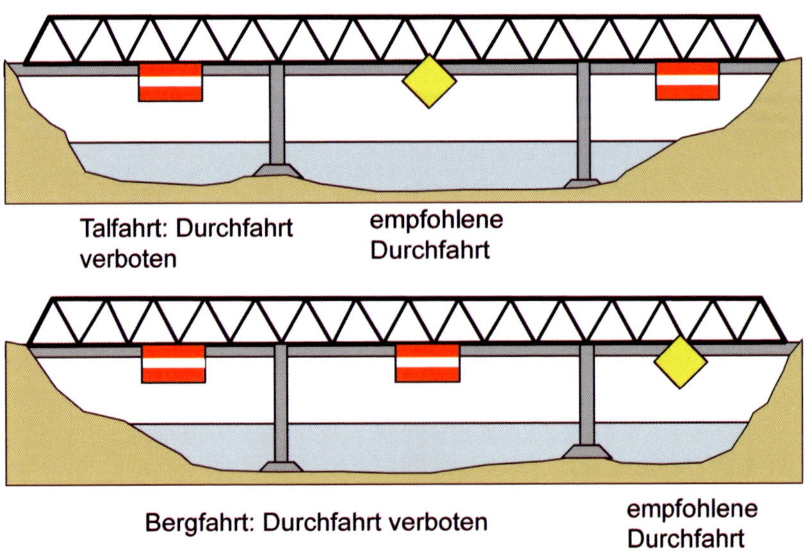

Kennzeichnung einer Brückendurchfahrt

Schifffahrtszeichen am Rheinufer

1 *Allgemeines Überholverbot für alle Fahrzeuge*

2 *Überholverbot für Schubverbände untereinander oder gekuppelte Fahrzeuge*

3 *Verbot des Begegnens und Überholens*

4 *Ankerverbot auf der Seite der Wasserstraße, auf der das Zeichen steht*

5 *Stillliegeverbot auf der Seite der Wasserstraße, auf der das Zeichen steht*

6 *Festmachverbot am Ufer auf der Seite der Wasserstraße, auf der das Zeichen steht*

7 *Wendeverbot*

8 *Vermeidung von Wellenschlag oder Sogwirkungen*

9 *Auf die Fahrwasserseite hinüberfahren, die auf der Steuerbordseite des Fahrzeugs liegt (spiegelbildliches Zeichen gilt für den Fahrwasserwechsel zur Backbordseite)*

10 *Gebot, das Fahrwasser nach Steuerbord zu überqueren (spiegelbildliches Zeichen gilt für den Fahrwasserwechsel nach Backbord)*

11 *Gebot, die Fahrwasserseite zu halten, die auf der Backbordseite des Fahrzeugs liegt (spiegelbildliches Zeichen gilt für die Fahrwasserseite auf der Steuerbordseite des Fahrzeugs)*

12 *Gebot, die angezeigte Geschwindigkeit (in km/h) zum Ufer nicht zu überschreiten*

13 *Gebot, die durch den Pfeil angegebene Richtung einzuschlagen*

14 *Fahrwasser am rechten Ufer eingeengt; die Zahl gibt den Abstand (in m) an, den die Fahrzeuge vom Zeichen einhalten sollen*

15 *Erlaubnis zum Ankern auf der Uferseite, auf der das Zeichen steht*

16 *Erlaubnis zum Festmachen auf der Uferseite, auf der das Zeichen steht*

17 *Erlaubnis zum Stillliegen auf der Uferseite, auf der das Zeichen steht*

18 *Wendestelle*

19 *Frei fahrende Fähre*

20 *Empfehlung, in die Richtung des Pfeils zu fahren*

21 *Ende eines Verbots oder eines Gebots, das nur in einer Verkehrsrichtung gilt, oder Ende einer Einschränkung*

22 *Hochwassermarke I im Bezugswasserstand*

23 *Verbot der Durchfahrt oder Sperrung der Schifffahrt (Tafel oder rote Lichter oder Flaggen) Grafiken: BPK*

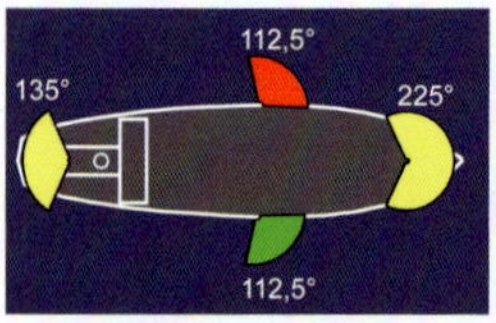

Horizontbögen von Hecklicht, Seitenlichtern und Topplicht

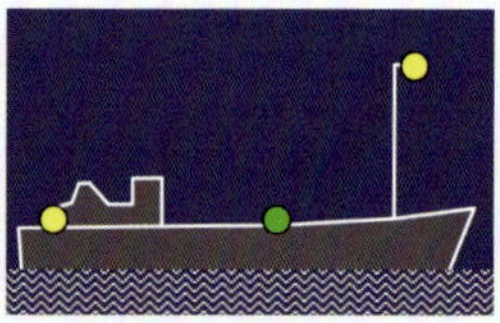

Nachtbezeichnung: Einzeln fahrendes Fahrzeug bis 110 m Steuerbordseite

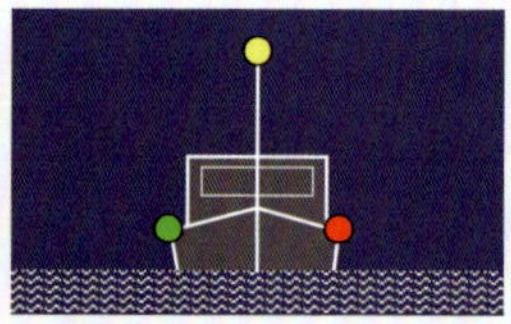

Nachtbezeichnung: Einzeln fahrendes Fahrzeug bis 110 m Bugansicht

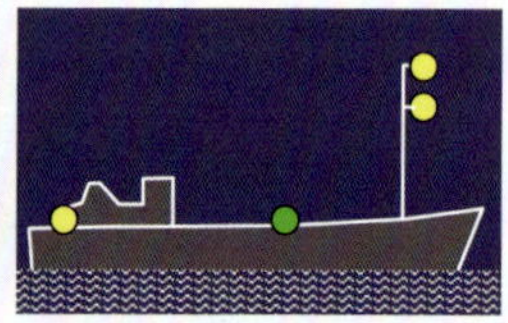

Nachtbezeichnung Schleppverband: Schleppendes Fahrzeug

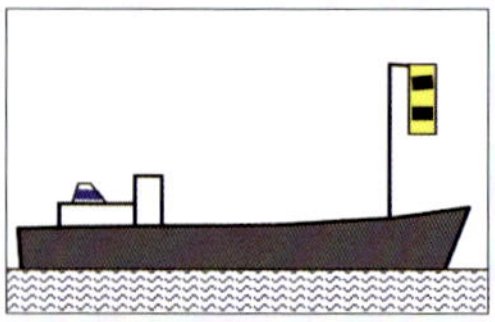

Tagbezeichnung Schleppverband: Schleppendes Fahrzeug

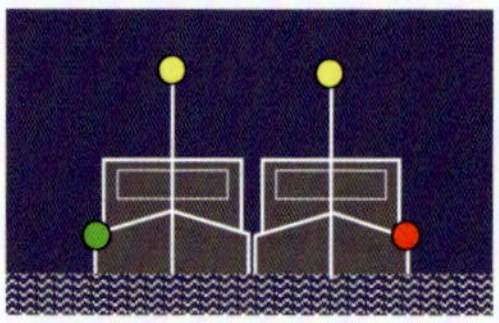

Nachtbezeichnung: Gekuppelte Fahrzeuge

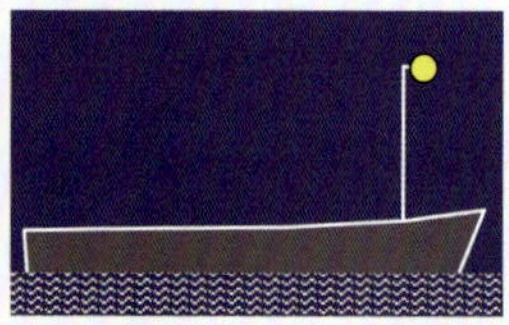

Nachtbezeichnung Schleppverband: Geschlepptes Fahrzeug

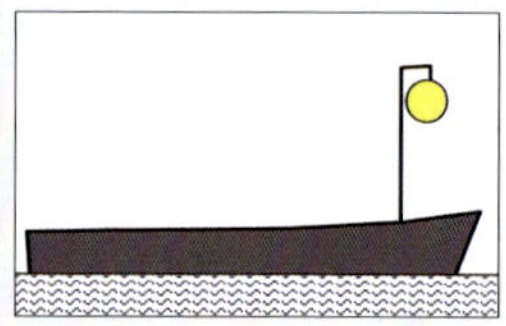

Tagbezeichnung Schleppverband: Geschlepptes Fahrzeug

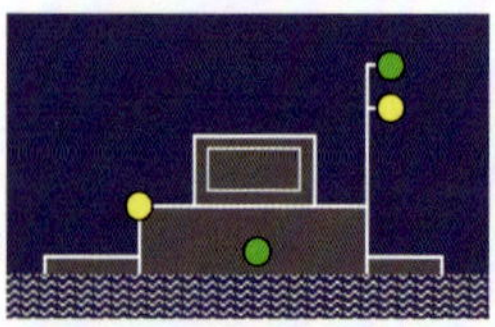

Nachtbezeichnung: Frei fahrende Fähre

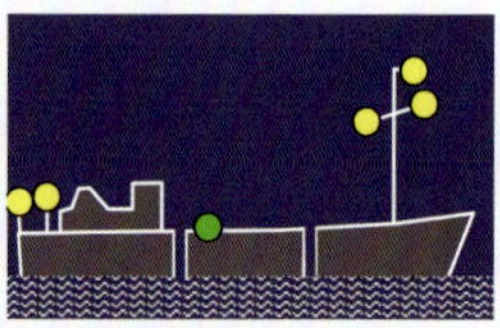

Nachtbezeichnung Schubverband: Steuerbordseite

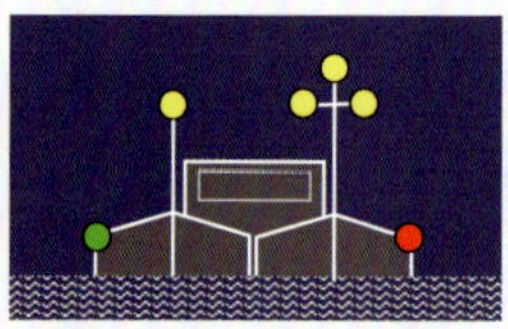

Nachtbezeichnung Schubverband: Bugansicht

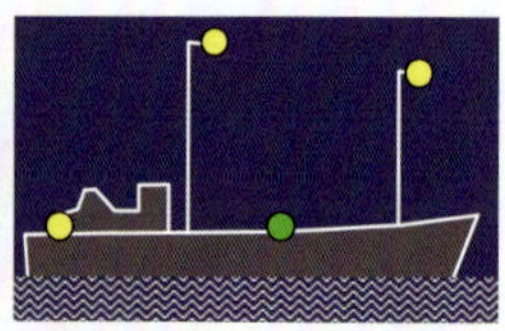

Nachtbezeichnung: Einzeln fahrendes Fahrzeug über 110 m Steuerbordseite

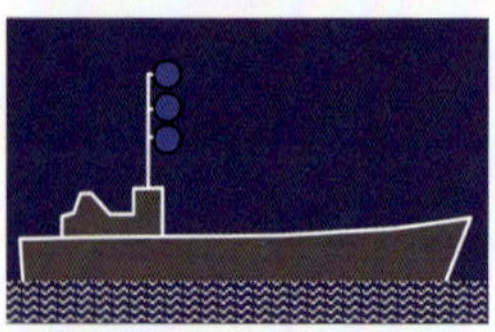

Nachtzusatzbezeichnung: Fahrzeug mit explosiver Ladung

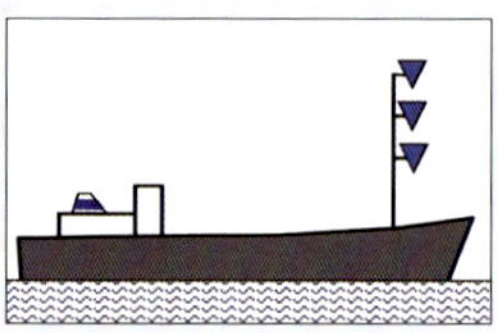

Tagbezeichnung: Fahrzeug mit explosiver Ladung

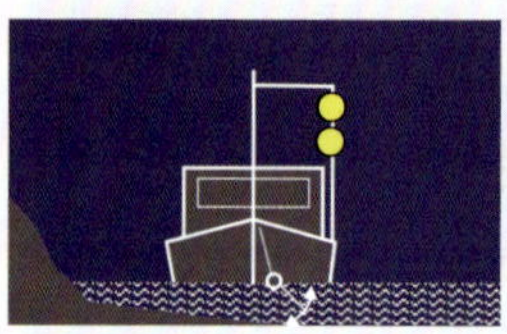

Nachtbezeichnung: Fahrzeug liegt vor Anker

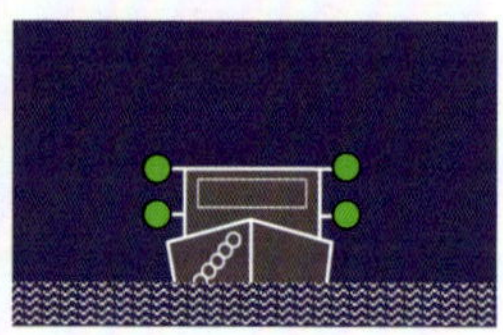

Nachtbezeichnung Schwimmendes Gerät oder festsitzendes Fahrzeug: Vorbeifahrt an beiden Seiten

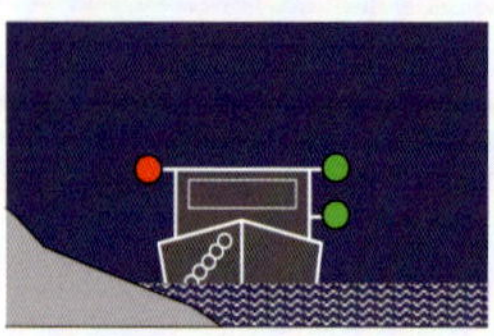

Nachtbezeichnung Schwimmendes Gerät oder festsitzendes Fahrzeug: Vorbeifahrt an einer Seite

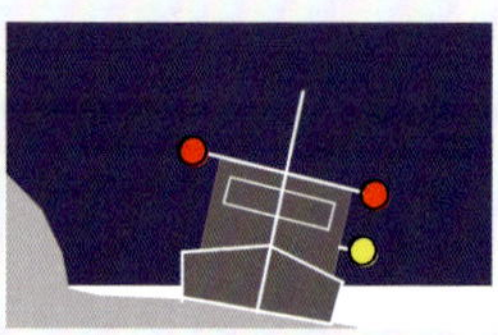

Nachtbezeichnung gesunkenes Fahrzeug: Vorbeifahrt an einer Seite

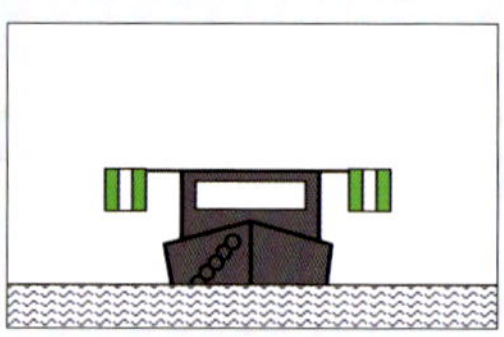

Tagbezeichnung Schwimmendes Gerät oder festsitzendes Fahrzeug: Vorbeifahrt an beiden Seiten

Tagbezeichnung Schwimmendes Gerät oder festsitzendes Fahrzeug: Vorbeifahrt an einer Seite

Tagbezeichnung Gesunkenes Fahrzeug: Vorbeifahrt an einer Seite

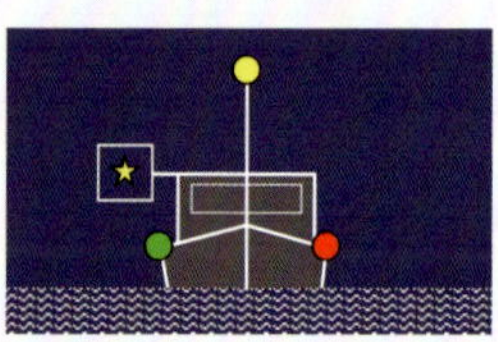

Nachtbezeichnung Blicklicht: Vorbeifahrt an Steuerbord

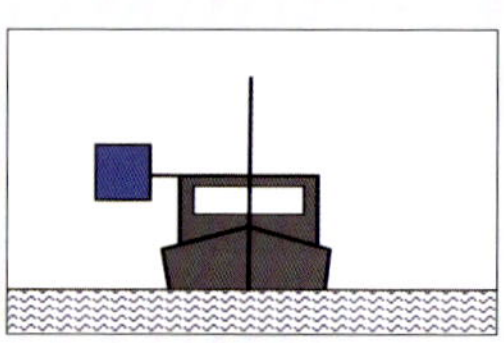

Tagbezeichnung Blaue Tafel: Vorbeifahrt an Steuerbord

schen am und mit dem Strom abzeichnet.

Noch vor wenigen Jahrzehnten wäre eine Schlussbetrachtung in einem Buch über den Rhein möglicherweise etwas kämpferischer ausgefallen und auf jeden Fall in einem energischen Appell an die politisch Verantwortlichen eingemündet, die wichtigste Lebensader Mitteleuropas nicht nur verkehrs- oder ökonomieorientiert, sondern als schützenswerten Lebensraum zu verstehen und danach das politische Tun zu bemessen. Heute haben wir zum Glück die Gewissheit, dass man sich europaweit in internationalen Kommissionen für die natürlichen Belange des Rheins engagiert und erfolgreich bemüht – und damit die Grundsätze der schon 1968 verkündeten Europäischen Wasser-Charta des Europarates in praktisches Handeln umsetzt.

Es mag ja sein, dass manche Leute für die Elbe, die Loire oder die Seine schwärmen. Sie sollen sich auch gern für den kulturträchtigen Nil oder den majestätischen Mississippi begeistern. Für einen Rheinländer bleibt der Rhein, in dessen Einzugsgebiet immerhin rund 45 % der deutschen Bevölkerung leben, in allen seinen Facetten der größte und interessanteste Fluss der Welt.

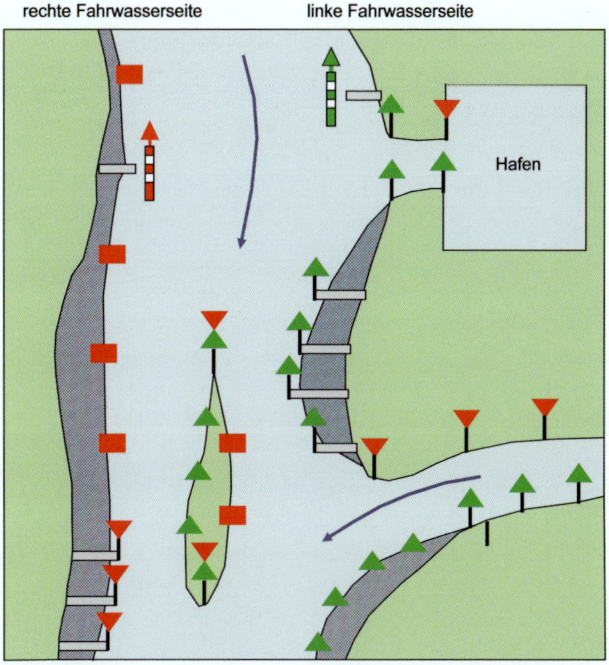

Beispiel einer Fahrwassermarkierung
Grafiken: BPK

Zu guter Letzt: Backbord und Steuerbord

Landratten, wie die nicht schiffserfahrenen Besucher oder Mitfahrer von den Fahrensleuten oft genannt werden, haben mitunter heftige Probleme mit den fachmännischen Seitenangaben auf einem Schiff. Die in normaler Fahrtrichtung, also zum Bug hin, rechte Schiffsseite ist Steuerbord, bei heutigen Schiffen mit grünem Signallicht ausgestattet. Diese Festlegung hängt mit der überwiegenden Rechtshändigkeit der männlichen Bevölkerung zusammen. Schon immer trug der gut gerüstete Krieger auf der linken Körperseite seine langschäftigen Ausrüstungsgegenstände wie Keulen, Säbel oder Schwerter, die jeweils mit der rechten Hand geführt wurden. Links konnte er daher keine weiteren Bedienungselemente gebrauchen. Folglich waren auch die als Ruderriemen konstruierten ersten Steuerruder immer an der rechten Bordwand des Schiffes befestigt – so zu sehen beim berühmten Nydam-Boot, einem Wikingerschiff aus dem 4. nachchristlichen Jahrhundert. Wenn der Steuermann mit der rechten Hand das Steuerruder hält, wendet er seinen Rücken (englisch-niederdeutsch back) der in Fahrtrichtung linken Schiffsseite zu. Folglich ist dies Backbord. Bei heutigen Schiffen führt sie ein rotes Signallicht (vgl. Abb. S. 242).

Weiterführende Rheinliteratur

Allgemeines

Arnold, H., Beckmann, J., Bong, J. (Hrsg): Rhein. Eine Lese-Verführung. Frankfurt 2009.

Beitelsmann, M., Wenger, C.: Eisenbahn am Rhein. Bahnen, Strecken, Fahrzeuge. München 2007

Binnenschifffahrts-Verlag (Hrsg.): Streckenbeschreibung des Rheins. Duisburg 1990

Bockius, R.: Schifffahrt und Schiffbau in der Antike. Stuttgart 2007

Böcking, W.: Die Geschichte der Rheinschiffahrt. Schiffe auf dem Rhein in drei Jahrtausenden. Textband. Moers 1981

Cepl-Kaufmann, G., Johanning, A.: Mythos Rhein. Kulturgeschichte eines Stroms. Darmstadt 2003

Cropp, J. A.: Der Rhein. Von den Alpen bis zur Nordsee (Bildband, dreisprachig). Frankfurt/M. 1982

Deiss, R.: So weit die Flüsse tragen. Kleine Geschichten zur Binnenschifffahrt gestern und heute. Norderstedt 2008

D'Ester, K.: Die Rheinlande. Ein Heimatbuch. Frankfurt (Reprint) 1982

Doetsch, R.: Reisen und Romantik oder Warum ist es am Rhein so schön? Beiträge zur Rheinkunde 54, 7–16 (2002)

Dollhoff, J.: Rheinschiffahrt. Ausflüge in die Geschichte des großen Stromes. Hamburg 1999

Eschweiler, W.: Hydrographie des Rheinstroms. In: Der Rhein, S. 34–71. Duisburg 1951

Fenzl, M.: Der Rhein. Schaffhausen – Nordsee und zum Ijsselmeer. Hamburg 2011

Frisch, W., Meschede, M.: Plattentektonik. Kontinentverschiebung und Gebirgsbildung. Darmstadt 2005

Geissen, H.-P.: Krebse (Crustacea) als Einwanderer im Rheingebiet. Beiträge zur Rheinkunde 47, 73–80 (1995)

Grimm, G. E., Kortländer, B. (Hrsg.): „Rheinisch". Zum Selbstverständnis einer Region. Düsseldorf 2005

Hantke, R.: Flußgeschichte Mitteleuropas. Skizzen zu einer Erd-, Vegetations- und Klimageschichte der letzten 40 Millionen Jahre. Stuttgart 1993

Haushofer, K. (Hrsg.): Der Rhein. Sein Lebensraum, sein Schicksal. Bände I/1, I/2, II/1. Berlin 1928 ff.

Hellmann, H.: Die Verschmutzung des Rheins in den letzten Jahrzehnten. Beiträge zur Rheinkunde 45, 49–60 (1993)

Holzhäuser, H.: Der Rhein im Panorama. Von den Anfängen bis heute. Bingen 2006

Hübner, P.: Der Rhein. Von den Quellen bis zu den Mündungen. Frankfurt 1974

IKSR (Internationale Kommission zum Schutz des Rheins) (Hrsg.): Biotopverbund am Rhein (mit Atlas). Koblenz 2006

Imhof, M., Kemperdick, S.: Der Rhein. Kunst und Kultur von der Quelle bis zur Mündung. Darmstadt 2004

Internationale Kommission zum Schutz des Rheins (Hrsg.): Biotopverbund am Rhein. Koblenz 2006

Jatzek, J.: Das Makrozoobenthos des schiffbaren Rheins. In: Die Tierwelt des Rheins einst und jetzt. Mainzer naturwiss. Archiv, Beiheft 5, 67-83 (1985)

Karminke, R.: Rhein-Radar-Atlas. Der Rhein von km 150 (Rheinfelden) bis km 1033 (Hoek van Holland). 6. Aufl. Duisburg 2008

Keweloh, H.-W. (Hrsg.): Flößerei in Deutschland. Stuttgart 1985

Kinzelbach, R., Friedrich, G. (Hrsg.): Biologie des Rheins. Limnologie Aktuell Bd. 1. Stuttgart 1990

Klaes, W.: Der Rhein – fließende Straße, lebendiger Strom. Bad Breisig o. J.

Kläser, J.: „Den Flossen und der Schiffahrt hinderlich". Schiffmühlen auf dem Mittel- und Oberrhein. Beiträge zur Rheinkunde 44, 14–46 (1992)

Koenigswald, W. von, Meyer, W. (Hrsg.): Erdgeschichte im Rheinland. Fossilien und Gesteine aus 400 Millionen Jahren. München 1994

Koenzen, U.: Fluss- und Stromauen in Deutschland. Typologie und Leitbilder. Angewandte Landschaftsökologie 65, 1–327 (2005)

Kremer, B. P.: Wasser! Naturstoff, Lösemittel, Lebensraum. Baltmannsweiler 2010

Kremer, B. P., Meyer, W., Roth, H. J.: Natur im Rheinland. Hessen, Rheinland-Pfalz, Nordrhein-Westfalen. Würzburg 1986

Kuhr, H.-H.: Die Länge des Rheins und seine Vermessung. Beiträge zur Rheinkunde 24, 3–15 (1972)

Kunow, J., Wegener, H.-H. (Hrsg.): Urgeschichte im Rheinland. Jahrbuch 2005 des Rheinischen Vereins für Denkmalpflege und Landschaftsschutz. Köln 2006

Landschaftsverband Rheinland (Hrsg.): Rheinische Naturparke. Köln 2006

Lautensack, K.-H.: Rheinschiff(f)ahrt – gestern und heute. Weiler 2004

Lauterborn, R.: Die geographische und biologische Gliederung des Rheinstromes. I. Teil. Sitzungsberichte Heidelberger Akademie der Wissenschaften, Math.-naturwissenschaftl. Klasse B 6, 1–61 (1916)

Lauterborn, R.: Die geographische und biologische Gliederung des Rheinstromes. II. Teil. Sitzungsberichte Heidelberger Akademie der Wissenschaften, Math.-naturwissenschaftl. Klasse B 5, 1–71 (1917)

Lauterborn, R.: Die geographische und biologische Gliederung des Rheinstromes. III. Teil. Sitzungsberichte Heidelberger Akademie der Wissenschaften, Math.-naturwissenschaftl. Klasse B 1, 1–87 (1918)

Lauterborn, R.: Der Rhein. Naturgeschichte eines deutschen Stromes. 1. Freiburg 1930

Lauterborn, R.: Der Rhein. Naturgeschichte eines deutschen Stromes. 2,1. Freiburg 1934

Lauterborn, R.: Der Rhein. Naturgeschichte eines deutschen Stromes. 2,2. Freiburg 1938

Leibniz-Institut für Länderkunde (Hrsg.): Nationalatlas Deutschland. Klima, Pflanzen- und Tierwelt. Heidelberg 2003

Leibniz-Institut für Länderkunde (Hrsg.): Nationalatlas Deutschland. Relief, Boden und Wasser. Heidelberg 2003

Lelek, A., Buhse, G.: Die Fische des Rheins – früher und heute. Heidelberg 1992

Löber, U. (Hrsg.): 2000 Jahre Rheinschiffahrt. Begleitpublikation zur Ausstellung des Landesmuseums Koblenz und des Rhein-Museums. Koblenz 1991

Look, E.-R., Feldmann, L. (Hrsg.): Faszination Geologie. Die bedeutendsten Geotope Deutschlands. Stuttgart 2006

Oster, U. A.: Flüsse in Deutschland. Eine Kulturgeschichte. Darmstadt 2008

Pohle, D.: Ausgestaltung des Rheins mit Schiffahrtszeichen und deren technische Anforderungen. Beiträge zur Rheinkunde 34, 39–66 (1982)

Pott, R., Remy, D.: Gewässer des Binnenlandes. Ökosysteme Mitteleuropas aus geobotanischer Sicht. Stuttgart 2000

Prager, H. G.: Was weißt du vom Rhein? Stuttgart 1965

Recht, R.: Der Rhein. Kunstlandschaft Europas. München 2001

RegioWasser e.V. (Hrsg.): 50 Jahre Rheintalforschung. Leben und Schaffen eines deutschen Naturforschers. Robert Lauterborn (1869–1952). Freiburg 2009

Reichelt, G.: Der Rhein. Ökologie exemplarisch. Berlin 1983

Renker, H.: Raddampfer auf dem Rhein nach 1945. Beiträge zur Rheinkunde 45, 5–28 (1993)

Rheinischer Verein für Denkmalpflege und Landschaftsschutz (Hrsg.): Rheingold. Menschen und Mentalitäten im Rheinland. Eine Landeskunde. Köln 2003

Rothe, P.: Die Geologie Deutschlands. 48 Landschaften im Porträt. Darmstadt 2010

Rothe, P.: Erdgeschichte. Spurensuche im Gestein. Darmstadt 2000

Ruland, J.: Der Rhein. Grundzüge einer nicht nur deutschen Literatur. Rhein. Heimatpfl. 19, 241–256 (1982)

Rutte, E.: Rhein, Main, Donau. Eine geologische Geschichte. Sigmaringen 1987

Sauerbrei, W.: Bewegung auf dem Fluss. Frühes Reisen auf dem Rhein. Beiträge zur Rheinkunde 54, 17–25 (2002)

Scheuren, E. (Hrsg.): Flößerei auf dem Rhein. Königswinter 1989

Schirmer, W. (Hrsg.): Landschaftsgeschichte im europäischen Rheinland. Münster 2003

Schmincke, H.-U.: Vulkane der Eifel. Aufbau, Entstehung und heutige Bedeutung. Heidelberg 2009

Schröder, P., Rey, R: Fließgewässernetz Rhein und Einzugsgebiet. Konstanz 1991.

Schulte-Wülwer-Leidig, A.: Wiedereinführung des Lachses im Rheingebiet. Beiträge zur Rheinkunde 57, 55–63 (2005)

Schwarzbach, M.: Berühmte Stätten geologischer Forschung. Stuttgart 1970

Smets, J.: Der Rhein, Deutschlands Strom, aber Frankreichs Grenze. Zur Rheinmythologie in Frankreich und in Deutschland vom Mittelalter bis zum 20. Jahrhundert. Jahrbuch für Westdeutsche Landesgeschichte 18, 7–50 (1998)

Solmsdorf, H.; Lohmeyer, W., Mrass, W.: Ermittlung und Untersuchung der schutzwürdigen und naturnahen Bereiche entlang des Rheins (Schutzwürdige Bereiche im Rheintal). Schriftenreihe für Landschaftspflege und Naturschutz 11, Bonn-Bad Godesberg 1975

Spiess, W.: Rheinkunde. Köln 1924

Streit, B.: Zur Ökologie der Tierwelt im Rhein. Verhandlungen der Naturforschenden Gesellschaft Basel 102, 323–342 (1992)

Sturm, V.: Meine lieben Flüsse. Frankfurt 1962

Tippner, M., Hils, M.: Der Rhein im europäischen Vergleich. Beiträge zur Rheinkunde 52, 41–43 (2000)

Tittizer, T., Schöll, F., Hardt, D.: Die Lebensgemeinschaft der Rheinsohle. Beiträge zur Rheinkunde 44, 47–54 (1992).

Tittizer, T., Krebs, F. (Hrsg.): Der Rhein und seine Auen – eine Bilanz. Heidelberg 1996

Tümmers, H. J.: Der Rhein. Ein europäischer Fluss und seine Geschichte. München 1994

Wasser- und Schifffahrtsdirektion Südwest (Hrsg.): Kompendium. Organisation und technische Daten, Binnenschifffahrt, Aufgaben, Wasserstraße. Mainz 2007

Wildenhahn, E., Klaholz, U.: Große Speicherseen im Einzugsgebiet des Rheins. Bericht II – 10 der Internationalen Kommission für die Hydrologie des Rheingebietes, Lelystad/Koblenz 1996

Quellregionen, Alpenrhein und Bodensee

Heierli, H.: Geologische Wanderungen in der Schweiz. Thun 1974

Lingenhöle, W., Stuhler, W.: Der junge Rhein. Von den Quellen bis zum Bodensee. Karlsruhe 1980

Nachtigall, W.: Natur- und Kulturlandschaft Bodensee. Konstanz 1989

Pfiffner, A.: Geologie der Alpen. Bern 2009

Schäfer, W.: Die Quellen des Rheins. Berlin und Zürich 1936

Hochrhein

Geyer, O. F., Schober, T., Geyer, M.: Die Hochrhein-Region zwischen Bodensee und Basel. Sammlung Geologischer Führer Bd. 94. Stuttgart 2003

Huth, T., Junker, B. (Hrsg.): Geotouristische Karte von Baden-Württemberg 1 : 200000. Blatt Südost. Freiburg 2006

Landesanstalt für Umweltschutz Baden-Württemberg (Hrsg.): Die Wutach. Naturkundliche Monographie einer Flußlandschaft. Karlsruhe 1988

Stier, C., Behmel, H., Schollenberger, U.: Wüsten, Meere und Vulkane. Baden-Württemberg in Bildern aus der Erdgeschichte. Stuttgart 2002

Oberrhein

Balle, D.: Kultur- und Naturführer Oberrhein. Zwischen Mannheim und Basel. Heidelberg 2007

Eberle, J., Eitel, B., Blümel, W. D., Wittmann, P.: Deutschlands Süden vom Erdmittelalter bis zur Gegenwart. Heidelberg 2007

Franzen, J. L.: Die große Flut – der Rheinhessensee. Natur u. Museum 129, 201–212 (1999)

Gallusser, W. A., Schenker, A. (Hrsg.): Die Auen am Oberrhein. Basel 1992

Gerken, B.: Auen – verborgene Lebensadern der Natur. Freiburg 1988

Gruschke, A.: Der Hochrhein – eine alemannische Flußlandschaft. Freiburg 1995

Hegau-Geschichtsverein (Hrsg.): Natur- und Kulturlandschaft Hegau und Bodensee. Hegau-Jahrbuch 2008. Singen 2008

Heidtke, U. H. J.: Aurum rhenanum – über die Goldwäscherei am Rhein. Pollichia-Kurier 25(3), 20–23 (2009)

Hettner, A. (Hrsg.): Oberrheinische Landschaften. Eine Aufsatzreihe. Leipzig 1937

Hofrichter, R., Herzer-Schmidt, K.: Auwälder. Die letzten Dschungel Europas. Steinfurt 2000

Hügin, G.: Wesen und Wandlung der Landschaft am Oberrhein. Beiträge z. Landespflege 1, 186–250 (1962)

Huth, T., Junker, B. (Hrsg.): Geotouristische Karte von Baden-Württemberg 1 : 200000. Schwarzwald und Umgebung. Freiburg 2004

Kaiser, T., Schaub, H.-P.: Der Kaiserstuhl. Freiburg 1997

Kälble, F.: Bedeutung, Schutz und Pflege der Auenwälder im Oberrheingebiet. Wilhelm-Münker-Stiftung Heft 19, 31–51 (1988)

Keil, D.: Erlebte Wildnis Taubergießen. Freiburg 1978

Landesstelle für Naturschutz und Landschaftspflege (Hrsg.): Das Taubergießengebiet – eine Rheinauenlandschaft. Ludwigsburg 1974

Mazoneit, J.: Pflanzenraritäten am Oberrhein. Beispiele aus Ludwigshafen/Mannheim. Neustadt/Weinstraße 2009

Merzweiler, H. H., Vogt, R. M.: 100 Jahre moderne Rheinschifffahrt bis Basel. Basel 2004

Moning, C., Wagner, C.: Vögel beobachten in Süddeutschland. Stuttgart 2005

Pflug, R.: Bau und Entwicklung des Oberrheingrabens. Darmstadt 1982

Probst, E.: Der Ur-Rhein: Rheinhessen vor zehn Millionen Jahren. Mainz 2009

Reinhard, E.: Die Veränderung der Kulturlandschaft durch die Rheinkorrektion seit 1817. Historischer Atlas von Baden-Württemberg. Stuttgart 1979

Schäfer, H., Wittmann, O.: Der Isteiner Klotz. Zur Naturgeschichte einer Landschaft am Oberrhein. Natur- und Landschaftsschutzgebiete Baden-Württembergs. Freiburg 1966

Schäfer, W.: Altrheinverbund am nördlichen Oberrhein. Courier Forschungsinstitut Senckenberg 7, 1–63 (1973)

Schondorff, J.: Land am Oberrhein zwischen Schwarzwald und Vogesen. München 1980

Weibel, M.: Tavetsch-Mineralien. – Lapis 3, 12–16 (1979)

Mittelrhein

Ahrens, W.: Bau und Entstehung des Neuwieder Beckens. Z. dtsch. geol. Ges. 104, 152–153 (1952)

Avenarius, W.: Mittelrhein. Bibliothek deutsche Landeskunde, Rhein-Trilogie Bd. 1. Nürnberg 1974

Bitz, A., Merz, T.: Lebensräume: Wechselwirkungen zwischen Natur und Kultur. In: Landesamt für Denkmalpflege Rheinland-Pfalz (Hrsg.): Das Rheintal von Bingen und Rüdesheim bis Koblenz. Eine europäische Kulturlandschaft. Mainz, 511–514, 2001

Bitz, A.: Die Fauna des Mittelrheintals. In: Landesamt für Denkmalpflege Rheinland-Pfalz (Hrsg.): Das Rheintal von Bingen und Rüdesheim bis Koblenz. Eine europäische Kulturlandschaft. Mainz, 603–614, 2001

Boldt, H. (Hrsg.): Der Rhein. Mythos und Realität eines europäischen Stromes. Köln 1988

Bosinski, G.: Gönnersdorf. Eiszeitjager am Mittelrhein. Koblenz 1981

Brandt, K.: Treibhaus Rheinland. Der Klimawandel im Rheinland und seine Auswirkungen. Bonn 2007

Custodis, P.-G.: Technische Denkmäler in Rheinland-Pfalz. Koblenz 1999

Custodis, P.-G.: Die Frühzeit der Eisenbahn am Mittelrhein. Beiträge zur Rheinkunde 42, 40–51 (1990)

Dietz, J.: Die Veränderungen des Rheinlaufs zwischen der Ahrmündung und Köln in historischer Zeit. Rhein. Vierteljahrsbl. 81, 851–876 (1966)

Doetsch, R.: 80 Jahre Rhein-Museum. Koblenz 1992

Eumann, I.: „... und ruhig fließt der Rhein". Hamburg 1988

Fischer, H., Graafen, R., König, D. (Hrsg.): Zukunft des oberen Mittelrheintals. Modellprojekt für die UNESCO-Kulturlandschaften? Koblenzer Geographisches Kolloquium 30, 1–252 (2008)

Fischer, H.: Rheinland-Pfalz, Saarland. Eine geographische Landeskunde. Wissenschaftliche Länderkunden Band 8/IV. Darmstadt 1989

Gaudzinski-Windheuser, S., Jöris, O. (Hrsg.): 600000 Jahre Menschheitsgeschichte in der Mitte Europas. Mainz 2006

Geologisches Landesamt (Hrsg.): Geologie von Rheinland-Pfalz. Stuttgart 2005

Gerlach, U.; Hager, K., Hard, G.: Vegetationsentwicklung auf Weinbergsbrachen des rheinischen Schiefergebirges. Natur und Landschaft 53, 344–351 (1978)

Gormsen, E.: Das Mittelrheintal. Eine Kulturlandschaft im Wandel. Ingelheim 2003

Gränitz, F., Grundmann, L. (Hrsg.): Das Mittelrheinische Becken. Köln 2003

Hachenberg, F.: 2000 Jahre Waldwirtschaft am Mittelrhein. Koblenz 1992

Hilgers, J.: Zur aktuellen Bestandssituation einiger bemerkenswerter Ruderal- und alter Kulturpflanzen an den Burgen und Burgruinen im Regierungsbezirk Koblenz. Fauna und Flora in Rheinland-Pfalz 8, 79–132 (1995)

Imhof, M.: Der Rhein von Mainz bis Koblenz. Führer durch eine einzigartige Kulturlandschaft. Petersberg 2005

Johann, J.: Rheinschifffahrt am Mittelrhein um 1780. Beiträge zur Rheinkunde 58, 40–44 (2006)

Kersberg, H.: Die Pflanzenwelt im Bilde des Rheinischen Schiefergebirges. In: Institut für Landeskunde (Hrsg.): Die Mittelrheinlande. Festschrift zum XXXVI. Deutschen Geographentag von 2. bis 5. Oktober 1967 in Bonn. Wiesbaden, 52–62 (1967)

Kleefeld, K.-D.: Zukunft des Oberen Mittelrheintals. Modellprojekt für die UNESCO-Kulturlandschaften. Rheinische Heimatpflege 44, 241–265 (2007)

Kleifeld, H., Vienken, T., Wallossek, C.: Die Erpeler Ley. Rheinische Landschaften H. 54, Köln 2005

Knobloch, U.: Entwicklung des Wahrschaudienstes in der Gebirgsstrecke des Rheins zwischen Bingen und St. Goar. Beiträge zur Rheinkunde 36, 22–31 (1984)

Korneck, D.: Xerothermvegetation in Rheinland-Pfalz und Nachbargebieten. Schriftenreihe zur Vegetationskunde 7. Bonn-Bad Godesberg 1974

Kremer, B. P.: Der Mittelrhein. Mittelrheinisches Becken und unteres Engtal. Rheinische Landschaften H. 21, Neuss 1985

Kremer, B. P.: Das untere Mittelrheingebiet – Landschaftsbild, Formengefüge und Talgeschichte. Beiträge zur Rheinkunde 39, 29–43 (1987)

Kremer, B. P. (Hrsg.): Die Ahr. Erleben und genießen. Köln 1996

Kremer, B. P. (Hrsg.): Laacher See. Landschaft, Natur, Kunst, Kultur. 2. Aufl. Köln 1996

Kremer, B. P. (Hrsg.): Natur am Mittelrhein. Themen, Tipps und Touren. Düren 1999

Kremer, B. P. (Hrsg.): Das Siebengebirge. Natur, Landschaft, Kultur. Köln 2002

Kremer, B. P.: Zwischen Sayn und Siebengebirge. Der Naturpark Rhein-Westerwald. Rheinische Landschaften H. 55, Köln 2005

Kremer, B. P.: (Hrsg.): Naturführer Bonn und Umgebung. Bonn 2008

Kremer, B. P.: Das Untere Mittelrheintal. Flusslandschaft zwischen Neuwieder Becken und Niederrheinischer Bucht. Rheinische Landschaften H. 59, Köln 2009

Kremer, B. P., Merz, T.: Wegweiser Mittelrhein, Bd. 14: Natur und Landschaft am Mittelrhein. Koblenz 2008

Kremer, B. P., Meyer, W.: Das obere Mittelrheintal. Rheinlandschaft zwischen Bingen und Koblenz. Rheinische Landschaften H. 43, Neuss 1994

Kremer, B. P., Roth, H. J.: Das Untere Lahntal. Rheinische Landschaften H. 53, Köln 2004

Landesamt für Denkmalpflege Rheinland-Pfalz (Hrsg.): Das Rheintal von Bingen und Rüdesheim bis Koblenz. Eine europäische Kulturlandschaft, Bände 1 und 2. Mainz 2001

Landesamt für Denkmalpflege Rheinland-Pfalz (Hrsg.): Wer will des Stromes Hüter sein? 40 Burgen und Schlösser am Mittelrhein. München 2005

Landesamt für Geologie und Bergbau Rheinland-Pfalz (Hrsg.): Geologie von Rheinland-Pfalz. Stuttgart 2005

Liessem, U.: Der Koblenzer Rheinkran. Beiträge zur Rheinkunde 46, 36–52 (1994)

Martin, W.: Geologische Wanderkarte von Rheinland-Pfalz. Mainz 1992

Mayer, E., Fehn, K., Höllermann, P.-W. (Hrsg.): Bonn – Stadt und Umland. Festschrift zum 75-jährigen Bestehen der Gesellschaft für Erd- und Völkerkunde. Arbeiten z. rheinischen Landeskunde 58, 1–269 (1988)

Merz, T.: Die Flora des Mittelrheintals. In: Landesamt für Denkmalpflege Rheinland-Pfalz (Hrsg.): Das Rheintal von Bingen und Rüdesheim bis Koblenz. Eine europäische Kulturlandschaft. Mainz 2001

Merz, T., Bitz, A.: Nutzungsbedingte Lebensräume. In: Landesamt für Denkmalpflege Rheinland-Pfalz (Hrsg.): Das Rheintal von Bingen und Rüdesheim bis Koblenz. Eine europäische Kulturlandschaft. Mainz 2001

Merz, T., Bitz, A.: Relikte vom Menschen weitgehend unbeeinflusster Lebensräume. In: Landesamt für Denkmalpflege Rheinland-Pfalz (Hrsg.): Das Rheintal von Bingen und Rüdesheim bis Koblenz. Eine europäische Kulturlandschaft. Mainz 2001

Meuser, P., Oswald, A.: Luftbildatlas Weltkulturerbe Oberer Mittelrhein. Berlin 2009

Meyer, W., Stets, J.: Das Mittelrheintal. Geologie in Karte und Profil. Mainz 2000

Meyer, W., Stets, J.: Das Obere Mittelrheintal aus geologischer Sicht. In: Landesamt für Denkmalpflege Rheinland-Pfalz (Hrsg.): Das Rheintal von Bingen und Rüdesheim bis Koblenz. Eine europäische Kulturlandschaft. Mainz 2001

Meyer, W., Stets, J.: Das Rheintal zwischen Bingen und Bonn. Sammlung Geologischer Führer Bd. 89. Stuttgart 1996

Ministerium für Umwelt und Forsten Rheinland-Pfalz & Landesamt für Umweltschutz und Gewerbeaufsicht Rheinland-Pfalz (Hrsg.): Planung vernetzter Biotopsysteme. Oppenheim 1992 ff.

Otzen, B., Otzen, H.: Wege zum Wein am Mittelrhein. Köln 2005

Park, C., Schmincke, H.-U.: Apokalypse im Rheintal. Spektrum der Wissenschaft 02/09, 78–87 (2009)

Pfotenhauer, A., Lixenfeld, E.: Oberes Mittelrheintal. Welterbe. Bonn 2006

Pohl, D. (2001): Forst- und Landwirtschaft, Wein- und Obstbau. In: Landesamt für Denkmalpflege Rheinland-Pfalz (Hrsg.): Das Rheintal von Bingen und Rüdesheim bis Koblenz. Eine europäische Kulturlandschaft. Mainz 1991

Prössler, H.: Das Weinbaugebiet Mittelrhein in Geschichte und Gegenwart. Schriften zur Weingeschichte 49. Koblenz 1979

Rheinischer Verein für Denkmalpflege und Landschaftsschutz (Hrsg.): Das Rheintal – Schutz und Entwicklung. Die Rheintal-Konferenz des Rheinischen Vereins für Denkmalpflege und Landschaftsschutz am 6./7. November 1997 in Mainz. Eine Dokumentation. Köln 1999

Saure, G.: „Ein ganz besonderer Ort“. Kultur- und Landschaftsführer durch das Obere Mittelrheintal. Koblenz 2003

Schäfke, W.: Der Rhein von Mainz bis Köln. Eine Reise durch das Rheintal. Köln 1985

Schäfke, W.: RheinRomantik. Bonn 2001

Schemmer, H.: Die Rheininsel Niederwerth. Beiträge zur Rheinkunde 39, 50–67 (1987)

Schmitt, E.: Biotopverbundmodell Oberer Mittelrhein. Gießener Geographische Schriften 69, 1991

Schwickerath, M.: Karte der Einstrahlungen bemerkenswerter Florenelemente in das Rheinstromgebiet nebst Erläuterungen. Rheinische Heimatpflege 8, 67–72 (1936)

Semmel, A.: Warum ist es am Rhein so schön? Wanderpfade für Freunde der Erde. Frankfurter Geographische Hefte 67, 1–71 (2005)

Stankowski, M.: Der andere Reiseführer, links und rechts. Vom Kölner Dom zur Loreley. Köln 2005

Thiel, A.: Wege am Limes. 55 Ausflüge in die Römerzeit. Stuttgart 2005

Tümmers, H. J.: Rheinromantik. Köln 1968

Uhlenbruck, K.: Die Schleppfahrt auf der Gebirgsstrecke des Mittelrheins. Eine volkskundliche Untersuchung. Mainz 2004

Volk, O.: Die Erschließung des mittleren Rheinlandes für den Weinbau im Hoch- und Spätmittelalter. Berichte zur deutschen Landeskunde 71 (1), 107–128 (1998)

Volk, O.: Wirtschaft und Gesellschaft am Mittelrhein vom 12. bis zum 16. Jahrhundert. Veröffentlichungen der Historischen Kommission Nassau 63, 1998

Wasser- und Schiffahrtsdirektion Mainz (Hrsg.): Rhein und Mosel. Kleiner Führer in Wort und Bild. Mainz 1967

Weber, H.: Allerlei über die Treidelei. Beiträge zur Rheinkunde 39, 23–28 (1987)

Weiter-Matysiak, B.: Weinbau im Mittelalter. Geschichtlicher Atlas der Rheinlande, Beiheft VII/2, Köln 1985

Wirtgen, P.: Flora der preußischen Rheinprovinz und der zunächst angrenzenden Gebiete. Bonn 1857

Witte, W., Krahe, P., Liebscher, H.-J.: Rekonstruktion der Witterungsverhältnisse im Mittelrheingebiet von 1000 n.Chr. bis heute anhand historischer hydrologischer Ereignisse. Bericht Nr. II – 9 der Internationalen Kommission für die Hydrologie des Rheins. Lelystad 1995

Wolf, I., Engelhardt, M.: Inseln im Rhein. Eine historisch-romantische Reise. Bonn 2004

Zurru, M., Kruhl, J. H.: Die Loreley. Steinalt und faltig – jung und schön! Geologie und Landschaftsentwicklung im Herzen des Rheinischen Schiefergebirges. Garching 2000

Niederrhein und Mündungsdelta

Bekhuis J., Kurstjens G., Sudmann S., Tuynte J. ten, Willems, F.: Land der lebendigen Flüsse. Die Auenlandschaft De gelderse Poort. Utrecht 2002

Berendsen, H. J. A., Stouthamer, E.: Palaeographic evolution and avulsion of the Holocene Rhine-Meuse delta, the Netherlands. Netherlands J. Geoscience (Geologie en Mijnbow) 81, 97–112 (2002)

Böcking, W.: Nachen und Netze. Die Rheinfischerei zwischen Emmerich und Honnef. Köln 1982

Böcking, W.: Schiffstreideln am Niederrhein. Beiträge zur Rheinkunde 42, 52–64 (1990)

Böcking, W.: Von Köln zum Meer. Schiffahrt auf dem Niederrhein. Erfurt 2003

Böving, H.-P.: Die Fischfauna des Rheinstromes und seiner direkt angrenzenden Altwässer im Niederrheingebiet. Decheniana 134, 260–273 (1981)

Boldt K.-W., Gelhaar M.: Das Ruhrgebiet. Landschaft, Industrie, Kultur. Darmstadt 2008.

Brunotte E., Immendorf R., Schlimm, R.: Die Naturlandschaft und ihre Umgestaltung durch den Menschen. Erläuterungen zur Hochschulexkursionskarte Köln und Umgebung. Kölner Geographische Arbeiten 63, 1–124 (1994)

Buck, W.: Der Rhein unter der Einwirkung des Menschen. Ausbau, Schiffahrt, Wasserwirtschaft. Bericht I – 11 der Internationalen Kommission für die Hydrologie des Rheingebietes. Lelystad 1993

Buhlmann, I.: Der Deltaplan. Die Veränderungen der Umwelt im Mündungsgebiet von Rhein, Maas und Schelde. Paderborn 1981

Caspers, N.: Floristische Untersuchungen der Buhnen des Niederrheins bei Köln und Leverkusen. Decheniana 139, 58–63 (1986)

Cornelissen, G.: Rheinisches Deutsch. Köln 2005

Cornelissen, G.: Der Niederrhein und sein Deutsch. Sprechen tun et fast alle. Köln 2007

Dahl, A.: Die Großmuscheln Pseudanodonta complanata und Unio crassus (Mollusca: Unionidae) lebend im Hauptstrom des Niederrheins. Natur am Niederrhein 12, 26–34 (1997).

Dietmar, C., Rakoczy, C. P.: Köln, der Rhein, das Meer. 2000 Jahre Kölner Schifffahrts- und Hafengeschichte. Köln 2002

Dietz, J.: Die Veränderungen des Rheinlaufs zwischen der Ahrmündung und Köln in historischer Zeit. Rhein. Vierteljahresbl. 31, 351–376 (1967)

Fimpeler-Philippen, A.: Die Schifffahrt und ihre Fahrzeuge auf dem Niederrhein vom späten Mittelalter bis ins 18. Jahrhundert. Düsseldorf 2008

Geologischer Dienst Nordrhein-Westfalen (Hrsg.): Paläoseismische Untersuchungen im Bereich der Niederrheinischen Bucht. Scriptum 17, 1–72 (2008)

Geologisches Landesamt Nordrhein-Westfalen (Hrsg.): Geologie am Niederrhein. 4. Aufl. Krefeld 1988

Gerlach, R.: Die hydrologischen und klimatischen Bedingungen des Wassernetzes im römischen Germanien. Arch. Korrespondenzbl. 25, 97–106 (1995)

Gerlach, R.: Geoarchäologie am Niederrhein. GeoArchaeoRhein 2, 241–265 (1998)

Geuenich, D. (Hrsg.): Der Kulturraum Niederrhein. Band 1: Von der Antike bis zum 18. Jahrhundert. Essen 1998

Geuenich, D. (Hrsg.): Der Kulturraum Niederrhein. Band 2: Im 18. und 19. Jahrhundert. Essen 1997

Glader, H., Behrens, C.: Adebar ist wieder da! Die Rückkehr der Störche nach NRW. Duisburg 2014

Glader, H.: Wintergäste. Zugvögel am Niederrhein. Duisburg 2001

Grabert, H.: Abriss der Geologie von Nordrhein-Westfalen. Stuttgart 1998

Groß, H., Burk, H., Hioll, A.: Die Flusskrebsfauna in NRW. Natur in NRW 4, 52–56 (2008)

Hansjakob, G., Hansjakob, A.: Die Rheinaue in Bonn. Geschichte eines Parks. Duisburg 2014

Hantsche, I.: Atlas zur Geschichte des Niederrheins. Essen 2004

Hoppe, C.: Die großen Flussverlagerungen des Niederrheins in den letzten 2000 Jahren und ihre Auswirkungen auf Lage und Entwicklung der Siedlungen. Forschungen zur deutschen Landeskunde 189, 1–230 (1992)

Hoppe, W., Kronsbein, S. (Hrsg.): Landschaftspark Duisburg-Nord. Duisburg 1998

Hüsch, H. D.: Am Niederrhein. Freiburg 1989

Imgrund, B.: 111 Kölner Orte, die man gesehen haben muss. Köln 2008

Kamp, B. K., Mooij, J. H., Swart, J. (Hrsg.): Der Rhein. Zustand und Zukunft. WWF-Bericht 5. Wesel 1990

Karus, C.: Das „Schwarze Wasser" bei Wesel. Eine landschaftsökologische Skizze. Natur am Niederrhein 20, 3 – 34 (2005)

Keussen, H.: Topographie der Stadt Köln im Mittelalter. Düsseldorf 1986

Kinzelbach, R., Friedrich, G. (Hrsg.): Biologie des Rheins. Limnologie aktuell, Band 1. Stuttgart 1990

Klostermann, J.: Das Quartär der Niederrheinischen Bucht. Krefeld 1992

Klostermann, J.: Rheinstromverlagerungen bei Xanten während der letzten 10000 Jahre. Natur am Niederrhein 1, 5–16 (1986)

Klostermann, J., Kronsbein, S., Rehbein, H. (Hrsg.): Natur und Landschaft am Niederrhein. Festschrift zum 80. Geburtstag von Dr. Hans-Wilhelm Quitzow. Krefeld 1991

Koenigswald, W. v., Meyer, W. (Hrsg.): Erdgeschichte im Rheinland. München 1994

Krause, A.: Rheinbuhnen bei Bonn, ein beständig-unsteter Lebensraum. Natur am Niederrhein 16, 71 – 76 (2001)

Kremer, B. P., Caspers, N.: Die Heideterrasse am Rande des Bergischen Landes. Rheinische Landschaften H. 21. Neuss 1982

Kremer, B. P., Roth, H. J., Fischer, N.: KölnKompakt. Natur und Ökologie. Köln 1996

Kremer, B. P., Klein, M.: Die Sieg. Rheinische Landschaften H. 58, Köln 2010

Kremer, B. P., Günthner, I.: Die Ökologie des Kölner Doms. Rheinische Landschaften H. 60, Köln 2014

Kremer, B. P.: Lebensraum aus zweiter Hand. Schützenswerte Biotope der rheinischen Kulturlandschaft. Köln 1997

Kurek, A.: Neue Tiere im Rhein. Die Wiederbesiedlung des Stroms und die Ausbreitung der Neozoen. Naturwissenschaften 79, 533–540 (1992)

Landschaftsverband Rheinland / Landschaftsverband Westfalen-Lippe (Hrsg): Lebendiges Erbe. Kulturlandschaften in Nordrhein-Westfalen. Regensburg 2009

Lehnhof, R. M.: Zauberhafter Niederrhein. Eine Farbbildreise durch Landschaft und Geschichte. Bad Münstereifel 2006

Lenzen, J., Röser, H.: Schöner Niederrhein. Eine Bilderreise von Duisburg nach Kleve. Duisburg 1994

Lützenkirchen, H., Kerkhoff, N.: Der Aalschokker „Maria Theresia". Ein bewegliches Denkmal im Diescholl. Rheinische Kunststätten H. 526, Köln 2011

Manz, E.: Linksrheinische Niederwälder. Zeugen einer historischen Waldnutzungsform. Rheinische Landschaften H. 44. Neuss 1995

Ministerium für Umwelt und Naturschutz, Landwirtschaft und Verbraucherschutz NRW (Hrsg.): Natura 2000. Netzwerk für den Naturschutz. Nordrhein-Westfalens Beitrag zum europäischen Naturerbe. Düsseldorf 2001

Moning, C., Weiß, F.: Vögel beobachten in Norddeutschland. Die besten Beobachtungsgebiete zwischen Sylt und Niederrhein. Stuttgart 2007

Mooij, J.: Behaviour and energy budget of wintering geese in the Lower Rhine area of North Rhine Westphalia, Germany. Wildfowl 43, 121–128 (1992)

Müller, B., Schinner, N.: Wunderschöner Niederrhein. Moers 2005

Neumann, D.: Ecological rehabilitation of a degraded large river system. Int. Rev. Hydrobiol. 87, 139–150 (2002)

Nicke, H.: Reliefgenese des südlichen Bergischen Landes zwischen Wupper und Sieg. Kölner geographische Arbeiten 43, 1–286 (1983)

Oelmann, H.: Rheinflut. Kölner Hochwasser „erfahren". Köln 2008

Pelzing, R.: Das Erdbeben von Roermond am 13. April 1992. Krefeld 1992

Pelzing, R.: Erdbeben in Nordrhein-Westfalen. Krefeld 2008

Poppe, B., Silla, K.: Windmühlen am Niederrhein. Die schönsten Ausflugsziele. Duisburg 2014

Possmann, M., Kreß, H.-U.: Kleine Rheinreise von Koblenz bis Kleve. Gudensberg 2004

Radermacher, K. H.: Naturschutz am Niederrhein – Naturschutz über Grenzen hinweg. Arnsberg 1997

Rehagen, H.-W.: Spät- und nacheiszeitliche Vegetationsbilder aus dem Niederrheingebiet. Niederrheinisches Jb. 6, 31–46 (1963)

Rheinischer Verein für Denkmalpflege und Landschaftsschutz (Hrsg.): Der Niederrhein. Natur- und Kulturerbe. Köln 2010

Roth, H. J. (Hrsg.): Kölner Naturführer. Wege zur Natur in der Großstadt. 2. Aufl. Köln 1991

Schirmer, W.: Der menschliche Eingriff in den Talhaushalt. Kölner Jb. 26, 577–584 (1993)

Schmidt, H. M., Malsch, F., Schoor, F. van de (Hrsg.): Der Rhein, Le Rhin, De Waal. Ein europäischer Strom in Kunst und Kultur des 20. Jahrhunderts. Köln 1995

Schmitz, R. W., Thissen, J.: Neandertal. Die Geschichte geht weiter. Heidelberg 2000

Schöll, F., Becker, C., Tittizer, T.: Das Makrozoobenthos des schiffbaren Rheins von Basel bis Emmerich 1986–1995. Lauterbornia 21, 115–137 (1995)

Siebertz, H.: Die sedimentologische und pedologische Entwicklung der Rheinniederung bei Kalkar (unterer Niederrhein) im Lichte diverser Kartierungen und ihre Auswirkungen auf die Landschaftsökologie. Natur am Niederrhein 18, 3 – 24 (2003)

Skupin, K, Speetzen, E., Zandstra, J. G.: Die Eiszeit in Nordost-Westfalen und angrenzenden Gebieten Niedersachsens. Krefeld 2003

Speetzen, E.: Findlinge in Nordrhein-Westfalen und angrenzenden Gebieten. Krefeld 1998

Staudt, F.: Kopfweiden. Herkunft – Nutzung – Pflege. Duisburg 1988

Steinberg, L.: Die Fischbestandsentwicklung des nordrhein-westfälischen Rheinabschnitts. LÖBF-Jahresbericht 1997, 152–156 (1998)

Stemmer, B.: Flussgrundel im Rhein-Gewässersystem. Natur in NRW 4, 58–60 (2008)

Stouthamer, E., Berendsen, H. J. A.: Factors controlling the Holocene avulsion history of the Rhine-Meuse delta (The Netherlands). J. Sedimentary Res. 70, 1051–1064 (2000)

Tittizer, T., Schöll, F., Dommermuth, M.: Die Entwicklung der Lebensgemeinschaften des Rheins im 20. Jahrhundert. In : Ministerium für Umwelt Rheinland-Pfalz (Hrsg.): Die Biozönose des Rheins im Wandel. Lachs 2000. Mainz 1993

Verbücheln, G., Weyer, K. van de: Faszination Niederrhein. Mit allen Sinnen Natur erleben. Duisburg 2013

Verein Niederrhein (Hrsg).: Landschaftspflege am Niederrhein. Niederrheinisches Jahrbuch 12, 1–280 (1973)

Verein Niederrhein (Hrsg).: Neuere naturkundliche Untersuchungen im Gebiet des Niederrheins. Niederrheinisches Jahrbuch 24, 1–148 (1980)

Verein Niederrhein (Hrsg).: Beiträge zum Natur- und Landschaftsschutz. Niederrheinisches Jahrbuch 27, 1–156 (1995)

Vogt, H.: Niederrheinischer Windmühlenführer. Krefeld 1991

Vogt, H.: Niederrheinischer Wassermühlenführer. Krefeld 1998

Waschkau, I.: Der Rheinauhafen. Köln 2008

Wille, V. (Hrsg.): Entwicklung eines sanften Tourismus am Niederrhein. Projektbericht. NABU-Naturschutzzentrum Kranenburg (1996)

Wink, M., Dietzen, C., Gießing, B.: Die Vögel des Rheinlandes (Nordrhein). Beiträge zur Avifauna Nordrhein-Westfalens. Dossenheim/Neunkirchen 2005

Wroblewski, J., Wemmers, A.: Theiss Burgenführer Niederrhein. Stuttgart 2006

Register